"十三五"国家重点图书出版规划项目

能源与环境出版工程（第二期）

总主编　翁史烈

城镇污水磷回收与达标排放的工艺技术

Technologies for Phosphorus Recovery and Legal Discharge of Municipal Wastewater

李咏梅　著

上海交通大学出版社
SHANGHAI JIAO TONG UNIVERSITY PRESS

内容提要

本书为"十三五"国家重点图书出版规划项目"能源与环境出版工程"之一。本书围绕城镇污水中磷的处理与回收,在阐述城镇污水基本性质与处理现状的基础上,总结了当前除磷的主要工艺技术、磷回收的理论与主要技术,介绍了城镇污水磷回收与达标排放技术、剩余污泥中的磷释放技术等先进技术以及污泥磷释放与回收有关的数学模型,最后对磷回收的政策、经济与环境影响进行了评价。

本书内容具有系统性、学术性和实用性,反映了磷回收和达标排放先进技术的最新研究成果和发展方向,可供污水处理与资源回收领域的教师、科研人员和工程技术人员以及环境科学与工程、给水排水工程和相关专业的本科生、研究生阅读和参考。

图书在版编目(CIP)数据

城镇污水磷回收与达标排放的工艺技术 / 李咏梅著
. —上海:上海交通大学出版社,2020
能源与环境出版工程
ISBN 978 - 7 - 313 - 23666 - 1

Ⅰ. ①城…　Ⅱ. ①李…　Ⅲ. ①城市污水处理-磷-回收技术②城市污水-污水排放标准　Ⅳ. ①X703

中国版本图书馆 CIP 数据核字(2020)第 154240 号

城镇污水磷回收与达标排放的工艺技术
CHENGZHEN WUSHUI LINHUISHOU YU DABIAO PAIFANG DE GONGYI JISHU

著　　　者:李咏梅
出版发行:上海交通大学出版社　　　　　　　　　地　　　址:上海市番禺路 951 号
邮政编码:200030　　　　　　　　　　　　　　　　电　　　话:021 - 64071208
印　　制:上海万卷股份有限公司　　　　　　　　经　　　销:全国新华书店
开　　本:710 mm×1000 mm　1/16　　　　　　　　印　　　张:13.75
字　　数:253 千字
版　　次:2020 年 11 月第 1 版　　　　　　　　　印　　　次:2020 年 11 月第 1 次印刷
书　　号:ISBN 978 - 7 - 313 - 23666 - 1
定　　价:108.00 元

能源与环境出版工程
丛书学术指导委员会

能源与环境出版工程
丛书编委会

总主编

翁史烈（上海交通大学原校长、教授、中国工程院院士）

执行总主编

黄　震（上海交通大学副校长、教授、中国工程院院士）

编　委（以姓氏笔画为序）

马重芳（北京工业大学环境与能源工程学院院长、教授）

马紫峰（上海交通大学电化学与能源技术研究所教授）

王如竹（上海交通大学制冷与低温工程研究所所长、教授）

王辅臣（华东理工大学资源与环境工程学院教授）

何雅玲（西安交通大学教授、中国科学院院士）

沈文忠（上海交通大学凝聚态物理研究所副所长、教授）

张希良（清华大学能源环境经济研究所所长、教授）

骆仲泱（浙江大学能源工程学系主任、教授）

顾　璠（东南大学能源与环境学院教授）

贾金平（上海交通大学环境科学与工程学院教授）

徐明厚（华中科技大学煤燃烧国家重点实验室主任、教授）

盛宏至（中国科学院力学研究所研究员）

章俊良（上海交通大学燃料电池研究所所长、教授）

程　旭（上海交通大学核科学与工程学院院长、教授）

能源与环境出版工程

总　序

　　能源是经济社会发展的基础,同时也是影响经济社会发展的主要因素。为了满足经济社会发展的需要,进入 21 世纪以来,短短十余年间(2002—2017 年),全世界一次能源总消费从 96 亿吨油当量增加到 135 亿吨油当量,能源资源供需矛盾和生态环境恶化问题日益突显,世界能源版图也发生了重大变化。

　　在此期间,改革开放政策的实施极大地解放了我国的社会生产力,我国国内生产总值从 10 万亿元人民币猛增到 82 万亿元人民币,一跃成为仅次于美国的世界第二大经济体,经济社会发展取得了举世瞩目的成绩!

　　为了支持经济社会的高速发展,我国能源生产和消费也有惊人的进步和变化,此期间全世界一次能源的消费增量 38.3 亿吨油当量中竟有 51.3% 发生在中国! 经济发展面临着能源供应和环境保护的双重巨大压力。

　　目前,为了人类社会的可持续发展,世界能源发展已进入新一轮战略调整期,发达国家和新兴国家纷纷制定能源发展战略。战略重点在于:提高化石能源开采和利用率;大力开发可再生能源;最大限度地减少有害物质和温室气体排放,从而实现能源生产和消费的高效、低碳、清洁发展。对高速发展中的我国而言,能源问题的求解直接关系到现代化建设进程,能源已成为中国可持续发展的关键! 因此,我们更有必要以加快转变能源发展方式为主线,以增强自主创新能力为着力点,深化能源体制改革、完善能源市场、加强能源科技的研发,努力建设绿色、低碳、高效、安全的能源大系统。

　　在国家重视和政策激励之下,我国能源领域的新概念、新技术、新成果不断涌现;上海交通大学出版社出版的江泽民学长著作《中国能源问题研究》(2008 年)更是从战略的高度为我国指出了能源可持续的健康发展之路。为了"对接国家能源可持续发展战略,构建适应世界能源科学技术发展趋势的能源科研交流平台",我们策划、组织编写了这套"能源与环境出版工程"丛书,其目的在于:

一是系统总结几十年来机械动力中能源利用和环境保护的新技术新成果;

二是引进、翻译一些关于"能源与环境"研究领域前沿的书籍,为我国能源与环境领域的技术攻关提供智力参考;

三是优化能源与环境专业教材,为高水平技术人员的培养提供一套系统、全面的教科书或教学参考书,满足人才培养对教材的迫切需求;

四是构建一个适应世界能源科学技术发展趋势的能源科研交流平台。

该学术丛书以能源和环境的关系为主线,重点围绕机械过程中的能源转换和利用过程以及这些过程中产生的环境污染治理问题,主要涵盖能源与动力、生物质能、燃料电池、太阳能、风能、智能电网、能源材料、能源经济、大气污染与气候变化等专业方向,汇集能源与环境领域的关键性技术和成果,注重理论与实践的结合,注重经典性与前瞻性的结合。图书分为译著、专著、教材和工具书等几个模块,其内容包括能源与环境领域内专家们最先进的理论方法和技术成果,也包括能源与环境工程一线的理论和实践。如钟芳源等撰写的《燃气轮机设计》是经典性与前瞻性相统一的工程力作;黄震等撰写的《机动车可吸入颗粒物排放与城市大气污染》和王如竹等撰写的《绿色建筑能源系统》是依托国家重大科研项目的新成果新技术。

为确保这套"能源与环境"丛书具有高品质和重大的社会价值,出版社邀请了杜祥琬院士、黄震教授、王如竹教授等专家,组建了学术指导委员会和编委会,并召开了多次编撰研讨会,商谈丛书框架,精选书目,落实作者。

该学术丛书在策划之初,就受到了国际科技出版集团 Springer 和国际学术出版集团 John Wiley & Sons 的关注,与我们签订了合作出版框架协议。经过严格的同行评审,截至 2018 年初,丛书中已有 9 本输出至 Springer,1 本输出至 John Wiley & Sons。这些著作的成功输出体现了图书较高的学术水平和良好的品质。

"能源与环境出版工程"从 2013 年底开始陆续出版,并受到业界广泛关注,取得了良好的社会效益。从 2014 年起,丛书已连续 5 年入选了上海市文教结合"高校服务国家重大战略出版工程"项目。还有些图书获得国家级项目支持,如《现代燃气轮机装置》《除湿剂超声波再生技术》(英文版)、《痕量金属的环境行为》(英文版)等。另外,在图书获奖方面,也取得了一定成绩,如《机动车可吸入颗粒物排放与城市大气污染》获"第四届中国大学出版社优秀学术专著二等奖";《除湿剂超声波再生技术》(英文版)获中国出版协会颁发的"2014年度输出版优秀图书奖"。2016年初,"能源与环境出版工程"(第二期)入选了"十三五"国家重点图书出版规划项目。

希望这套书的出版能够有益于能源与环境领域里人才的培养,有益于能源与环境领域的技术创新,为我国能源与环境的科研成果提供一个展示的平台,引领国内外前沿学术交流和创新并推动平台的国际化发展!

翁史烈

2018 年 9 月

序　一

随着对环境问题及污染物认识的不断深入，城镇污水处理经历了从去除有机污染物为主到以脱氮除磷为主要目的的历程，污水处理工艺不断改进。同时，城镇污水含有丰富的碳氮磷等资源，尤其是磷，一方面由于其是引起富营养化的主要因素之一，必须从污水中去除；另一方面，由于磷与人们的生活息息相关，是不可循环、逐渐枯竭的自然资源，因此近年来国内外逐渐重视从污水中进行磷回收。

李咏梅教授从事磷回收的研究已经有 10 年左右，针对污水磷回收，她研究了从污水中回收磷并同时脱氮除磷的新型工艺技术与运行策略，研发了将磷回收为鸟粪石的装置，建立了污泥磷释放的数学模型，发表了多篇相关的高水平论文，获得多项授权发明专利。除了实验室研究之外，其课题组也在污水厂进行了相关的中试研究和工程示范，使技术从实验室走向实际应用。

李咏梅教授在博士毕业留在同济大学任教后，对于教学科研工作兢兢业业，治学严谨，勇于创新，培养出了多名博士生和硕士生。本书是她对多年来在污水磷回收与脱氮除磷方面研究成果的总结，全书比较系统地描述了当前除磷的主要工艺技术、磷回收的理论与技术、脱氮除磷耦合磷回收新工艺与运行策略、剩余污泥中的磷释放技术、污泥磷释放与回收的数学模型等内容，并对磷回收的政策、经济与环境影响进行了评价。全书体现了先进性与学术性，同时也有应用案例，是一本可供研究人员和工程技术人员参阅的有价值的学术著作。

同济大学教授、原常务副校长

二〇二〇年五月

序 二

　　磷是一种不可再生的稀缺资源,也是动植物生长必需的营养物质。随着人口的增长及经济的发展,世界对磷资源的需求量逐年增加,磷回收的问题已引起了国际性的关注。污水中含有丰富的磷资源,从污水中回收磷具有双重意义:既可以减少磷对水环境的污染,又可以缓解磷资源的枯竭。因此,磷回收是重要的研究方向。

　　李咏梅教授热心科研,注重实践。她从事磷回收的研究已有多年,科研成果丰硕。针对污水除磷与磷回收,她系统地研究了磷回收的理论与技术,开发了将磷回收与污水脱氮除磷相耦合的新型工艺技术,提出了基于磷平衡的磷回收运行策略,开发了将磷回收为鸟粪石的反应器,研究了污泥强化磷释放技术并建立了污泥磷释放的数学模型。研究成果在污水厂进行了中试规模的验证与工程示范。

　　本书是她对其在磷回收方面研究成果的总结,对污水磷回收以及达标排放技术进行了系统性的知识梳理,介绍了近年来国内外关于磷回收最新的研究成果和应用情况,包括城镇污水除磷工艺技术、磷回收理论与技术、脱氮除磷与磷回收耦合的工艺技术、污泥中磷形态分析方法、剩余污泥磷释放技术与相关数学模型等内容。全书内容新颖、知识系统、学术性与应用性相结合,对于从事污水处理与资源化的研究人员和工程技术人员具有参阅价值。

同济大学环境科学与工程学院教授、院长

二〇二〇年五月

前　　言

　　磷是动植物生长不可缺少的无机营养元素，是一种不可替代、不可再生的自然资源。目前，在全世界范围内存在磷资源匮乏的现象。虽然全球磷的总储量在数量上可能还可以维持人类使用上百年，但依靠现有的开采技术，可经济开采的磷矿实际上只能使用 50 年左右。中国是世界上重要的磷矿资源生产大国，但也是磷矿资源的消费大国。截至 2018 年底，中国磷矿资源储量为 32 亿吨，但中国磷矿"丰而不富"，并且我国磷矿石普遍品位较低，平均品位仅 17％，品位在 30％以上的磷矿石占比不足 10％，大部分是不能直接利用的中低品位磷矿。不仅如此，我国 70％的磷矿为胶磷矿，杂质含量多、矿物颗粒细，造成选矿难度大，磷矿资源利用率低。

　　与磷资源极其匮乏相矛盾的是水体中过量的磷导致水体富营养化污染，致使水体生物特别是藻类大量繁殖，使生物的种群数量发生改变，破坏水体的生态平衡。据报道，全球的市政污水处理厂每年处理的磷达 130 万吨，若能实现大规模从城镇污水中回收磷，这些回收的磷不仅能提供全球所需磷矿石的 15％～20％，同时还能保护受纳水体，减轻富营养化污染。因此，污水处理技术应该改变传统的观念，由"磷去除"转变为"磷回收"。

　　为保障城镇污水达标排放并回收污水中的磷，从而保护受纳水体的生态平衡，减少富营养化污染，提高污水磷的资源化程度，缓解磷资源匮乏的现状，污水的磷回收逐渐成为最近的研究热点。目前，关于磷回收的理论和技术得到了较大发展，本书主要基于作者对课题组多年研究成果的总结，并结合其他研究人员最新报道的研究成果，对污水磷回收以及达标排放技术进行了系统的知识梳理，以期为保护水生态环境和实现污水资源化提供相关理论和技术支持。

　　在本书编写过程中笔者始终以知识系统性、学术前沿性、技术可应用性为宗旨,介绍近年来国内外关于磷回收最新的研究成果和应用情况。在撰写中,通过系统性知识介绍与案例相结合,图表与文字相配合,力求使读者更易于理解。

本书由李咏梅主持撰写,各章的主要撰写人员还有:第1章,王林;第2章,朱政豫、张冰倩;第3章,平倩、李志、刘鸣燕、马璐艳、吴健、杨露;第4章,朱政豫、陈文玲、张莹、邹金特;第5章,张冰倩;第6章,张志鹏、卢可馨、张丽丽、孙静、卢霄、邹金特;第7章,张强、王如意;第8章,朱政豫,孟勇彪。另外,卢可馨、王林、平倩、朱政豫、张志鹏、张强、赵艺茗参与了统稿和校稿工作。

本书的主要研究成果是在国家"863计划"课题(编号2011AA060902)、"水体污染控制与治理"国家重大科技专项课题(编号2015ZX07306-001-03)和上海市科委国际合作项目(编号11230700700、18230712100)的支持下完成的。上海交通大学出版社杨迎春编辑对于本书的编撰给予了许多指导和支持,在此表示衷心感谢!

由于时间和作者水平有限,书中难免存在疏漏之处,欢迎读者给予指正。

缩略词中英文对照表

缩　写	中　　文	英　　文
A/O	厌氧-好氧	anaerobic-oxic
A/A/O	厌氧-缺氧-好氧	anaerobic-anoxic-oxic
AAO－SBSPR	厌氧-缺氧-好氧-序批式侧流磷回收工艺	Anaerobic-anoxic-aerobic/sequencing batch side-stream phosphoras recovery
ACP	无定型磷酸钙	amorphous calcium phosphate
ADM1	厌氧消化 1 号数学模型	anaerobic digestion model No. 1
ADM1－P	EBPR 富磷污泥厌氧消化模型	anaerobic digestion model No. 1 — phosphorus
ADP	腺苷二磷酸	adenosine diphosphate
Al－P	铝结合态磷	aluminum-bound phosphorus
AOB	氨氧化细菌	ammonia-oxidizing bacteria
AP	磷灰石态无机磷	apatite phosphorus
AQDS	蒽醌-2,6-二磺酸盐	anthraquione-2,6-disulfonate
ASM2d	活性污泥 2d 号模型	activated sludge model No. 2d
ASMs	活性污泥数学模型	activated sludge models
ATP	腺苷三磷酸	adenosine triphosphate
AUR	氨氧化速率	ammonia uptake rate
BOD	生化需氧量	biochemical oxygen demand
CFD	计算流体力学	computational fluid dynamics
Cit	柠檬酸盐	citrate
COD	化学需氧量	chemical oxygen demand
CPRS	化学除磷污泥	chemical phosphorus removal sludge
CS	浓缩污泥	concentrated sludge
DNRP	溶解性非活性磷	dissolved non-reactive phosphorus
DO	溶解氧	dissolved oxygen
DRP	溶解性活性磷	dissolved reactive phosphorus
EBPR	强化生物除磷	enhanced biological phosphorus removal
EDTA	乙二胺四乙酸	ethylene diamine tetraacetic acid

（续表）

缩　写	中　文	英　文
EDX	能量散射谱 X 射线分析仪	energy dispersive X-ray
EPS	胞外聚合物	extracellular polymeric substances
FA	富里酸	fulvic acid
FePs	铁磷化合物	iron-phosphorus compounds
Fe-P	铁结合态磷	iron-bound phosphorus
FTIR	傅里叶变换红外	Fourier transform infrared
GAOs	聚糖菌	glycogen accumulating organisms
GC-MS	气相色谱-质谱仪	gas chromatograph-mass spectrometer
HAP	羟基磷酸钙	hydroxyapatite
HFO	水解铁氧化物	hydrolic ferric oxides
HRT	水力停留时间	hydraulic retention time
ICP	电感耦合等离子发射光谱仪	inductively coupled plasma emission spectrometer
IP	无机磷	inorganic phosphorus
IRB	铁还原细菌	iron-reducing bacteria
LCFA	长链脂肪酸	long chain fatty acids
MAP	磷酸铵镁	magnesium ammonium phosphate
MLSS	混合液悬浮固体	mixed liquid suspended solids
MLVSS	混合液挥发性悬浮固体	mixed liquid volatile suspended solids
MSBD	厌氧消化前的混合污泥	mixed sludge before anaerobic digestion
$NADH_2$	二氢烟酰胺腺嘌呤二核苷酸	dihydronicotinamide adenine dinucleotide
NAIP	非磷灰石态无机磷	non-apatite inorganic phosphorus
NH_4^+-N	氨氮	ammonia nitrogen
NOB	亚硝酸盐氧化细菌	nitrite-oxidizing bacteria
NUR	亚硝酸盐氧化速率	nitrite uptake rate
OP	有机磷	organic phosphorus
OTUs	操作分类单元数	operational taconomic units
PAOs	聚磷菌	polyphosphate accumulating organisms
PFS	富磷絮体污泥	phosphorus-accumulating flocculent sludge
PGS	富磷好氧颗粒污泥	phosphorus-accumulating granular sludge
PH2MV	聚-3-羟基-2-烷基戊酸酯	poly-3-hydroxy-2methylvalerate
PHA	聚羟基脂肪酸酯	polyhydroxyalkanoate
PHB	聚-β-羟基丁酸脂	poly-β-hydroxybutyrate
PHV	聚-β-羟基戊酸脂	poly-β-hydroxyvalerate
PP	聚磷酸盐	polyphosphate
PPK	聚磷酸盐激酶	polyphosphate kinase

（续表）

缩　写	中　文	英　文
PPN	内切聚磷酸酶	endopolyphosphatase
PPX	外切聚磷酸酶	exopolyphosphatase
PUR_{AE}	好氧吸磷速率	aerobic phosphorus uptake rate
PUR_{AX}	缺氧吸磷速率	anoxic phosphorus uptake rate
RS	回流污泥	returned sludge
RWQM1	河流水质 1 号模型	river water quality model No. 1
SA	海藻酸钠	sodium alginate
SBR	序批式活性污泥法	sequencing batch reactor activated sludge process
SCOD	溶解性化学需氧量	soluble chemical oxygen demand
SEM	扫描电子显微镜	scanning electron microscopy
SI	饱和指数	saturation index
SMT	标准测试方法	the standards, measurements and testing programme
SRT	污泥停留时间	sludge retention time
SS	悬浮固体	suspended solid
SVI	污泥体积指数	sludge volume index
TDP	溶解性总磷	total dissolved phosphorus
TFe	总铁	total iron
TN	总氮	total nitrogen
TOC	总有机碳	total organic carbon
TP	总磷	total phosphorus
t－R	预设磷回收率	target P recovery rate
TS	总固体	total solids
TSS	总悬浮固体	total suspended solid
UCT	开普敦大学	University of Cape Town
VFAs	挥发性脂肪酸	volatile fatty acids
VSS	挥发性悬浮固体	volatile suspended solids
XPS	X 射线光电子能谱	X-ray photoelectron spectroscopy
XRD	X 射线衍射	X-ray diffraction
ΣFe	提取总铁	—
ΣP	提取总磷	—
MUCT	改良的 UCT 工艺	modified UCT
TCA	三羧酸	tricarboxylic acid

目　　录

第1章　城镇污水的来源、性质及处理现状

随着我国城市人口的增加以及工业化进程的快速发展,产生了大量的污水,这些污水若处置不当会给环境保护带来很大的安全风险。为了强化污水的处理效果并实现污水的安全排放或对污水中的资源进行回收,就需要明确其来源和性质,以便制定相应的排放标准,并采取合适的技术对其进行处理或者资源回收。

1.1　城镇污水的来源

城镇污水主要来自通过下水管道收集的所有排水,是排入下水管道系统的各种生活污水、工业废水和降雨径流的混合水。

生活污水主要指人们日常生活中排出的水,是从住户、公共设施和工厂的厨房、卫生间、浴室和洗衣房等生活设施中排放的水。这类污水的水质特点是含有较多的有机物(如糖类、蛋白质、油脂等)以及氮、磷等无机物。此外,此类污水还含有病原微生物和较多的悬浮物。

工业废水是指工业生产过程中排出的废水,包括生产工艺废水、循环冷却水、冲洗废水以及综合废水等。由于不同行业生产工艺、原材料和使用设备的用水条件等不同,工业废水的性质千差万别,具有水量变化大、浓度高、毒性大等特点。因此,工业废水在排入城镇污水收集系统前应进行预处理,只有符合纳管标准后才能排入城市污水管网。

降雨径流是指由降水或冰雪融化形成的地面径流。对于采取雨污水分流制的城市,降雨径流汇入雨水管道;对于采用雨污水合流制的城市,降雨径流与城市污水进入同一管道,当降雨强度较大时由于超过截流干管的输送能力或污水处理厂的处理能力,大量的雨污水混合液出现溢流,从而造成对水体严重的污染。

因此,在城市和工业企业中,应该及时地排除上述污水,否则可能造成严重的环境污染,影响生产和生活,甚至可能威胁人民健康,而上述污水是否能够得到有效处理取决于污水排水系统是否合理有效。

1.2 城镇污水的性质

城镇污水成分复杂,含有多种污染物,主要包括悬浮固体(suspended solid,SS)、病原体、需氧有机物和植物营养素等。城镇生活污水的典型水质指标主要包括总固体(total solids,TS)、总悬浮固体(total suspended solid,TSS)、挥发性悬浮固体(volatile suspended solids,VSS)、生化需氧量(biochemical oxygen demand,BOD)、总有机碳(total organic carbon,TOC)、化学需氧量(chemical oxygen demand,COD)、总氮(total nitrogen,TN)、氨氮(ammonia nitrogen,$NH_4^+ - N$)、总磷(total phosphorus,TP)、有机磷(organic phosphorus,OP)和无机磷(inorganic phosphorus,IP)等,其浓度范围如表1-1所示。

表1-1 城镇生活污水的典型浓度范围[1]

序　号	污　染　物	单　位	浓　度①		
			低浓度	中等浓度	高浓度
1	TS	mg/L	390	720	1 230
2	溶解性固体	mg/L	270	500	860
3	固定性溶解固体	mg/L	160	300	520
4	挥发性溶解固体	mg/L	110	200	340
5	TSS	mg/L	120	210	400
6	固定性悬浮固体	mg/L	25	50	85
7	挥发性悬浮固体	mg/L	95	160	316
8	可沉降固体	mg/L	5	10	20
9	BOD	mg/L	110	190	350
10	TOC	mg/L	80	140	260
11	COD	mg/L	250	430	800
12	TN	mg/L	20	40	70
13	有机氮	mg/L	8	15	25
14	$NH_4^+ - N$	mg/L	12	25	45
15	亚硝酸盐	mg/L	0	0	0
16	硝酸盐	mg/L	0	0	0
17	TP	mg/L	4	7	12
18	OP	mg/L	1	2	4
19	IP	mg/L	3	5	10
20	氯化物	mg/L	30	50	90
21	硫酸盐	mg/L	20	30	50
22	油脂	mg/L	50	90	100
23	挥发性有机物	mg/L	<100	100~400	>400

（续表）

序　号	污 染 物	单　位	浓　度[①]		
			低浓度	中等浓度	高浓度
24	总大肠菌群数	个/毫升	$10^6 \sim 10^8$	$10^7 \sim 10^9$	$10^7 \sim 10^{10}$
25	粪大肠菌群数	个/毫升	$10^3 \sim 10^5$	$10^4 \sim 10^6$	$10^5 \sim 10^8$
26	隐孢子虫	个/毫升	$0.1 \sim 1$	$0.1 \sim 10$	$0.1 \sim 100$
27	兰伯氏贾第虫	个/毫升	$0.1 \sim 10$	$0.1 \sim 100$	$0.1 \sim 1\,000$

注：① 低浓度、中等浓度、高浓度分别基于污水流量约为750升/（人•天）、460升/（人•天）和240升/（人•天）。

目前,我国很多南方城市的城镇污水呈现出低碳氮比的特点,这主要除了与市民饮食结构多样化、大量生活污水、工业废水和农业污染物携带了大量的含氮有机物有关之外,还与城市排水管网老化、雨污水合流、污水输送距离长等原因有关。表 1-2 列出了一些典型南方城市污水处理厂的进水水质。由表 1-2 可知,BOD 与 TN 浓度之比为 2.5～3.5,BOD 与 TP 浓度之比为 23～27,进水碳源不足,这严重影响了污水处理厂在处理污水时的脱氮除磷效果。

表 1-2　典型南方城市污水处理厂的进水水质

水质指标	范　围	平均值	范　围	平均值	平均值
城市	上海[2]		巢湖[3]		无锡[4]
COD 含量/(mg/L)	$80 \sim 281$	174 ± 48	$98 \sim 250$	160 ± 44	129 ± 21
BOD 含量/(mg/L)	$75 \sim 125$	98 ± 15	$55 \sim 120$	84 ± 23	—
$PO_4^{3-} - P$ 含量/(mg/L)	$1.57 \sim 6.03$	2.87 ± 0.84	$0.76 \sim 1.58$	1.14 ± 0.22	—
TP 含量/(mg/L)	$2.5 \sim 7.17$	4.19 ± 0.92	$2.2 \sim 3.96$	3.11 ± 0.49	4.0 ± 0.4
$NH_4^+ - N$ 含量/(mg/L)	$17.8 \sim 39.27$	29.61 ± 4.55	$12.05 \sim 22.63$	16.48 ± 3.75	25.5 ± 3.2
TN 含量/(mg/L)	$21.61 \sim 49.64$	36.02 ± 5.56	$18.04 \sim 30.25$	24.75 ± 3.49	34.3 ± 6.2
pH 值	$6.99 \sim 8.14$	7.6 ± 0.24	$7.13 \sim 8.5$	7.57 ± 0.24	—

1.3　城镇污水的处理现状

随着我国经济的高速发展和对生态环境保护的日益重视,城镇污水处理事业在近年来得到了快速发展。城镇污水处理厂的规模以日处理污水量来划分,污水处理量小于 1 万吨/日的为小型污水厂,1～10 万吨/日为中型污水厂,大于 10 万吨/日的为大型污水厂。截至 2020 年 1 月底,对全国 10 113 个污水处理厂核发了排污许可证。按照处理规模来看,至 2019 年,1 万吨/日以下的污水处理厂有 4 873 座,占 52.9%;1~5 万吨/日的污水处理厂有 3 147 座,占 34.2%;日处理量百万吨的超大型污水处理厂较少。根据中华人民共和国住房和城乡建设部 2020 年 3 月公布的《2018 年城市建设统计年鉴》数据,伴随着污水处理厂建设的快速发展,污水年处理量也快速增长,2005—2018 年我国城市污水处理厂年处理量从 1.87×10^6 万立方米增长至 4.98×10^6 万立方米,污水处理率相应地从 51.95% 增长至 95.49%。早在 2007 年国务院发布的《全国城镇污水处理及再生利用设施"十一五"建设规划》中涵盖了 661 个市级城市和 1 636 个县城及部分重点镇的污水处理及再生利用,大型污水处理厂项目在"十一五"期间陆续建成投产,迎来了污水处理行业发展的高峰期,城镇污水处理厂数量年均增长 8%,城镇污水处理量年均增长 10%,城镇污水集中处理率也相应地从 51.95% 提高至 73.76%。国家为进一步推进水环境的改善,国务院前后发布了《国家环境保护"十二五"规划》和《"十二五"全国城镇污水处理及再生利用设施建设规划》,中央政府、地方政府和个人对城市污水处理投资达到 4 500 亿元,我国的污水处理能力位于世界前列。

按照省份来看,我国污水处理厂产能主要分布在广东、山东、江苏和浙江[5],2019 年其产能分别是 3 035 万吨/日、1 834 万吨/日、1 746 万吨/日和 1 515 万吨/日,污水处理厂数量分别为 697 座、554 座、828 座和 373 座(见表 1 - 3)。按 2017 年供水 80% 转换为污水的比例计算,全国合计污水处理新增空间 13 197 万吨/日,相比污水处理厂 22 792 万吨/日的存量规模来看,增长空间约为 57.9%,其中江苏、广东等地新增空间较大。

表 1 - 3 2019 年我国各省份污水处理产能[5]

省 份①	污水处理厂数量/座	2019 年产能合计/(万吨/日)	2018 年底城镇污水处理厂处理能力/(万吨/日)	2017 年全国供水能力/(万吨/日)	新增空间/(万吨/日)
江苏	828	1 746	1 871	4 568	1 908
广东	697	3 035	2 298	5 834	1 632
北京	134	657	693	2 241	1 136
浙江	373	1 515	1 128	2 840	757
上海	43	619	813	1 642	695
湖北	391	954	691	2 035	674
湖南	346	928	638	1 864	563
四川	1 125	1 013	709	1 942	541
山东	554	1 834	1 223	2 966	539

（续表）

省　份①	污水处理厂数量/座	2019 年产能合计/（万吨/日）	2018 年底城镇污水处理厂处理能力/（万吨/日）	2017 年全国供水能力/（万吨/日）	新增空间/（万吨/日）
新疆	146	322	240	968	452
福建	213	653	416	1 347	425
吉林	103	377	404	998	421
江西	233	501	290	1 144	414
黑龙江	155	379	402	962	391
内蒙古	121	272	241	790	360
广西	285	523	773	1 094	352
河南	338	1 263	794	1 995	333
安徽	380	999	612	1 624	300
辽宁	246	770	1 026	1 281	255
山西	157	343	271	688	207
河北	344	1 033	633	1 483	153
甘肃	116	288	153	548	150
贵州	392	375	254	613	115
宁夏	44	127	100	299	112
云南	220	455	253	702	107
西藏	22	37	0	178	105
重庆	743	529	367	777	93
海南	50	111	102	247	87
天津	130	442	286	522	—24
陕西	213	601	390	680	—57
青海	53	91	48	172	
总计	9 195	22 792	18 119	45 044	13 197

注：① 省份统计中不包含台湾地区以及香港、澳门地区。

1.4　中国城镇污水的排放标准

为了实现污水的安全排放，我国根据不同地区、不同流域制定了不同的排放标准。不同的排放标准中对污染物最高允许排放浓度进行了限定，除了基本型限制项目之外，还有选择型控制项目。

1.4.1　污水排放标准的定义及分类

污水排放标准是根据受纳水体的水质要求，结合环境特点和社会、经济、技术条件,对排入环境的污水中的污染物和产生的有害因子所制定的控制标准,或者说是水污染物和有害因子的允许排放量或限值。

污水排放标准可以分为国家排放标准、地方排放标准和行业排放标准。

1.4.2　控制项目及分类

根据污染物的来源及性质,将污染物控制项目分为基本控制项目和选择控制项目两类。基本控制项目主要包括影响水环境和城镇污水处理厂一般处理工艺可以去除的常规污染物以及部分一类污染物,共 19 项。选择控制项目包括对环境有较长期影响或毒性较大的污染物,共计 43 项。基本控制项目必须执行,而选择控制项目,由地方环境保护行政主管部门根据污水处理厂接纳的工业污染物的类别和水环境质量要求选择控制。

1.4.3　标准分级

根据城镇污水处理厂排入地表水域环境功能和保护目标以及污水处理厂的处理工艺,将基本控制项目的常规污染物标准分为一级标准、二级标准和三级标准,其中一级标准又分为 A 标准和 B 标准。部分一类污染物和选择控制项目不分级。

一级标准的 A 标准是城镇污水处理厂出水作为回用水的基本要求。当污水处理厂出水引入稀释能力较小的河湖或者作为城镇景观用水和一般回用水等用途时,执行一级标准的 A 标准。城镇污水处理厂出水排入国家和省确定的重点流域及湖泊、水库等封闭、半封闭水域时,也执行一级标准的 A 标准。

城镇污水处理厂出水排入 GB 3838—2002 地表水Ⅲ类功能水域(划定的饮用水源保护区和游泳区除外)、GB 3097—1997 海水水质分类第二类的功能水域时,也执行一级标准的 B 标准。

城镇污水处理厂出水排入 GB 3838—2002 地表水Ⅳ、Ⅴ类功能水域或 GB 3097—1997 海水水质分类第三类、第四类的功能海域时,执行二级标准。非重点控制流域和非水源保护区的建制镇的污水处理厂,根据当地经济条件和水污染控制要求,采用一级强化处理工艺时,执行三级标准,但必须预留二级处理设施的位置,分期达到二级标准。

1.4.4　标准值

我国城镇污水处理厂水污染物排放标准一般选用 GB 18918—2002《城镇污水处理厂污染物排放标准》[6],其基本控制项目最高允许排放浓度(日均值)执行如表 1-4 所示的标准和部分一类污染物最高允许排放浓度(日均值)执行如表 1-5 所示的标准,而选择控制项目最高允许排放浓度(日均值)执行如表 1-6 所示的标准。

表 1 - 4　基本控制项目最高允许排放浓度(日均值)[6]

序　号	基本控制项目	一级标准		二级标准	三级标准
		A 标准	B 标准		
1	COD/(mg/L)	50	60	100	120①
2	BOD/(mg/L)	10	20	30	60①
3	SS/(mg/L)	10	20	30	50
4	动植物油/(mg/L)	1	3	5	20
5	石油类/(mg/L)	1	3	5	15
6	阴离子表面活性剂/(mg/L)	0.5	1	2	5
7	TN(以 N 计)/(mg/L)	15	20	—	
8	NH_4^+ - N(以 N 计)②/(mg/L)	5(8)	8(15)	25(30)	—
9	TP(以 P 计)/(mg/L)	2005 年 12 月 31 日前建设的	1	1.5	3	5
		2006 年 1 月 1 日起建设的	0.5	1	3	5
10	色度/稀释倍数	30	30	40	50
11	pH 值	6～9	6～9	6～9	6～9
12	粪大肠菌群数/(个/升)	10^3	10^4	10^4	—

注：① 下列情况下按去除率指标执行：当进水 COD 大于 350 mg/L 时，去除率应大于 60%；当进水 BOD 大于 160 mg/L 时，去除率应大于 50%。

② 括号外数值为水温>12℃时的控制指标，括号内数值为水温≤12℃时的控制指标。

表 1 - 5　部分一类污染物最高允许排放浓度(日均值)[6]　　　　单位：mg/L

序　号	项　目	标准值	序　号	项　目	标准值
1	总汞	0.001	5	六价铬	0.05
2	烷基汞	不得检出	6	总砷	0.1
3	总镉	0.01	7	总铅	0.1
4	总铬	0.1			

表 1 - 6　选择控制项目最高允许排放浓度(日均值)[6]　　　　单位：mg/L

序　号	选择控制项目	标准值	序　号	选择控制项目	标准值
1	总镍	0.05	6	总锰	2.0
2	总铍	0.002	7	总硒	0.1
3	总银	0.1	8	苯并(a)芘	0.000 03
4	总铜	0.5	9	挥发酚	0.5
5	总锌	1.0	10	总氰化物	0.5

(续表)

序 号	选择控制项目	标准值	序 号	选择控制项目	标准值
11	硫化物	1.0	28	对二甲苯	0.4
12	甲醛	1.0	29	间二甲苯	0.4
13	苯胺类	0.5	30	乙苯	0.4
14	总硝基化合物	2.0	31	氯苯	0.3
15	有机磷农药(以 P 计)	0.5	32	1,4 -二氯苯	0.4
16	马拉硫磷	1.0	33	1,2 -二氯苯	1.0
17	乐果	0.5	34	对硝基氯苯	0.5
18	对硫磷	0.05	35	2,4 -二硝基氯苯	0.5
19	甲基对硫磷	0.2	36	苯酚	0.3
20	五氯酚	0.5	37	间甲酚	0.1
21	三氯甲烷	0.3	38	2,4 -二氯酚	0.6
22	四氯化碳	0.03	39	2,4,6 -三氯酚	0.6
23	三氯乙烯	0.3	40	邻苯二甲酸二丁酯	0.1
24	四氯乙烯	0.1	41	邻苯二甲酸二辛酯	0.1
25	苯	0.1	42	丙烯腈	2.0
26	甲苯	0.1	43	可吸附有机卤化物(以 Cl 计)	1.0
27	邻二甲苯	0.4			

1.5 国外城镇污水的排放标准

美国、欧盟以及日本等发达国家对城镇污水的排放也制定了相应的标准,但是其对污水排放污染物控制指标及最高浓度限值有所差异。

1.5.1 美国

美国对于所有城镇污水处理厂需要达到的排放标准在美国联邦法规 40CFR133 "二级处理规定"中做出了详细说明,美国国会要求城镇和工业废水在排放到自然水体前必须进行二级处理。美国环保局(Environmental Protection Agency, EPA)对二级处理出水主要基于的三个指标(BOD、SS 和 pH 值)进行了规定,如表 1 - 7 所示。由于美国城镇污水处理厂主要以处理生活污水为主,而对于一些有毒有害物质不能有效去除,因此美国联邦法规 40CFR403 中提出的国家预处理计划中要求在向城镇污水厂排入废水前需要对其中的有毒污染物或非常规污染物进行预处理。另外,美国 EPA 也建立了许可证制度,称为国家污染物排放削减制度(national pollutant discharge elimination system,NPDES),规定任何向水体中排放污染物的点源都需要获得 EPA 的许可证。各州考虑污水排放对于受纳水体影响，可根据所属流域的实际情况制定更具体的标准，如为了保护收纳水体，可规定指标浓度低于表 1-7 中的浓度要求，另外也可增加基本要求中未涉及的指标，如氮和磷的标准。在对敏感水体的标准限值中 TN 的含量小于 3 mg/L，TP 的含量小于 0.1 mg/L[7]。除了有浓度限值外，还有质量限值。表 1-8 是爱达荷州海利市的 NPDES 标准限值。

表 1-7　美国污水二级处理排放标准[8]

项　　目	BOD 含量/(mg/L)	碳生化需氧量含量/(mg/L)	TSS 含量/(mg/L)	pH 值
30 天平均值	30	25	30	6～9
30 天平均去除率/%	85	85	85	—
7 天平均值	45	40	45	6～9

注：美国标准中的 BOD 不同于我国标准的 BOD。美国标准的 BOD 包括碳生化需氧量和氮生化需氧量，而我国标准的 BOD 仅指碳生化需氧量。美国标准中在获得许可情况下可用碳生化需氧量代替 BOD。

表 1-8　美国爱达荷州海利市(Haiey，Idaho)的 NPDES 标准限值[8]

指　　标	30 天平均值	7 天平均值	瞬时最大值
BOD 含量	30 mg/L	45 mg/L	N/A[①]
	43 kg/d	64 kg/d	
SS 含量	30 mg/L	45 mg/L	N/A
	43 kg/d	64 kg/d	
大肠杆菌(E. coli bacterial)	126 个/100 毫升	N/A	406 个/100 毫升
粪大肠菌群数(fecal coliform bacteria)	N/A	200 个/100 毫升	N/A
NH_4^+-N 含量	1.9 mg/L	2.9 mg/L	3.3 mg/L
	4.1 kg/d	6.4 kg/d	7.1 kg/d
TP 含量	6.8 kg/d	10.4 kg/d	N/A
凯氏氮	25 kg/d	35 kg/d	N/A

注：① N/A 指不适用。

将美国二级污水处理的排放标准与我国城镇污水的排放标准做比较可以发现，美国的常规污染物中没有 COD 这一项指标，而在我国 COD 则被认为是一项重要的指标。COD 指的是废水中能被强氧化剂氧化的物质，而 BOD 则指的是能被水中微生物分解的物质。前者能快速测定，而后者更能反映废水有机物对受纳水体的实际影响。中美两国根据自身的实际情况选择了不同的主要检测指标[9]。

美国二级污水处理的排放标准采用 30 天平均值(月平均值)和 7 天平均值(周平均值),而我国城镇污水的排放标准一般采用日均值。较长时间的均值考虑了水质水量波动引起的变化,而排放总量并没有变化,与实际情况更符合,因此更科学合理。

1.5.2　欧盟

欧盟对于城镇污水处理厂的排放标准由 1991 年颁布的《城市污水指令》(91/271/EEC)规定,具体内容如表 1-9 所示。适用范围包括城市污水和特定行业废水的处理和排放。同时为保证城市污水厂的正常运行,该指令要求工业废水在进入污水处理系统前需进行预处理。欧盟各成员国的集中式污水处理设施需满足以上指令设立的排放标准,同时各成员国可根据经济条件和技术水平制定更严格的标准。

表 1-9　欧盟城镇污水处理厂的排放标准

处理厂规模 (人口当量)	SS		COD		BOD		TN (敏感区域)		TP (敏感区域)	
	浓度/ (mg/L)	去除率/ %	浓度/ (mg/L)	去除率/ %	浓度/ (mg/L)	去除率/ %	浓度/ (mg/L)	去除率/ %	浓度/ (mg/L)	去除率/ %
2 000~10 000 m³/d (400~2 000 m³/d)	60	70					—	—	—	—
10 000~100 000 m³/d (2 000~20 000 m³/d)	35	90	125	75	25	70~90	15	70~80	2	80
>100 000 m³/d (>20 000 m³/d)							10		1	

欧盟城镇污水处理厂排放标准中选取的样品是 24 h 浓度或流量比例混合样,与我国标准中采用的日均值的概念相当。欧盟的排放标准中还考虑了污染物总量对受纳水体的影响,对于不同规模的污水处理厂在 SS、TN、TP 上设定相对应的指标。通过比较 COD、BOD 和 SS 这三项指标,可得出欧盟的标准与我国污水排放的二级标准相当。而欧盟在敏感区域设定的对总氮的标准与我国污水排放的一级 A 标准相当[10]。

1.5.3　日本

日本城镇污水处理主要采用下水道设施的集中式规模化污水处理。日本对下水道设施的管制实行《下水道法》,对各类排放指标的限值在《下水道法实施令》

(2014 修订版)中进行了说明,具体如表 1 - 10 所示。并且,日本各级地方政府还可根据当地的实际情况制定严于国家标准的地方标准[11]。

表 1 - 10　日本污水处理设施的排放标准(日均值)

序　号	项　目	单　位	容许浓度
1	pH 值		5.8～8.6
2	BOD	mg/L	10/15(分流制/合流制)① 40(合流制)②
3	SS	mg/L	40
4	TN	mg/L	10/20①
5	TP	mg/L	0.5/1.0/3.0②
6	大肠杆菌数	个/厘米^3	3 000

注:① 对于采用不同技术方法的污水处理设施采用不同等次的 BOD、TN 和 TP 浓度。
② 由降雨引起的雨水影响较大时,此时的 BOD 数值参照合流制下的 40 mg/L。

日本污水处理的排放标准中考虑了各污水处理厂实际的技术水平,对于不同程度的污水处理技术给予相对应能达到的标准限值。比较我国和日本的排放标准,可以看出日本的排放标准中 BOD、TN 和 TP 的指标与我国标准的一级标准中的 A 标准相近,而 SS 指标日本略微宽松。

参 考 文 献

[1] Tchobanoglous G, Burton F L, Stensel H D. Wastewater Enginnering: Treatment and Reuse [M]. New York: McGraw-Hill, 2002.

[2] 孙艳,张逢,胡洪营,等.上海市污水处理厂进水水质特征的统计学分析[J].环境工程学报, 2014,8(12): 5167 - 5173.

[3] 李炳荣,曹特特,王林,等.低氧条件下 A²/O 工艺对城市污水脱氮处理的中试研究[J].中国环境科学,2019,39(1): 134 - 140.

[4] 朱政豫.基于磷平衡的除磷脱氮与磷回收耦合工艺试验与机理研究[D].上海:同济大学,2019.

[5] 2019 年中国污水处理厂数量、产能及各省污水处理厂发展现状[图][2020 - 2 - 21][EB/ OL]. http://www.chyxx.com/industry/202002/836168.html.

[6] 国家环境保护总局科技标准司.城镇污水处理厂污染物排放标准: GB 18918—2002[S].北京:中国标准出版社,2002.

[7] Akin B S, Ugurlu A. Monitoring and control of biological nutrient removal in sequencing batch reactor [J]. Process Biochemistry, 2005, 40(8): 2873 - 2878.

[8] Davis M K, Masten S. Principles of Environemtal Engineering and Science [M]. 3rd ed. New York: McGraw Hill, 2013.

［9］任慕,张光明,彭猛.中美两国城镇污水排放标准对比分析[J].环境保护,2016,44(2):
68-70.

［10］牛建敏,钟昊亮,熊晔.美国、欧盟、日本等地污水处理厂水污染物排放标准对比与启示[J].
资源节约与环保,2016(6):301-302.

［11］高娟,李贵宝,华珞,等.日本水环境标准及其对我国的启示[J].中国水利,2005(11):
41-43.

第 2 章　城镇污水除磷
工艺技术

　　污水除磷目前主要通过物理、化学、生物法将磷转化为不溶态,通过分离不溶物将磷去除。常见的除磷技术主要有化学沉淀法、吸附法、生物法、离子交换法和电渗析法等,常见污水除磷工艺技术的比较如表 2-1 所示。本章主要介绍几种应用比较广泛的除磷技术。

表 2-1　常见污水除磷工艺技术比较[1]

工艺技术	化学沉淀法	吸附法	生物法	离子交换法	电渗析法
原理	化学沉淀	吸附	生物新陈代谢	离子交换	电场力
适宜废水浓度	高	低	低	低	高
能否直接回收磷	不能	不能	不能	能	能
运行成本	高	低	低	高	高
应用现状	广泛	较多	广泛	较少	较少

2.1　化学除磷法

　　目前在污水处理厂中使用较为广泛的化学除磷方法主要包括化学沉淀法、吸附法以及结晶法。这些方法在处理效果、运行成本以及环境效益等方面存在一定差异。

2.1.1　化学沉淀法

　　化学沉淀法是利用磷酸根能和某些阳离子进行化学反应,生成不溶于水的沉淀,通过泥水分离最终达到去除污水中磷的目的。常用的化学药剂为含有 Fe^{3+}、Al^{3+}、Ca^{2+} 等金属阳离子的混凝剂。化学沉淀法除磷效果好,对污水中磷浓度变化具有较好的适应能力,但由于化学药剂的投加会产生大量化学污泥,一方面会增高水处理费用,另一方面化学污泥于环境不利,有造成二次污染的风险。

铁盐由于除磷效果好、价格低廉、能防止硫化氢产生等优势,广泛应用于化学沉淀除磷中。通常用于污水化学沉淀除磷的铁盐包括氯化铁、硫酸亚铁、聚合硫酸铁等。近年来有学者采用高铁酸盐进行污水除磷,高铁酸盐作为强氧化剂还能同时对污水进行消毒处理。铁盐在污水中发生的反应理论上如式(2-1)和式(2-2)所示(以 Fe^{3+} 为例)。污水 pH 值、铁盐种类、铁盐投量、溶解性有机物浓度等因素都会影响铁盐除磷效果。

$$Fe^{3+} + PO_4^{3-} = FePO_4 \tag{2-1}$$

$$Fe^{3+} + 3H_2O = Fe(OH)_3 + 3H^+ \tag{2-2}$$

常用的铝盐除磷药剂有硫酸铝、聚合氯化铝和聚合氯化铝铁等。铝盐在污水中发生的反应理论上如式(2-3)和式(2-4)所示。

$$Al^{3+} + PO_4^{3-} = AlPO_4 \tag{2-3}$$

$$Al^{3+} + 3H_2O = Al(OH)_3 + 3H^+ \tag{2-4}$$

常用的钙盐除磷药剂为石灰$[Ca(OH)_2]$。由于实际城镇污水或二沉池出水通常呈中性,若直接向污水中投加石灰,则主要生成碳酸钙,无法达到除磷目的。因此需将污水的 pH 值调到 10.5~11.0 以上,此时石灰会与磷酸根反应生成羟基磷酸钙(hydroxyapatite,HAP):

$$5Ca^{2+} + OH^- + 3PO_4^{3-} = Ca_5(OH)(PO_4)_3 \tag{2-5}$$

污水处理厂化学沉淀除磷工艺按药剂投放位置的不同,可分为前置沉淀、同步沉淀、后置沉淀及旁路沉淀四种类型。其中,同步沉淀和后置沉淀工艺在国内外应用较为广泛。前置沉淀工艺是指将化学药剂投加在生物反应之前,可以去除大量有机物,减少生物处理负荷,适用于处理有机物浓度较高的污水或用于现有污水处理厂处理工艺的升级,但生物反应单元中有机负荷过低会影响后续反硝化功能,且前置沉淀工艺比其他工艺所需化学药剂量和产生的化学污泥量都较大。同步沉淀工艺是将化学药剂直接投加到曝气池中、曝气池出水堰或二沉池进水管道,能够有效改善污泥性能,防止污泥膨胀,但会消耗污水一部分碱度,从而影响微生物活性和生化效果,因此适合于 pH 值较为稳定的生化系统。后置沉淀工艺则是将化学药剂投加到二沉池出水中,并在后续部分设置絮凝池、高效沉淀池等,优势是不影响生物处理过程、药剂用量少且能去除一部分 SS,但需要建造额外的水处理构筑物,建设成本较高。旁路沉淀工艺主要针对厌氧-缺氧-好氧(anaerobic-anoxic-oxic,AA/O)工艺,将该工艺中厌氧池的富磷上清液引入专一化学除磷池,投加化学药剂进行化学沉淀除磷,再将沉淀后的上清液返回生物处理单元进行后续反应。

2.1.2 吸附法

吸附法除磷是利用吸附剂对磷的物理吸附、离子交换、表面沉淀等作用实现磷的去除。与其他除磷方法相比较，吸附法拥有能耗低、污染少、可再生等优势，在污水除磷方面应用较多。吸附法除磷的关键在于寻找一种高效的吸附剂。一些天然物质和工业废渣等因自身比表面积较大对磷具有一定的吸附作用。对天然吸附剂进行改性或合成新的人工吸附剂可以进一步提高吸附剂的吸附性能。常用的改性方法有物理方法、化学方法和物理化学组合方法。其中，物理方法主要是通过高温加热增大孔隙率，从而增加比表面积；化学方法是通过添加其他元素或酸/碱处理改变吸附剂的活性基团和表面结构。

1）黏土矿物类吸附剂

黏土矿物是一些以含铝、镁等为主的含水硅酸盐矿物，是各类土壤和沉积物的主要成分。常用于吸附工程中的黏土矿物有蒙脱土、高岭土、蛭石、沸石和凹凸棒土等。袁东海等[2]的研究结果显示，其中蛭石对溶液中磷的理论饱和吸附量最大，为 3 473 mg/kg，其次为凹凸棒土、蒙脱土和沸石，而高岭土对磷的理论饱和吸附量最低，仅为 554 mg/kg。

2）金属氧化物类吸附剂

金属氧化物具有表面积大、羟基多和选择吸附性高等优点，常见的有氧化铁、氧化铝和氧化锰等。Wu 等[3]研究了掺杂氧化锰的氧化铝复合吸附剂对磷酸盐的吸附效果与机理，结果显示复合吸附剂对磷酸盐最大吸附量可达 59.8 mg/g，是单一水合氧化铝吸附量的两倍。氧化铁矿物包括水铁矿、针铁矿、纤铁矿、赤铁矿等。无定形或结晶度较低的氧化物比表面积更大，因此吸附能力更强。此外，晶体氧化物表面羟基的类型和密度也会影响吸附磷的能力。

3）工业废渣类吸附剂

工业废渣是在工业生产中产生的废弃物。通常含有 SiO_2、Al_2O_3、Fe_2O_3、CaO 等金属氧化物的工业废渣比表面积较大，具有较强的吸附能力，因此可用于吸附除磷。常见的工业废渣类吸附剂有粉煤灰、矿渣、赤泥等。粉煤灰是燃煤电厂排出的主要固体废物；矿渣是矿石经过冶炼后的残余物，包括高炉矿渣、钢渣等；赤泥是氧化铝生产过程中铝土矿经强碱浸出时形成的残渣。

4）生物质类吸附剂

生物质主要指自然界中一切有生命的可以生长的有机物质。生物质类吸附剂具有分布广泛、改性简单、易分离回收等优点。近年来研究的生物质吸附剂主要有软体动物壳、蛋壳、甘蔗渣等。Yadav 等[4]使用稻壳和果汁渣吸附溶液中的磷酸盐，实验结果显示在最优条件(pH 值为 6、吸附剂投加量为 3 g/L)下，经过酸处理后的果汁渣对磷的去除率可达到 95.85%。

除了上述几类吸附剂外,活性炭、分子筛和凝胶等也可以作为除磷的吸附剂。吸附法成本低廉,使废料得到再利用,但存在吸附容量较低以及吸附剂置换费用过高等缺点,难以大规模应用。

2.1.3 结晶法

目前常用的结晶法除磷技术通过提高污水 pH 值并同时加入相关药剂增加金属离子浓度,使污水中的磷以磷酸铵镁(magnesium ammonium phosphate, MAP)(俗称鸟粪石)或 HAP 的形式析出。结晶法适用于含磷浓度较高的污水,如畜禽养殖废水和城市污水处理厂剩余污泥厌氧消化上清液。结晶法除磷效率高,出水水质好,所产生的固体物质 MAP 和 HAP 都是较好的土壤肥料或改良剂,理论上不易造成二次污染;但对于磷浓度较低的污水,结晶法并不适用。

2.2 城镇污水强化生物除磷技术

强化生物除磷(enhanced biological phosphorus removal, EBPR)是在传统活性污泥处理工艺的基础上通过厌氧、好氧和缺氧环境的交替运行实现的。EBPR工艺的运行主要依靠一类被称为聚磷菌(polyphosphate accumulating organisms, PAOs)的微生物。在厌氧条件下,污水中大分子有机物经微生物发酵作用降解为挥发性脂肪酸(volatile fatty acids, VFAs),PAOs 能够吸收 VFAs 并将其贮存为聚羟基脂肪酸酯(polyhydroxyalkanoate, PHA)。这一过程所需的还原力主要由二氢烟酰胺腺嘌呤二核苷酸(dihydronicotinamide adenine dinucleotide, $NADH_2$)提供,其来源为 PAOs 体内糖原的降解。而该过程所需的能源小部分来自糖原的降解,大部分来自 PAOs 胞内聚磷的分解,致使溶液中正磷酸盐浓度升高。在好氧或缺氧条件下,PAOs 通过氧化分解体内贮存的 PHA 来获取能量,用于细胞生长和糖原恢复,同时 PAOs 过量吸收胞外水溶液中的磷酸盐重新合成聚磷贮存于胞内。最终通过将好氧或缺氧段的富磷剩余污泥排出反应器系统而实现污水中磷的去除。

2.2.1 EBPR 工艺的发展与应用

1955 年全球首次报道了活性污泥法污水处理厂去除的磷超过一般生物代谢需求量的现象,根据 EBPR 的基本原理,生物除磷工艺利用厌氧区和好氧区耦合来选择 PAOs,早期主要是厌氧-好氧法(anaerobic-oxic, A/O)工艺,也称为 Phoredox工艺,到了 1965 年 Lveni 和 Shpaior 提出 Phostrip 工艺。厌氧-缺氧-好氧(anaerobic-anoxic-oxic，A/A/O)工艺是 A/O 工艺的改进，能够同时实现脱氮、除磷和有机物降解的目标，是目前广泛使用的一种污水处理工艺。A/A/O 工艺具有较强的抗冲击负荷能力、水力停留时间(hydraulic retention time，HRT)长、运行稳定的特点。此外，还发展出了许多基于生物脱氮和 EBPR 机理的改进工艺，如改进的 Bardenpho 工艺、改良的开普敦大学脱氮除磷(university of cape town，UCT)工艺和 Dephanox 工艺等。EBPR 工艺在运行稳定的情况下能够经济有效地去除污水中的磷，如处理磷含量为 20～40 mg/L 的屠宰废水和磷含量为 60～100 mg/L 的食品加工废水，对磷的去除率可达 90%～99%。对于磷浓度较低的生活污水(10 mg/L 左右)，EBPR 工艺在运行稳定的情况下，对磷的去除率可达 85%～90%。

1) A/A/O 工艺

A/A/O 工艺(见图 2-1)是在 A/O 工艺的基础上，为了同时达到脱氮除磷的目的，在厌氧区之后、好氧区之前增设一个缺氧区，并使好氧区的混合液回流到缺氧区，使之反硝化脱氮，好氧区同时具有去除有机物、吸收磷和硝化功能。其特征是在高有机负荷状态下才能获得良好的除磷效果，HRT 较短。系统污泥停留时间(sludge retention time，SRT)因为兼顾硝化菌的生长而不能太短，导致除磷效果难以进一步提高。此外，回流污泥(returned sludge，RS)往往存在硝酸盐和溶解氧(dissolved oxygen，DO)，对厌氧释磷过程存在一定的影响。

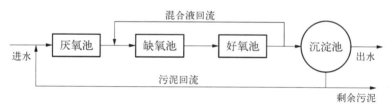

图 2-1　A/A/O 工艺流程

2) 改良 Bardenpho 工艺

改良 Bardenpho 工艺(见图 2-2)是在脱氮四段 Bardenpho 工艺前增加了一个厌氧池，形成了厌氧-缺氧-好氧-缺氧-好氧五段脱氮除磷工艺。由于四段 Bardenpho 工艺通过外碳源反硝化和内源反硝化使系统获得了良好的脱氮效果，因此厌氧池

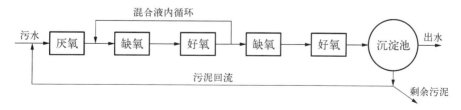

图 2-2　改良 Bardenpho 工艺流程

的设置让系统同时获得了除磷能力。由于绝大部分氮得到了去除,所以污泥回流引起的硝态氮回流问题得到了控制,除磷效果较好。

3) UCT 和 MUCT 工艺

南非开普敦大学的 UCT 工艺流程如图 2-3 所示,其特点是 RS 不直接进入厌氧池而是进入缺氧池,同时增加缺氧池到厌氧池的混合液回流。这种运行方式可以减少厌氧池受 RS 携带的 DO 和硝态氮的影响,提高了除磷效果。工艺的脱氮效率由好氧池循环比控制,增加好氧池混合液回流比可以提高脱氮效率,但同时也可能增加厌氧池硝态氮,间接影响生物除磷效果。另外,由于是混合液而不是 RS 进入厌氧区,导致其中的污泥浓度比其他反应器低,因此一般需要延长厌氧区的 HRT,以达到除磷所需要的 SRT。改良的 UCT(MUCT)工艺是将缺氧区分为两部分,第一缺氧区接受 RS,第二缺氧区接受好氧回流混合液,分别进行反硝化,然后将第一缺氧区的混合液回流至厌氧区,从而提高了回流至厌氧区的污泥浓度,同时保证了进入厌氧区的硝酸盐浓度降至最低,取得更好的除磷脱氮效果。MUCT 脱氮除磷工艺如图 2-4 所示。但 MUCT 工艺涉及的反应池多且有三组循环系统,使得工艺流程复杂,运行费用高,在一定程度上限制了它在实际工程中的应用。

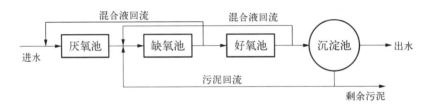

图 2-3 UCT 脱氮除磷工艺

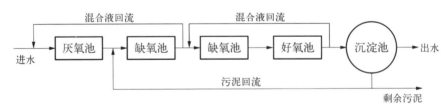

图 2-4 MUCT 脱氮除磷工艺

4) 序批式活性污泥法

序批式活性污泥法(sequencing batch reactor activated sludge process, SBR)具有工艺简单、耐冲击负荷、运行管理灵活、占地面积小和不易发生污泥膨胀等优点,SBR 工艺流程如图 2-5 所示。污水处理在同一个反应器中进行,污水分批次进入反应器,按照"进水反应—沉淀排泥—排水—闲置"的模式序批式地进行污水处理,进水反应包括进水搅拌、曝气和停曝搅拌。SBR 工艺只是将连续流空间上的

图 2-5　SBR 工艺流程

厌氧区、好氧区转变为时间上的厌氧、好氧过程,其生物处理过程本质不变。

5) 双污泥反硝化除磷工艺

为了能够减缓甚至消除单污泥系统中不同物种生长代谢机理之间存在的竞争与矛盾,结合反硝化除磷理论,若采取不同污泥群分别培养的形式,可减少它们之间的相互影响。由此便产生了双污泥反硝化除磷工艺,即将好氧硝化污泥和反硝化除磷污泥在空间上分开,使得各种微生物均能在各自最优的条件下生长。比较典型的双污泥系统工艺是由 Kuba 等[5]提出的 A_2N 工艺,其工艺流程如图 2-6 所示,相当于在厌氧段和缺氧段之间加入一个独立的好氧硝化器,两个污泥系统间仅存在液体之间的交换:厌氧上清液进入好氧硝化器,好氧硝化器上清液进入缺氧段,保证了硝酸盐在进入二沉池之前被去除,从而最大限度地减少污泥回流引起的硝酸盐回流量。

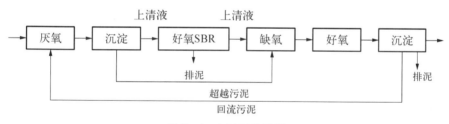

图 2-6　A_2N 工艺流程

6) 旁流 EBPR 工艺

为了解决低碳磷比废水 EBPR 效果较差以及 EBPR 不稳定的问题,近年来美国推出了旁流 EBPR 工艺(side-stream EBPR,S2EBPR)[6],工艺流程如图 2-7 所示。在该工艺中,进水直接进入缺氧池,污泥回流进入厌氧池,与初沉污泥发酵液

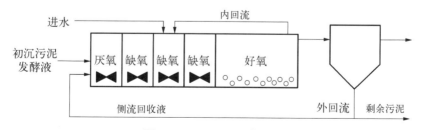

图 2-7　S2EBPR 工艺流程

混合,经过水解发酵后产生 VFAs 等碳源,为除磷脱氮提供有效碳源。与 AA/O 工艺相比较,该工艺的 EBPR 和反硝化功能都得到了提高,PAOs 活性和微生物多样性得到增加,EBPR 性能更稳定。

2.2.2 影响 EBPR 工艺稳定运行的因素

影响 EBPR 系统除磷效果的因素很多,如碳源、磷负荷、温度、pH 值、DO、硝态氮、SRT 以及 HRT 等,了解这些因素对 EBPR 系统效果的影响机制、稳定 EBPR 系统运行和提高处理效果有重要的影响。

1)进水有机负荷与碳源种类

进水水质对 EBPR 系统运行效果的影响很大,尤其是进水有机负荷、磷负荷以及碳源的种类。首先,EBPR 系统容易受到进水有机负荷波动的影响,比如在雨季进水有机负荷变低的情况下往往会导致除磷效果变差,从而需要一个月甚至更长的时间才能恢复到原有的处理效果。同时,高有机负荷对 EBPR 系统的稳定运行也有不利影响,有机负荷高会限制系统吸磷潜力而较低的有机负荷有利于提高系统的吸磷潜力。其次,进水的磷负荷也对 EBPR 系统有较大影响,更重要的是进水碳磷比(chemical oxygen demand/phosphorus, COD/P)不宜过高或过低。较高的 COD/P 使得有机物不能在厌氧阶段被吸收,则多余的有机物在好氧阶段就容易被丝状菌利用而导致污泥膨胀。而且较高的 COD/P 在聚糖菌(glycogen accumulating organisms, GAOs)与 PAOs 的竞争中更加有利于 GAOs。相反,如果 COD/P 过低则难以去除足够的磷。通常,COD/P 在 30~50 范围内为佳。最后,有关碳源种类对 EBPR 除磷效果的影响主要集中在研究乙酸和丙酸这两种 VFAs 上。大部分研究表明,丙酸或者乙酸与丙酸交替使用更有利于使 EBPR 系统中的 PAOs 处于优势[7]。

2)温度

温度对微生物代谢活动的影响非常大,PAOs 也不例外。低温会降低 PAOs 的磷酸盐释放/吸收速率、乙酸的吸收速率以及微生物生长速率。但是,低温情况下(5℃)EBPR 系统仍能成功运行,而且低温更有利于 PAOs 在与 GAOs 的竞争中处于优势。Panswad 等人[7]研究发现随着温度从 20℃增加到 35℃,磷的释放速率逐渐增加,而磷的吸收速率则随着温度的升高而降低;同时,系统内 GAOs 种群数量随着温度的升高而上升,但 PAOs 种群数量随之下降。

3)pH 值

大量的研究表明富含 PAOs 的污泥在厌氧条件下其磷酸盐的释放量受到 pH 值的显著影响,随着 pH 值从 5.5 增加到 8.5,吸收单位乙酸所释放的磷从 0.25 mol/mol 增加到 0.75 mol/mol。这是由于胞内 pH 值相对稳定,随着胞外的 pH 值的增加,胞内外的 pH 值差增大,造成乙酸运输至胞内的能量需求更高。而运输乙酸的能量主要来源于聚磷的分解,从而导致在更高的 pH 值条件下吸收单位乙酸所释放的磷量更高。但是,pH 值(6.5~8.0)并不影响 PHA 的贮存速率,也就是 pH 值不会对 VFAs 的代谢造成负面的影响。好氧条件下,过低的 pH 值会抑制磷酸盐的吸收、PHA 的利用以及生物的生长。因此,一般认为 PAOs 生长的最优 pH 值在7.0~7.5 之间[8]。

4)其他因素

一般而言污水处理厂为了得到较好的 COD 以及除去氨氮的效果,DO 浓度需要维持在 2 mg/L 以上,这基本可以满足好氧吸磷的需求。而且过量曝气会导致好氧池 PAOs 中 PHA 或者糖原消耗殆尽不利于吸磷[8]。此外厌氧池的 DO 浓度要维持在 0~0.2 mg/L 才能避免对厌氧释磷的影响。这也需要避免好氧池 DO 浓度太高,否则会导致 RS 的 DO 浓度较高而破坏厌氧池的厌氧环境。同时硝酸盐存在于厌氧池也会影响释磷,这主要是由于硝酸盐的存在会促使反硝化菌与 PAOs 竞争碳源[9]。考虑到好氧吸磷量与厌氧释磷量密切相关,厌氧池释磷量的下降会影响磷去除的效果。其他对 EBPR 系统有明显影响的因素还有 SRT。一般而言,SRT 在 5~20 天时都有较好的强化生物除磷效果,且以 SRT 在 10 天左右时的除磷效果最佳[8]。如果系统仅考虑除磷则可以采取较低的 SRT,如果还要同时考虑脱氮则需要较长的 SRT。

5)聚磷菌与聚糖菌的竞争

EBPR 系统中如果 GAOs 过量繁殖同样会导致 EBPR 系统除磷的失败。已有较多研究报道了如何有效控制 GAOs 生长的策略,但主要针对实验室小试反应器,在实际污水厂中调控 PAOs 和 GAOs 的竞争仍具挑战性。这些策略包括进水COD/P、碳源种类、pH 值、温度、SRT 等。研究发现低 COD/P 比适合 PAOs 的生长富集,而高 COD/P 比则更利于 GAOs 的生长。在碳源种类方面,乙酸是 EBPR系统最常用的碳源,然而目前一些研究表明丙酸可能比乙酸更利于 PAOs 的富集;或者乙酸和丙酸交替使用,共同作为底物更有利于 PAOs 的生长,使其处于竞争优势。大部分研究认为葡萄糖作为碳源会导致 EBPR 系统的失败,然而也有用葡萄糖作为底物成功实现 EBPR 的报道,这主要是由于较长的厌氧时间致使葡萄糖转化为 VFAs 的缘故。在 pH 值方面,有研究报道较高的 pH 值利于 PAOs 的富集,这主要是由于 pH 值的升高(pH 值由 7 升高到 7.5~8.5)会导致 GAOs 在厌氧段的 VFAs 吸收速率下降和在好氧段的生长受到抑制。有研究发现温度由 20℃升高至 30℃,PAOs 的生长和活性均会受到显著的影响[10]。较低的温度利于 PAOs的生长,而较高的温度(30~35℃)则利于 GAOs 的繁殖。此外,研究表明 PAOs更易在低 SRT(7~12 天)条件下富集;但当 SRT 小于 5 天时 PAOs 的生长会受到影响。因此，综合以上研究结果，通常情况下低 COD/P、高 pH 值、低温和低 SRT 条件下更利于 PAOs 的富集和 EBPR 系统的稳定运行。

2.2.3　EBPR 工艺的主要微生物及其代谢机理

EBPR 系统中很大程度上起到磷去除作用的是 PAOs，PAOs 是一类可以在细胞内大量贮存超过合成细胞所需磷的一类微生物的总称。目前已知有 60 种不同原核生物(细菌和蓝细菌)可以在细胞内贮存多聚磷酸颗粒。

1) 与 EBPR 关系密切的微生物

通过一些分子生物学的方法可以确定大多数具有 EBPR 效果的污水厂中观察到的 PAOs 属于 β-变形菌纲中与 *Rhodocyclus* 属相关的一类微生物，一般称为 *Candidatus* Accumulibacter phosphatis(*Ca*. Accumulibacter)，截至目前仍未能够分离或纯培养。在污水处理厂中，*Ca*. Accumulibacter 的丰度可以达到所有微生物的 0.4%～22%[11]，而且 *Ca*. Accumulibacter 占所有微生物的比例越高，EBPR 的处理效果就越好。此外，在 EBPR 系统中还观察到一种与 *Tetrasphaera* 属密切相关的 PAOs。据报道这一类 PAOs 的代谢方式明显与 *Ca*. Accumulibacter 不同。

大多数情况下 EBPR 系统运行不稳定都与 GAOs 在系统内的增殖有关。在运行失败的 EBPR 系统中可以观察到厌氧条件下 VFAs 虽然能够被吸收，但是却没有伴随磷的释放，在随后的好氧条件下同样也没有出现磷的吸收。目前在运行失败的 EBPR 系统中观察到的占绝大多数的 GAOs 主要是两种：一种是属于 γ-变形菌纲下的 *Candidatus* Competibacter phosphatis (*Ca*. Competibacter)，包含 7 个亚种且一般呈球状或杆状；另一种是属于 α-变形菌纲下的 *Defluviicoccus vanus*，包含至少 4 个亚种，相较于 *Ca*. Competibacter，这一类 GAOs 在污水厂中并不常见。聚糖菌由于可以利用乙酸和丙酸，而在系统中主要与 *Ca*. Accumulibacter 产生竞争。Rubio - Rincon 等[12]发现 GAOs 能够将硝酸盐还原为亚硝酸盐，而 *Ca*. Accumulibacter Ⅰ型 PAOs 能够进一步利用亚硝酸盐进行缺氧吸磷。因此 GAOs 和 PAOs 之间不仅有竞争关系，也可能有协同作用。

2) 聚磷菌 *Ca*. Accumulibacter 的代谢方式

当 *Ca*. Accumulibacter 利用乙酸为底物时，将乙酸活化为乙酰辅酶 A 所需的能量主要来源于聚磷的分解。随后乙酰-CoA 会被进一步还原为 3-羟基丁酰-CoA。3-羟基丁酰-CoA 最后聚合形成聚-β-羟基丁酸酯(poly-β-hydroxybutyrate，PHB)。在这个过程中还原力来源有两种不同的机制(见图 2-8)，即 PHA 合成所需的还原力来源于三羧酸(tricarboxylic acid，TCA)循环以及糖酵解途径。TCA 循环参与的比例多少取决于可供降解的糖原量的多少[13]。同时也有文献表明，厌氧的 TCA 循环并不是完整的，而是通过乙醛酸循环或者延胡索酸呼吸完成[14]。

而糖原在厌氧条件下则通过己糖二磷酸途径被降解为丙酮酸。在好氧条件下，PHB 被降解为乙酰-CoA 后进入 TCA 循环为微生物的生长提供能量和碳源，并重新合成糖原，同时吸收胞外的磷酸盐合成聚磷。此外，Ca. Accumulibacter 还能够利用除了乙酸以外的碳源，如丙酸、丁酸、戊酸等碳源并合成不同的 PHA。当乙酸作为碳源时，2 mol 的乙酰-CoA 形成 1 mol 的 3-羟基丁酰-CoA，最后聚合形成 PHB。当丙酸为碳源时，丙酸首先活化为丙酰-CoA。2 mol 的丙酰-CoA 转化成 1 mol 的 3-羟基-2-烷基戊酰-CoA，最后聚合成聚-3-羟基-2-烷基戊酸酯（poly-3-hydroxy-2methylvalerate，PH2MV）。当有乙酸-CoA 存在时，丙酰-CoA 和乙酸-CoA 共同形成聚-β-羟基戊酸酯（poly-β-hydroxyvalerate，PHV）或者 PH2MV。

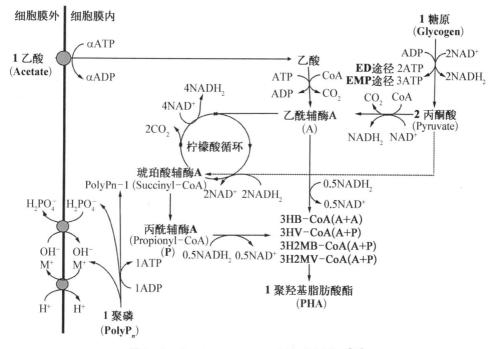

图 2-8　Ca. Accumulibacter 厌氧代谢模型[15]

在某些特定的情况下，Accumulibacter 的代谢机制会向 GAOs 的代谢机制转变。Ca. Accumulibacter 可以以糖原为唯一的能量来源吸收乙酸并贮存为 PHA。有研究通过对比不同污泥含磷率的 PAOs 富集 SBR 反应器运行效果，发现当 PAOs 体内聚磷下降时，PAOs 的代谢机制会向 GAOs 的代谢机制转移[15]。此时释磷量与乙酸吸收量的摩尔比值可以下降到 0.08，同时通过荧光原位杂交技术（fluorescence in situ hybridization，FISH）等手段在系统中并未检测出常见的 GAOs 种群。此过程伴随着大量的糖原消耗用于吸收乙酸提供能量,相应的糖原降解量与乙酸吸收量的摩尔比值可以达到 1.08,基本上达到了文献报道的 GAOs 的相应变化范围 (0.92~1.25)。当污泥含磷率上升时,系统中的 $Ca.$ Accumulibacter 又会恢复到原有的代谢途径。这主要是由于在聚磷缺少的条件下,$Ca.$ Accumulibacter 会通过糖酵解途径产生腺苷三磷酸(adenosine triphosphate,ATP),代替聚磷分解产生的 ATP,用于乙酸的吸收以及合成 PHA。

聚磷酸盐新陈代谢过程需要许多酶参与,其中最主要的酶是聚磷酸-腺苷二磷酸转移酶也称为聚磷酸盐激酶(polyphosphate kinase,PPK),该酶通过从 ATP 上转移一个磷酸基团到聚磷酸盐上,达到催化加长聚磷酸链的功能。目前,发现 PPK 有 PPK1、PPK2、PPK3 三种类型,但只有 PPK1 能催化以上反应。PPK2 能从聚磷酸盐上转移一个磷酸基团到鸟苷二磷酸上生成鸟苷三磷酸。PPK3 可以催化聚磷酸盐和胞苷二磷酸反应生成胞苷三磷酸。PPK 既可以催化生成聚磷酸盐也可以催化消耗聚磷酸盐,所以其在细胞质中可以有效地调节核糖核苷浓度和调控细胞分裂。外切聚磷酸酶(exopolyphosphatase,PPX)可以在聚磷酸链的末端去除一个磷酸基团。它由两个亚基构成,分子质量约为 58 kDa(Da,道尔顿,1 Da = 1.660 54 × 10^{-27} kg)。PPX 需要在高浓度钾离子的环境中才具有较高的活性。当聚磷酸盐呈现低聚合度时,它们的活性也会下降。内切聚磷酸酶(endopolyphosphatase,PPN)可以水解聚磷酸链中间的化学键,为 PPX 提供活性位点。

当以 PPK1 为标记基因时,$Ca.$ Accumulibacter 可以进一步分为 Type-Ⅰ 和 Type-Ⅱ 两个主要类型。其中 Type-Ⅰ 又可以进一步细分为 ⅠA~ⅠE 共 5 个进化枝(clades),而 Type-Ⅱ 可以进一步分为 ⅡA~ⅡⅠ 共 9 个进化枝[16]。不同的进化枝具有不同的代谢特点,在碳源的利用和反硝化能力上存在一定差异。当污泥含磷率高时,系统中占主导地位的 PAOs 为 Type-Ⅰ 型,而当系统中 PAOs 的聚磷量减少时,占主导地位的是 Type-Ⅱ 型。推测可能的原因是后者可以在胞内聚磷减少时更好地通过代谢途径的变化来适应环境,而前者不具备相应的类似 GAOs 代谢途径。但当污泥中聚磷含量上升时,Type-Ⅰ 型的种群数量又重新占主导地位。此外,还有研究认为 $Ca.$ Accumulibacter Type-Ⅰ 型能够利用硝酸盐和(或)亚硝酸盐为最终电子受体,而 Type-Ⅱ 型只能利用亚硝酸盐为电子受体,无法利用硝酸盐[17],这些差异可能会影响某一种 $Ca.$ Accumulibacter 在系统中的竞争。此外,工况运行条件、进水碳源种类以及碳磷比等因素都会对 $Ca.$ Accumulibacter 的种群结构产生明显的影响。

3) 聚磷菌 $Tetrasphaera$ 的代谢特征

$Tetrasphaera$ 属的聚磷菌在污水厂中也有较高的丰度。有研究测定了丹麦和葡萄牙采用 EBPR 工艺且稳定运行的城市生活污水厂中的 PAOs,发现 $Tetrasphaera$

可以高达总菌群的 30%,高于 *Ca*. Accumulibacter 的相对丰度。但是对这类聚磷菌的研究目前没有 *Ca*. Accumulibacter 的多。目前已知的是这类 PAOs 可以分为 3 个主要的进化枝,每个进化枝分别包含 2 个、4 个和 1 个亚种,而且部分亚种已经得到了分离的纯菌株。与 *Ca*. Accumulibacter 相同的是,不同 *Tetrasphaera* 聚磷菌的亚种代谢方式也呈现出多样性,而且较 *Ca*. Accumulibacter 更加复杂。目前对其具体途径的研究远不如 *Ca*. Accumulibacter。总体上这类聚磷菌都可以在厌氧条件下吸收较复杂的有机物,如葡萄糖、谷氨酸和天冬氨酸等碳源。它们可以在细胞内贮存一些碳源物质,但不是 PHA 而很可能是糖原[18],所需能量来自碳源发酵过程以及聚磷分解,在好氧条件下将体内的糖原分解提供碳源和能量,供细胞生长、吸收磷并以胞内聚磷的形式进行贮存。同时大多数的 *Tetrasphaera* 都可以以硝酸盐或者亚硝酸盐为电子受体进行反硝化[19]。此外,乙酸作为这类 PAOs 的发酵产物,可以被 *Ca*. Accumulibacter 利用,因此这两种聚磷菌之间可能存在协同关系。

参 考 文 献

[1] 张蕊.MAP 和 HAP 结晶法除磷工艺研究[D].北京:北京市环境保护科学研究院,2012.

[2] 袁东海,高士祥,景丽洁,等.几种黏土矿物和黏土对溶液中磷的吸附效果[J].农村生态环境,2004,20(4):60 - 63.

[3] Wu K, Liu T, Ma C, et al. The role of Mn oxide doping in phosphate removal by Al-based bimetal oxides: adsorption behaviors and mechanisms [J]. Environmental Science and Pollution Research International, 2014, 21(1): 620 - 630.

[4] Yadav D, Kapur M, Kumar P, et al. Adsorptive removal of phosphate from aqueous solution using rice husk and fruit juice residue [J]. Process Safety and Environmental Protection, 2015, 94: 402 - 409.

[5] Kuba T, van Loosdrecht M C M, Heijnen J J. Phosphorus and nitrogen removal with minimal COD requirement by integration of denitrifying dephosphatation and nitrification in a two-sludge system [J]. Water Research, 1996, 30(7): 1702 - 1710.

[6] Wang D, Tooker N B, Srinivasan V, et al. Side-stream enhanced biological phosphorus removal (S2EBPR) process improves system performance — A full-scale comparative study [J]. Water Research, 2019, 167: 115109.

[7] Panswad T, Doungchai A, Anotai J. Temperature effect on microbial community of enhanced biological phosphorus removal system [J]. Water Research, 2003, 37(2): 409 - 415.

[8] Oehmen A, Lemos P C, Carvalho G, et al. Advances in enhanced biological phosphorus removal: From micro to macro scale [J]. Water Research, 2007, 41: 2271 - 2300.

[9] Guerrero J, Guisasola A, Baeza J A. The nature of the carbon source rules the competition

between PAO and denitrifiers in systems for simultaneous biological nitrogen and phosphorus removal [J]. Water Research, 2011, 45(16): 4793 – 4802.

[10] Whang L M, Park J K. Competition between polyphosphate- and glycogen-accumulating organisms in enhanced-biological-phosphorus-removal systems: Effect of temperature and sludge age [J]. Water Environmental Research, 2006, 78(1): 4 – 11.

[11] Qiu G, Zuniga-Montanez R, Law Y, et al. Polyphosphate-accumulating organisms in full-scale tropical wastewater treatment plants use diverse carbon sources [J]. Water Research, 2019, 149: 496 – 510.

[12] Rubio-Rincon F J, Lopez-Vazquez C M, Welles L, et al. Cooperation between *Candidatus* Competibacter and *Candidatus* Accumulibacter clade I, in denitrification and phosphate removal processes [J]. Water Research, 2017, 120: 156 – 164.

[13] Zhou Y, Pijuan M, Zeng R, et al. Involvement of the TCA cycle in the anaerobic metabolism of polyphosphate accumulating organisms (PAOs) [J]. Water Research, 2009, 43(5): 1330 – 1340.

[14] Burow L C, Mabbett A N, Blackall L L. Anaerobic glyoxylate cycle activity during simultaneous utilization of glycogen and acetate in uncultured Accumulibacter enriched in enhanced biological phosphorus removal communities [J]. ISME Journal, 2008, 2: 1040 – 1051.

[15] Acevedo B, Oehmen A, Carvalho G, et al. Metabolic shift of polyphosphate-accumulating organisms with different levels of polyphosphate storage [J]. Water Research, 2012, 46(6): 1889 – 1900.

[16] Mao Y, Graham D W, Tamaki H, et al. Dominant and novel clades of *Candidatus* Accumulibacter phosphatis in 18 globally distributed full-scale wastewater treatment plants [J]. Scientific Report, 2015, 5: 11857.

[17] Carvalho G, Lemos P C, Oehmen A, et al. Denitrifying phosphorus removal: Linking the process performance with the microbial community structure [J]. Water Research, 2007, 41(19): 4383 – 4396.

[18] Kristiansen R, Nguyen H T, Saunders A M, et al. A metabolic model for members of the genus *Tetrasphaera* involved in enhanced biological phosphorus removal [J]. ISME Journal, 2013, 7: 543 – 554.

[19] Marques R, Ribera-Guardia A, Santos J, et al. Denitrifying capabilities of *Tetrasphaera* and their contribution towards nitrous oxide production in enhanced biological phosphorus removal processes [J]. Water Research, 2018, 137: 262 – 272.

第3章 磷回收理论和工艺技术

污水中所含的磷是导致湖泊、河流和海洋等水体富营养化问题的主要诱因。随着工农业生产的发展和人民生活水平的提高,我国氮磷污染物的排放量急剧增加,湖泊"水华"及近海"赤潮"发生频率日趋增长。磷污染导致的水体富营养化已严重危害农业、渔业、旅游业等诸多行业的发展,同时也对饮用水卫生和食品安全构成了极大的威胁。因此,从控制水体富营养化和可持续利用磷资源的双重目的出发,从污水中回收磷是一种最佳的选择。本章主要介绍从污水中回收磷的主要技术及其原理,并重点介绍鸟粪石回收技术。

3.1 磷回收的意义

磷是生命活动不可或缺的元素,食物、生物燃料及化工都离不开磷。磷元素是作物生长所必需的 17 种营养元素之一,在农肥中有着其他元素无法替代的作用,没有磷元素,农作物会变得弱不禁风。目前,人类活动使用的磷,几乎都来自天然磷矿石,它需要数亿年才能生成,是一种有限的非再生资源。根据美国地质勘探局资料,截至 2011 年,全世界可供商业开采的磷矿石储量约为 710 亿吨,其中约 70% 集中在摩洛哥王国。中国是世界磷矿石储量第二大国,约为 32 亿吨,占世界储量的 5%,按目前中国开采磷矿石的速度,中国的磷矿石可能在 23 年内消耗殆尽(USGS,2019)。纵观全球,目前磷矿石储量已无法满足未来人类对磷的需求,磷矿已成为继稀土、萤石之后,成为又一个倍受市场关注的资源。

自然界中的磷,经磷矿开采、生产及使用消耗等,最终约 80% 随生活污水排放。由于磷易溶于水,在化肥中约 90% 的磷积蓄在土壤中,随雨水及灌溉进入地下水。生活污水中磷资源的排放易造成水体富营养化,使藻类大量繁殖、鱼类大量死亡,给生态环境带来严重冲击。近几年来,西方发达国家对磷的可持续利用高度重视,从污水和动物粪便中回收磷在西欧、日本等地已经成为热门课题。通过技术手段从污水中回收利用磷,既能够解决磷污染问题,同时又能够实现磷资源的可持续利用。

3.2 磷回收的基本方法

目前,磷回收的基本方法主要有两种:一种是直接将磷从水中分离出去,达到回收磷的目的,主要采用化学法或物化法,如化学沉淀法、吸附/解吸附法、结晶法等回收;另一种是通过活性污泥微生物的作用将溶解态的磷摄取到微生物体内(通常采用 EBPR 技术),然后从生物体内提取或采用与化学法相结合的磷回收方法回收磷。除此之外,还包括纳米技术、生物铁工艺、生物浸取/富集等新型技术或工艺。

3.2.1 化学沉淀法

化学沉淀法磷回收的主要作用原理是向含磷废水或富磷溶液中投加化学药剂(铁盐、铝盐、钙盐、镁盐等)使其与磷酸根离子形成不溶性的磷酸盐沉淀,然后通过固液分离技术回收磷。这是一种物理作用和化学反应相结合的过程,主要包括四个过程:沉淀反应、凝聚作用、絮凝作用和固液分离。

Fe^{2+}、Fe^{3+} 和 Al^{3+} 是常见的 3 种金属沉淀离子。由于铁盐价格便宜,又是微生物生长所必需的微量元素;同时,铁盐还会使活性污泥重量增加,可有效避免活性污泥膨胀,是良好的化学物理同步除磷药剂。

用作沉淀剂的主要是三价铁与二价铁的氯化物和硫酸盐化合物,反应方程式如下:

$$FeCl_3 + PO_4^{3-} \longrightarrow FePO_4 \downarrow + 3Cl^- \tag{3-1}$$

$$3FeCl_2 + 2PO_4^{3-} \longrightarrow Fe_3(PO_4)_2 \downarrow + 6Cl^- \tag{3-2}$$

$$3FeSO_4 + 2PO_4^{3-} \longrightarrow Fe_3(PO_4)_2 \downarrow + 3SO_4^{2-} \tag{3-3}$$

铝盐沉淀机制与三价铁盐类似。此外,铝盐中起混凝作用的主要是 $[Al_{13}(OH)_{34}]^{5+}$,可与液体中悬浮物和胶体等迅速发生吸附架桥、卷扫及夹杂等混凝作用,最终生成网状 $[Al(OH)_3]_m$ 沉淀,达到净化污水的目的。铝盐与 PO_4^{3-} 反应的方程式如下:

$$Al^{3+} + (H_nPO_4)^{(3-n)-} \longrightarrow AlPO_4 \downarrow + nH^+ \tag{3-4}$$

钙盐由于价格低廉、管理方便也成为最常用的除磷金属盐类。Ca^{2+} 和废水中的磷作用主要能够生成 HAP。在反应过程中,pH 值和 Ca/P 比值是最为关键的因素。反应式如下:

$$5Ca^{2+} + 4OH^- + 3HPO_4^{2-} \longrightarrow Ca_5(OH)(PO_4)_3 \downarrow + 3H_2O \tag{3-5}$$

镁盐可同时与氮和磷反应,生成鸟粪石沉淀。由于在磷回收产品中鸟粪石利用价值最大,该方法是目前最为常用的磷回收技术,后文将对该方法进行详细说明。

化学沉淀法由于操作简单、管理方便、效果稳定而得到广泛应用,但是对于低浓度含磷废水的处理效果并不明显,因此,在实际工艺中,往往需要先对磷进行富集再使用化学沉淀法进行回收。

3.2.2　吸附/解吸法

吸附/解吸法主要是简单的物理化学作用过程,是通过投加合适的吸附剂发生表面络合或晶体空隙中的配位基互换作用,然后用碱性溶液解吸附后添加钙盐等形成沉淀,从而对含磷废水进行磷回收的一种方法。

在吸附/解吸过程中,主要的影响因素包括吸附剂品种、温度、时间、初始吸附剂的量以及 pH 值等;溶液中存在的 Cl^-、SO_4^{2-} 等阴离子也会对吸附效果产生一定的抑制作用。吸附剂的选择也起到了极为关键的作用,合适的吸附剂应满足比表面积大、对磷具有较强的吸附能力、生产方便、易于再生、价格低廉等要求。传统的吸附剂有水滑石、水铝石英、氧化铁、氧化铝和微砂等,这些吸附剂吸附容量小,有些吸附剂对微生物有一定的毒害性,因此限制了它们在磷回收领域的应用。近年来,开发出了一些吸附容量较大、无毒无害型的新型吸附剂,如水化硅酸钙、层状复合金属氢氧化物、明矾污泥等。

吸附/解吸法磷回收工艺不产生二次污染,磷回收简便,但必须选用合适的吸附剂,不同的吸附剂对不同含磷废水的处理效果差别比较大,这是限制该方法在磷回收方面广泛应用的重要原因。在未来的发展中,针对不同性质的废水,提高吸附量及再生效率是主要的研究方向;吸附/解吸法与离子交换等其他技术相结合的方法,也是重要的发展趋势。

3.2.3　结晶法

结晶法磷回收技术是指向含磷废水中投加结构和表面性质与生成的磷酸盐沉淀相似的固体物质,破坏溶液中离子的亚稳态,使水中的磷酸根离子等在晶种表面富集,从而析出磷酸盐固体,达到除磷以及磷回收的目的。目前研究比较多的结晶产物为 HAP 和磷酸铵镁(MAP),MAP 又名鸟粪石,这是由于其能够作为一种缓释肥用于农业、林业生产,具有良好的经济效益和应用价值。

结晶法磷回收技术是一种物理化学方法,结晶产生的最主要推动力为溶液的过饱和度,除此之外,pH 值、反应时间、构晶离子比例、晶种选择等因素也是影响结晶的重要原因。近年来,结晶法磷回收技术得到了广泛的研究与应用,尤其是在欧洲、日本等地,已有诸多污水处理厂安装鸟粪石回收装置并且投入运行,得到了较高的氮、磷回收率。但是此方法需要用大量的药剂,包括控制 pH 值的氢氧化钠、鸟粪石结晶所需镁盐等,使得该方法成本比较高。因此,探索提高中性环境下结晶效果以及寻求合适的镁源成为该方法研究的热点。

3.2.4　生物磷富集/回收工艺

活性污泥法脱氮除磷工艺是目前污水处理中的主流工艺,在此基础上发展起来的 EBPR/磷回收工艺也得到广泛的研究。EBPR 工艺兼具除磷和去除有机污染物的功能,工艺发展较为成熟,能够实现自动化控制,运行费用低。该工艺污泥含磷量可达到 $4\% \sim 10\%$,而一般活性污泥法污泥含磷量仅为 2% 左右,因此 EBPR 工艺可有效地将磷富集到污泥中,进而通过磷释放技术使污泥中的磷得到溶解富集,之后通过化学沉淀法或结晶法回收富集液中的磷,从而提高了磷回收率。但 EBPR 工艺存在处理效果随水质变化较大的特点,尤其不适用于含重金属离子较多的含磷工业废水的处理。一般用于城市污水等磷浓度较低的废水磷回收。

3.2.5　其他方法

除了以上传统的磷回收工艺外,还有一些新型的磷回收工艺也得到了研究与开发,如离子交换法、电渗析法、电凝聚、纳米技术、生物铁工艺、生物浸取/富集、膜强化生物除磷工艺等。离子交换法是利用多孔性的阴离子交换树脂吸收除去污水中的磷;但存在着选择性差、树脂药物易中毒和交换容量低等一系列问题。电渗析法是一种膜分离技术,它是利用施加在阴阳膜对之间的电压去除水溶液中的溶解性固体,除磷电渗析器的两股出水中,一股废水中磷的浓度较低,另一股浓废水中含磷浓度较高,磷回收主要回收浓废水中的磷;电渗析技术的主要限制因素是其药剂及设备的投资比较大。电凝聚是指在外加直流电源条件下,将阳极金属单质氧化为阳离子,使其进入溶液,与污染物进行化学反应,生成沉淀析出,完成富集的过程;电凝聚磷富集法具有操作简单、无二次污染、占地面积小、处理效率高等优点,但也存在生成泥量大、设备损耗严重等问题。

磷回收技术种类繁多,在选择磷回收方法时,应根据其水质特点、处理规模、环境条件、成本控制等条件综合考察,选取合适的回收技术和工艺。

3.3　污水鸟粪石磷回收技术

在富含氮磷的废水中,当溶液中含有 PO_4^{3-}、NH_4^+ 和 Mg^{2+} 且离子活度积大于鸟粪石的溶度积常数时便会出现自发沉淀,形成鸟粪石。鸟粪石最早于 1939 年被 Rawn[1] 等在污水厂排放消化污泥上清液的管道中发现,当时发现此白色结晶物易堵塞管道,不利于污水厂的运行和维护。这是由于污泥消化上清液中同时含有较高浓度的 PO_4^{3-}、NH_4^+ 和 Mg^{2+} 三种离子,当 pH 值处于弱碱性状态时,即会有鸟粪石的结晶反应发生,如不及时清理,则会在反应器和管道中积累。近年来,随着对磷资源短缺问题的重视,鸟粪石被认为是磷回收最有价值的产品,且由于污水鸟粪石磷回收技术可同时回收氨氮和磷,因而受到了许多学者的青睐。鸟粪石中磷含量折算成 P_2O_5 标准量后为 51.8%,而目前世界上最高品位的磷矿石质量分数为 46%(以 P_2O_5 计,磷矿石质量分数大于 30% 即被认定为富磷矿)。由此可见,以鸟粪石结晶沉淀回收磷无异于发现了富磷矿。

与其他磷回收方法相比较,鸟粪石沉淀法或结晶法是一种高效的磷回收方法,该方法不仅可以有效去除氮磷污染物,而且回收的鸟粪石还可以作为优质的缓释肥应用于农业生产,取得了较好的环境效益和经济效益。采用鸟粪石法回收磷,可以补偿部分废水处理费用,大幅度降低了磷回收处理的综合成本。

3.3.1 鸟粪石的结晶原理

在水溶液中,鸟粪石的形成可用如下方程式来描述:

主反应: $$NH_3 + H_3O^+ \longrightarrow NH_4^+ + H_2O \tag{3-6}$$

$$Mg^{2+} + NH_4^+ + HPO_4^{2-} + 6H_2O \longrightarrow MgNH_4PO_4 \cdot 6H_2O\downarrow + H^+ \tag{3-7}$$

$$Mg^{2+} + NH_4^+ + PO_4^{3-} + 6H_2O \longrightarrow MgNH_4PO_4 \cdot 6H_2O\downarrow \tag{3-8}$$

$$Mg^{2+} + NH_4^+ + H_2PO_4^- + 6H_2O \longrightarrow MgNH_4PO_4 \cdot 6H_2O\downarrow + 2H^+ \tag{3-9}$$

副反应: $$Mg^{2+} + 4H^+ + 2PO_4^{3-} \longrightarrow Mg(H_2PO_4)_2 \tag{3-10}$$

$$Mg^{2+} + H_2O \longrightarrow Mg(OH)_2 + 2H^+ \tag{3-11}$$

$$3Mg^{2+} + 2PO_4^{3-} \longrightarrow Mg_3(PO_4)_2 \tag{3-12}$$

$$Mg^{2+} + H^+ + PO_4^{3-} \longrightarrow MgHPO_4 \tag{3-13}$$

鸟粪石沉淀的生成与溶液中 Mg^{2+}、PO_4^{3-} 和 NH_4^+ 的活度积(K_{OS})有关,当 K_{OS} 大于鸟粪石溶度积 K_{sp} 时,溶液中就会自发形成沉淀。

$$K_{sp} = [Mg^{2+}]_e[NH_4^+]_e[PO_4^{3-}]_e \tag{3-14}$$

$$K_{OS} = \gamma_{Mg^{2+}}[Mg^{2+}]_e \times \gamma_{NH_4^+}[NH_4^+]_e \times \gamma_{PO_4^{3-}}[PO_4^{3-}]_e \tag{3-15}$$

式中,K_{sp} 为鸟粪石的溶度积(在 25℃ 时鸟粪石的溶度积 $K_{sp} = 2.51 \times 10^{-13}$ [2])。$[Mg^{2+}]_e$、$[PO_4^{3-}]_e$、$[NH_4^+]_e$ 分别为溶液平衡时各离子的有效浓度。K_{OS} 表示溶液中各离子的活度积,其中 γ_i 为组分 i 的活度系数。

实际废水中共存的一些离子(如 Ca^{2+}、K^+、CO_3^{2-} 等)可以与组成鸟粪石的 Mg^{2+}、NH_4^+ 和 PO_4^{3-} 反应,从而影响溶液的饱和度。因此,很难预测实际废水中鸟粪石的生成潜能,为此,Soneyink 和 Jenkins 提出了条件溶度积[3]的概念,鸟粪石的条件溶度积表示为

$$P_S = c_{T, Mg^{2+}} \times c_{T, NH_4^+} \times c_{T, PO_4^{3-}}$$

$$= \left(\frac{K_{OS}}{(\alpha_{Mg^{2+}} \alpha_{NH_4^+} \alpha_{PO_4^{3-}}) \times (\gamma_{Mg^{2+}} \gamma_{NH_4^+} \gamma_{PO_4^{3-}})} \right) \quad (3-16)$$

$$= \left(\frac{K_{sp}}{\alpha_{Mg^{2+}} \alpha_{NH_4^+} \alpha_{PO_4^{3-}}} \right)$$

式中,$c_{T, i}$ 为组分 i 的总浓度,α_i 为组分 i 的电离度,条件溶度积 P_S 是溶液 pH 值的函数。

P_S^{eq} 表示平衡状态时溶液的条件溶度积,在实际废水中,若 $P_S^{eq} < c_{T, Mg^{2+}} \times c_{T, NH_4^+} \times c_{T, PO_4^{3-}}$,则溶液处于过饱和状态,可生成鸟粪石沉淀;若 $P_S^{eq} \geqslant c_{T, Mg^{2+}} \times c_{T, NH_4^+} \times c_{T, PO_4^{3-}}$,则溶液未饱和,不能生成鸟粪石沉淀。

纯净鸟粪石为白色,不纯时会出现淡黄色或淡棕色,相对密度为 1.71,相对分子质量为 245.41,标准生成焓为 3 681.92 J/mol。

鸟粪石中含有氮磷两种营养元素,不溶于水和醇、易溶于酸,是一种很好的缓释肥。鸟粪石结晶过程是一个复杂的过程,涉及固液相的传递、反应热力学、反应动力学等物理化学相关知识。影响结晶的因素有很多,主要包括 pH 值、过饱和度、构晶离子、湍流强度、温度和其他杂质离子等。

鸟粪石结晶过程的原理主要包括晶核的形成和晶体的生长,主要结晶原理如下所示。

1) 晶核的形成

晶核的形成是一个相变过程,可分成均匀成核和非均匀成核。均匀成核是指在均一的液相中靠自身的结构起伏和能量起伏形成新核心的过程,此过程没有杂质和基底的影响,晶体出现在液相中的机会是相等的,是一种理想情况;非均匀成核是指依附于液相中某种固体表面从而形成晶核的过程,在实际情况中大多数晶核的形成都是非均匀成核,即液体中的杂质或基底将作为晶种的角色,诱导结晶沉淀的进行。

一般而言,在非均匀成核过程中,因为晶核是外来的杂质或基底,其总数量较多,因此在构晶离子沉淀过程中不再形成新的晶核,而是向这些晶种聚集,沉积在晶种表面,从而通过聚合作用成长为沉淀颗粒。但当聚集后溶液中的构晶离子浓度仍为过饱和时,这些离子也会自行聚合形成晶核,即发生均匀成核过程。

均匀成核和非均匀成核有时会存在同一个结晶过程中,这主要取决于构晶离子的浓度。若非均匀成核后,构晶离子在溶液中的浓度在饱和范围内,则只会出现非均匀成核;而当构晶离子的浓度是过饱和时,则会出现均匀成核现象,过饱和度是影响晶核形成方式的一个重要因素。

2) 晶体的生长

晶核产生后,溶液中的构晶离子会向晶核表面聚集,从而沉淀在晶核上,晶核通过这种"吸附"的方式逐渐变大,当大到一定程度就会变成沉淀颗粒。沉淀颗粒之间由于力的作用,又会向一起聚合形成更大的沉淀颗粒。按照聚合速度与定向速度的相对大小,物质会出现不同的沉淀形态:若聚合速度大于定向速度,则出现无定形沉淀;若聚合速度小于定向速度,则出现晶形沉淀。晶体形成包括三个阶段:① 溶液达到过饱和浓度;② 成核阶段;③ 生长阶段。在晶体生长过程中,只有晶型定向排列后才能形成较为规则的晶体颗粒。晶体生长的过程较为复杂,在生长最初为亚稳定型,经一段时间后才转化成稳定型。晶体颗粒形成的示意图如图 3-1 所示。

图 3-1　晶体颗粒形成示意图

3) 结晶时间

结晶时间包括两个时段:一是成核所用的时间,二是晶体生长所需的时间。不论是均匀成核还是非均匀成核,都很难发现它是什么时候开始的。结晶时间由成核速率和晶体生长速率共同决定。

对于成核速率,根据冯·韦曼(von Wdmam)经验公式,分散度 v(成核速率)与溶液的相对饱和度成正比。

$$v = K \frac{Q-S}{S} \tag{3-17}$$

式中,v 为成核速率;Q 为加入沉淀剂瞬间溶质的总浓度,mg/L;S 为晶核的溶解度,mg/L;$Q-S$ 为过饱和度;$(Q-S)/S$ 为溶液相对过饱和度;K 为常数,与沉淀的性质、温度和介质等有关。

从这个经验公式可以得出,在热溶液(S 较大)、稀溶液(Q 较小)、加入沉淀剂时不断搅拌(降低局部过饱和度)有利于形成分散度较小(即颗粒较大)的沉淀。中性条件下鸟粪石晶体的结晶速率非常缓慢,可以通过投加晶种的形式提高鸟粪石的结晶速率。投加晶种可以有效减少鸟粪石晶核的成核速率,使溶液中的构晶离子能够直接在晶种上沉淀,以提高鸟粪石结晶速率。

3.3.2　鸟粪石结晶的影响因素

1) pH 值的影响

溶液中的 pH 值是影响鸟粪石生产最重要的环境控制因子,pH 值不仅影响鸟粪石在溶液中的溶解度,还影响溶液的过饱和度以及鸟粪石晶体的结晶速率。此外,pH 值还会影响鸟粪石 3 种构晶离子(Mg^{2+}、NH_4^+、PO_4^{3-})的存在形态,从而影响鸟粪石的结晶过程。当溶液中的 pH 值较低时,磷酸根以酸式盐的形式存在,此时得到的主要是 $Mg(H_2PO_4)_2$;当 pH 值过高时,则会产生更难溶于水的 $Mg_3(PO_4)_2$ 和 $Mg(OH)_2$ 沉淀。此外,在强碱性条件下,溶液中的 NH_4^+ 会转变为氨气。研究表明,pH = 8.0 ~ 10.0 是鸟粪石($MgNH_4PO_4 \cdot 6H_2O$)形成的合适条件。

(1) pH 值对鸟粪石条件溶度积的影响。pH 值对鸟粪石在自来水中的条件溶度积的影响如图 3-2 所示。从图中可以看到,鸟粪石条件溶度积曲线随 pH 值升高而下降。在 pH 值的范围为 8.5~9.0 时,条件溶度积数值下降到最低点,在此 pH 值条件下鸟粪石溶解度最小。溶液离子积位于条件溶度积曲线右上方是鸟粪石结晶成粒的必要条件。因此,当溶液中 $PO_4^{3-}-P$、NH_4^+-N 和 Mg^{2+} 浓度较低时,

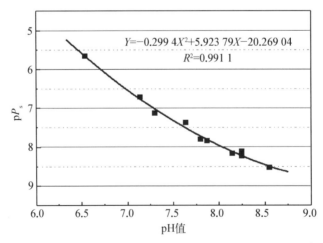

图 3-2　pH 值对鸟粪石在自来水中的条件溶度积的影响(20℃)

注:$pP_s = -lg(P_s)$;X 表示横坐标 pH 值;Y 表示纵坐标 pP_s;R 为拟合方程的相关系数。

为使鸟粪石顺利结晶,需加碱适当升高溶液 pH 值直至溶液过饱和;当溶液中 $PO_4^{3-}-P$、NH_4^+-N 和 Mg^{2+} 浓度太高,鸟粪石沉淀作用大于结晶作用时,需适当降低溶液 pH 值以便更好地结晶,因为从鸟粪石的条件溶度积中可以看到,较低的 pH 值条件下允许较高的离子浓度存在。

(2) pH 值对溶液中 NH_4^+-N、$PO_4^{3-}-P$、Mg^{2+} 去除率的影响。当溶液中磷浓度为 150 mg/L 左右,鸟粪石各构晶物质的摩尔比为 PO_4^{3-} : NH_4^+ : Mg^{2+} =1 : 6 : 1.1 时,不同 pH 值条件下的各离子去除率如图 3-3 所示。随着 pH 值的升高,各离子的去除率明显提高。当 pH 值为 7.5 时,NH_4^+-N、$PO_4^{3-}-P$ 和 Mg^{2+} 的去除率分别为 53.74%、54.23%、44.47%;当 pH 值升至 8.2 时,其去除率分别升至 66.10%、92.31%、74.05%;当 pH 值的范围为 8.5~9.5 时,NH_4^+-N 的去除率为 67.55%~69.10%,$PO_4^{3-}-P$ 的去除率为 96.43%~98.11%,Mg^{2+} 的去除率为 78.64%~80.03%。这是由于当 pH 值的范围为 7.5~8.2 时,随着 pH 值的升高,溶液的过饱和度逐渐增加,而过饱和度的增加有利于鸟粪石的生成,进而各离子的去除率将升高;而当 pH 值的范围为 8.5~9.5 时,溶液处于极度过饱和状态,反应器 pH 值的增大对各离子的去除效果的提高不明显。

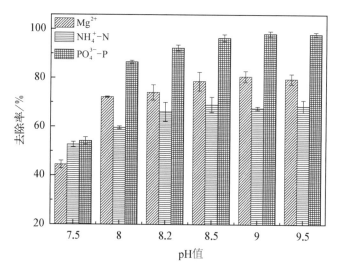

图 3-3　不同 pH 值条件下各离子去除率

随着鸟粪石结晶反应的进行,会不断消耗溶液碱度,使 pH 值降低。因此,需要在沉淀反应过程中不断加入碱性物质,如 $NaOH$、$Mg(OH)_2$ 等,使反应平衡右移从而生成鸟粪石沉淀。

2) 过饱和度

溶液的过饱和度 Ω 的公式如下所示:

$$\Omega = \left(\frac{a_{Mg^{2+}} a_{NH_4^+} a_{PO_4^{3-}}}{K_{SO}} \right) \tag{3-18}$$

式中，a 指溶液中各离子的活度，K_{SO} 表示鸟粪石的溶解度。当 $\Omega < 1$ 时，溶液未饱和，无法生成沉淀。当 $\Omega = 1$ 时，溶液处于平衡状态。只有当 $\Omega > 1$ 时，溶液处于过饱和状态，才有可能生成沉淀。Ω 值越大，说明溶液的过饱和度越高，生成沉淀的推动力越大。过饱和度还影响晶体成核的诱导时间和晶体生长速率，在 pH 值一定时，溶液过饱和度越大，则晶核形成的诱导时间越短，晶核的生长速率越大。Kofina 分别采用不同的溶剂来研究鸟粪石晶体形成过程中溶液的过饱和度与晶体生长速率的关系，结果表明，随着过饱和度从 1 增加至 5，鸟粪石晶体成核的诱导时间由 2 500 s 缩短至不到 300 s，而晶体的生长速率也由 0.5×10^{-6} mol/min 提高至 4.5×10^{-6} mol/min[4]。

3) 构晶离子

在鸟粪石结晶体系中，构晶离子（Mg^{2+}、NH_4^+ 和 PO_4^{3-}）三者摩尔比是重要的参数，按照鸟粪石生成的化学方程式，其摩尔比为 1∶1∶1，但在实际操作中，可以适当增大 Mg^{2+}、NH_4^+ 的投加量，以提高磷回收率。

(1) 不同磷氮摩尔比对鸟粪石结晶成粒的影响。在不同磷氮摩尔比条件下模拟污泥发酵液中与鸟粪石相关的各离子去除效果如图 3-4 所示。$PO_4^{3-} - P$ 与 Mg^{2+} 的去除率随 P∶N 摩尔比的变化趋势相似，都随摩尔比的增大而升高；当 P∶N = 1∶4 时，$PO_4^{3-} - P$ 与 Mg^{2+} 的去除率分别为 74.56%、64.36%；而当磷氮摩尔比升至 1∶8 时，两者去除率分别升至 90.07%、74.10%。因此，$NH_4^+ - N$ 浓度的

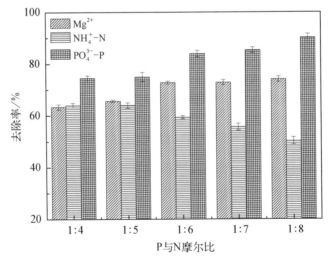

图 3-4　不同磷氮摩尔比下模拟污泥发酵液中与鸟粪石相关的各离子去除效果

过量增加有利于 $PO_4^{3-}-P$ 离子的去除,也有利于鸟粪石晶体的形成。随着 P:N 摩尔比的增大,NH_4^+-N 的去除率呈逐渐降低的趋势。当 P:N 摩尔比由 1:4 升至 1:8 时,NH_4^+-N 的去除率从 64.01% 降至 50.22%。这是由于由鸟粪石生成反应方程式可知:NH_4^+-N 浓度的升高有利于反应向正方向进行,从而使 $PO_4^{3-}-P$ 与 Mg^{2+} 的去除率升高,但 NH_4^+-N 的去除率会下降。此外,鸟粪石的纯度随反应后溶液中剩余 NH_4^+-N 浓度的增加而提高。但需注意的是,NH_4^+-N 本身就是废水处理的控制目标,添加过量会造成二次污染。

(2)不同镁磷摩尔比对鸟粪石结晶成粒的影响。Mg^{2+} 与 PO_4^{3-} 的摩尔比对磷去除率也产生显著影响,Mg:P 越高,磷回收率越高,适当增加 Mg:P 可以提高鸟粪石沉淀反应的磷回收效果,但过量的 Mg 会导致鸟粪石纯度的降低。当两者之比大于 1 时,鸟粪石形成迅速,磷的去除率随两者之比的增加而增加。然而投加的镁量达到一定量后,磷的去除率基本不再变化。吴健等[5]研究发现当 Mg^{2+} 与 PO_4^{3-} 的摩尔比大于 1 时,鸟粪石沉淀形成迅速,且磷的去除率随着两者之比的增加而增加;但当 Mg^{2+} 与 PO_4^{3-} 的摩尔比大于 1.05 时,对磷去除率并没有显著影响。建议在实际操作中,为避免钙离子对磷酸盐的竞争作用,镁磷物质的摩尔比应为 1.3。

在实际应用中,镁源的选用也是需要考虑的重要因素。多数研究中投加的镁源为 $MgCl_2$,也有采用 $Mg(OH)_2$、$MgSO_4$、海水和盐卤等。但 $Mg(OH)_2$ 会对 pH 值有影响,不易控制反应条件,而且需要较长的溶解时间,因此一般选用溶解性较好的 $MgCl_2$ 和 $MgSO_4$。

4)温度

温度可以影响鸟粪石的溶解度和晶体的形态。温度升高,鸟粪石的溶解度变大,溶液的过饱和度降低,生成沉淀的推动力减弱,故温度过高不利于鸟粪石晶体的生成。当温度由 10℃ 上升至 50℃ 时,鸟粪石的 K_{sp} 由 0.3×10^{-14} 上升至 3.73×10^{-14}。此外,在 25℃ 时生成的鸟粪石晶体为矩形和棱柱形,而 35℃ 时为厚方形。由于温度可以影响溶质的相对扩散速率和离子在晶体表面一体化的速率,故温度也可以影响晶体的生长速率。

5)溶液湍流强度

液体的湍流程度也可影响鸟粪石晶体的结晶过程。若液体的湍流程度很低,液体进入反应器后没有立即完全混合,可能出现局部混合不均匀,从而造成反应溶液局部过饱和的现象。

液体的湍流程度可以影响晶体形状和生长速率。在湍流强度较低的条件下生成的鸟粪石晶体比湍流强度较高的条件下生成的鸟粪石晶体要细长;鸟粪石晶体的生长速率在不同的湍流强度下呈现不同值,在高的湍流强度下生长速率是低的湍流条件下的 20 倍左右。液体的湍流强度过高会加速晶体的成核速率,但也会影响晶体的生长,同时还可能会引起晶体的破碎。影响反应器混合程度的因素有很多种,如搅拌式反应器的搅拌速度、搅拌桨的类型、流化床反应器内的上升流速以及颗粒大小等。

6)杂质离子和有机物

溶液中的杂质离子(如 Na^+、K^+、Ca^{2+}、SO_4^{2-}、CO_3^{2-}、HCO_3^- 等)会与 Mg^{2+}、NH_4^+-N 和 $PO_4^{3-}-P$ 发生反应生成其他沉淀,降低鸟粪石晶体的增长速率和纯度。有研究表明:Ca^{2+}、CO_3^{2-} 的存在不仅会影响鸟粪石的增长速率,还会延长晶体成核的诱导时间。Ca^{2+} 可与 PO_4^{3-} 和 CO_3^{2-} 反应生成 HAP 和碳酸钙,从而影响鸟粪石的纯度。

溶液中 Ca^{2+} 的存在对鸟粪石晶体的尺寸、形状和回收产物的纯度均有很大影响,较高的 Ca^{2+} 浓度会使鸟粪石晶体尺寸减小,抑制鸟粪石的生长。而当 Ca^{2+} 浓度过高时,难以形成鸟粪石晶体化合物,可能生成无定形的磷酸钙。此外,Na^+、Ca^{2+}、SO_4^{2-}、CO_3^{2-}、HCO_3^- 的存在不仅会影响鸟粪石晶体的诱导时间还会影响晶体的形态和大小。当溶液中 Na^+ 浓度超过 50 mM 时,鸟粪石晶体的诱导时间会显著增长;同样当 SO_4^{2-} 浓度为 12.5 mM 时,诱导时间会升高。当 CO_3^{2-} 浓度达到 5 mM 时,对鸟粪石的诱导时间有微弱影响。

除 Na^+、Ca^{2+} 等无机离子外,有些废水中还存在腐殖酸等大分子有机物,这些大分子物质具备一定的络合能力,吸收进水中的 Mg^{2+},降低鸟粪石的过饱和度,阻碍鸟粪石结晶。

因此,在实际应用中,需根据具体情况设置预处理环节,除去不利于鸟粪石结晶的无机离子和有机物。

(1)Ca^{2+} 的影响 不同 Ca^{2+} 浓度下鸟粪石各构晶离子去除率如图 3-5 所示,Ca^{2+} 浓度由 0 升至 100 mg/L 时,磷的去除率呈先下降后上升的趋势。Mg^{2+} 去除率由 56.7% 下降至 12.8%,这是由于溶液中的 Ca^{2+} 会与 PO_4^{3-} 结合,并在 Mg^{2+} 的干扰下形成无定形磷酸钙(amorphous calcium phosphate,ACP),因此 Ca^{2+} 与 Mg^{2+} 对 PO_4^{3-} 存在竞争。随着 Ca^{2+} 浓度升高,与 Ca^{2+} 结合的 PO_4^{3-} 数量增多,而与 Mg^{2+} 结合的 PO_4^{3-} 数量减少,使得鸟粪石溶液过饱和度下降,结晶能力降低,因此 Mg^{2+} 去除率明显下降。此外,当 Ca^{2+} 浓度不高时,Ca^{2+} 与 Mg^{2+} 对 PO_4^{3-} 的竞争使得鸟粪石和 ACP 的过饱和度均较低,从而导致磷的总去除率下降;当 Ca^{2+} 浓度较大时,ACP 过饱和度升高,沉淀大量析出,磷去除率也有所增加。

Ca^{2+} 也会影响鸟粪石纯度,随着 Ca^{2+} 浓度由 0 升高至 100 mg/L,产物鸟粪石纯度明显下降,当 Ca^{2+} 浓度为 80 mg/L 和 100 mg/L 时,鸟粪石纯度降至 20% 以下。因此,进水中一定浓度的 Ca^{2+} 会干扰鸟粪石晶体的正常生长,降低磷、镁元素去除率和结晶产物纯度,并生成无定形磷酸钙沉淀,产物的形貌和组分也会随之发

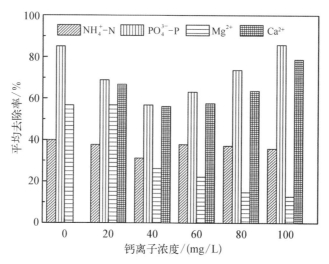

图 3-5　不同 Ca^{2+} 浓度下鸟粪石各构晶离子去除率

生变化。

（2）K^+ 的影响　不同 K^+ 浓度下鸟粪石各构晶离子去除率如图 3-6 所示，K^+ 浓度由 10 mg/L 增至 60 mg/L，磷去除率均稳定在 83%～89% 的范围内，溶液中 K^+ 浓度的升高对氮磷的去除率影响很小。Mg^{2+} 去除率也维持在 56%～63%，且未随 K^+ 浓度升高发生明显增大或减小，说明溶液中 K^+ 未对鸟粪石的结晶造成不利影响，K^+ 去除率范围为 13%～20%，表明有钾型鸟粪石生成，但生成量较小。因此，当溶液中 NH_4^+、K^+、PO_4^{3-} 及 Mg^{2+} 共存时，NH_4^+ 相对 K^+ 将会优先与 PO_4^{3-} 和 Mg^{2+} 结合。

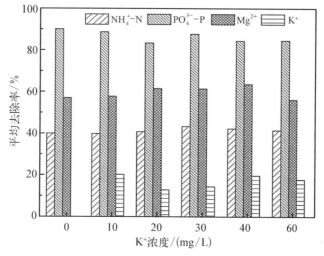

图 3-6　不同 K^+ 浓度下鸟粪石各构晶离子去除率

表 3-1 表明不同 K^+ 浓度条件下流化床反应器中鸟粪石产物颗粒生长情况,随着 K^+ 浓度由 0 升高至 60 mg/L,产物鸟粪石纯度小幅下降,当 K^+ 浓度为 10 mg/L 时,鸟粪石纯度降至 90.6%;当 K^+ 浓度为 20 mg/L 时,MAP 纯度降至 90% 以下;此后鸟粪石纯度随 K^+ 浓度升高变化不大,均保持在 86% 以上。颗粒平均粒径变化不大,说明 K^+ 并未对鸟粪石的正常结晶过程产生破坏,结合纯度和产量分析,K^+ 浓度升高时杂质生成量增大。当 K^+ 浓度为 10 mg/L 时,生成的晶体为相对规则的棒状晶体结构,粒径较大,形貌均匀,产物品质较好,当 K^+ 浓度大于 10 mg/L 时,棒状晶体的形状趋向于不规则,产物品质下降。

表 3-1 不同 K^+ 浓度条件下鸟粪石产物颗粒生长情况

K^+ 浓度/(mg/L)	鸟粪石纯度/%	产物中 K 的质量分数/%	鸟粪石平均粒径/mm
0	96.0	0	0.80
10	90.6	0.82	0.77
20	88.3	1.11	0.76
30	88.1	1.25	0.82
40	86.3	1.28	0.85
60	86.8	1.39	0.75

（3）海藻酸钠的影响 海藻酸钠(sodium alginate,SA)常用于模拟污泥胞外聚合物(extracellular polymeric substances,EPS),不同 SA 浓度下鸟粪石各离子去除率如图 3-7 所示。SA 浓度由 0 增至 120 mg/L,除磷率从 90.1% 降至 82.6%,呈逐渐下降的趋势,但是仍维持在 80% 以上,NH_4^+ 去除率非常稳定。因此

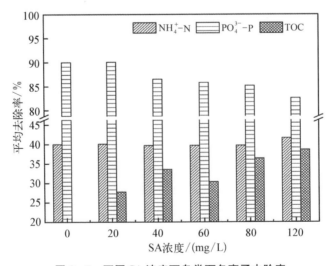

图 3-7 不同 SA 浓度下鸟粪石各离子去除率

可见,SA 对鸟粪石法除磷只有微弱的干扰。

不同 SA 浓度条件下鸟粪石产物颗粒的生长情况如表 3-2 所示,随进水 SA 浓度由 0 升高至 120 mg/L,产物鸟粪石纯度由 96.0%降至 77.3%。晶体的平均粒径呈逐渐下降的趋势,当进水 SA 浓度为 120 mg/L 时,平均粒径为 0.56 mm,相比 SA 浓度为 0 的对照组下降了约 1/3。

表 3-2　不同 SA 浓度条件下鸟粪石产物颗粒性状分析

SA 浓度/ (mg/L)	鸟粪石纯度/ %	C 表面质量 分数/%	C 平均质量 分数/%	平均粒径/ mm
0	96.0	0	0	0.80
20	92.3	18.2	2.6	0.76
40	88.8	22.6	3.7	0.74
60	82.6	—	—	0.73
80	81.2	23.8	6.4	0.64
120	77.3	—	—	0.56

利用扫描电子显微镜(scanning electron microscopy, SEM)对产物进行分析。SA 浓度为 20 mg/L、60 mg/L 及 120 mg/L 时的产物 SEM 图如图 3-8 所示,当 SA 浓度为 20 mg/L 时,产物以柱状晶体为主,斜方晶特征明显,形状较规则,表面有少量附着物。当 SA 浓度为 60 mg/L 时,晶体更加粗短,表面附着物增多,已出现部分小颗粒不规则产物,但仍然可以呈现出较明显的柱状特征。当 SA 浓度为 120 mg/L 时,产物形态不规则,表面存在大量层状附着物,并出现大量小颗粒不规则产物,鸟粪石典型斜方晶型被破坏。SEM 结果表明,SA 对鸟粪石晶体形貌的影响主要有两方面,一是 SA 附着于鸟粪石表面,改变晶体表观形态;二是吸附在晶种上,阻碍构晶离子与晶种结合,使晶体无法持续生长为形状规则的大颗粒。

此外,C 含量的测试结果(见表 3-2)表明,鸟粪石表面 C 含量均高于平均含量,所以 SA 主要吸附在鸟粪石表面,而在晶体内部的含量较低。这是因为 SA 溶解后,海藻酸中 $C=O$ 及 COH 等官能团会与鸟粪石表面的 POH 基团形成氢键;此外,鸟粪石表面 Mg^{2+} 与 SA 中 COOH 的络合,导致海藻酸阴离子吸附在鸟粪石表面,干扰晶体正常生长。

(4)腐殖酸的影响　腐殖质主要包含胡敏酸和富里酸两种,其中富里酸(fulvic acid, FA)相对分子质量相对较小,在水中溶解度较大,更易与鸟粪石构晶离子发生反应。不同 FA 浓度下各组分去除率如图 3-9 所示,FA 浓度由 0 增至 120 mg/L,除磷率从 90.1%逐渐下降至 80.4%,NH_4^+ 去除率非常稳定,TOC 去除率基本呈现

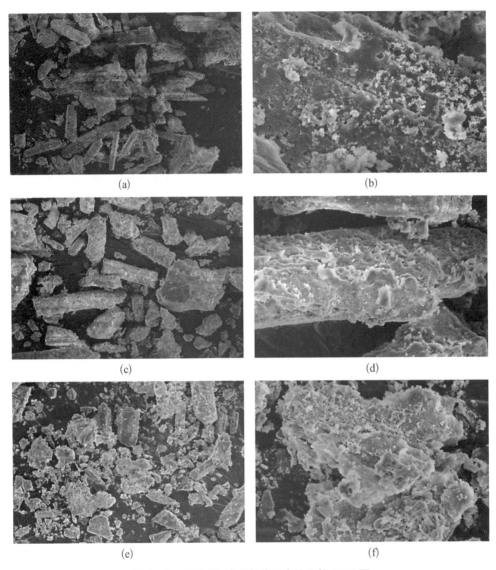

图 3 - 8　不同 SA 浓度条件下产物颗粒 SEM 图

(a) SA 浓度为 20 mg/L,500 倍;(b) SA 浓度为 20 mg/L,10 000 倍;(c) SA 浓度为 60 mg/L,1 000 倍;
(d) SA 浓度为 60 mg/L,10 000 倍;(e) SA 浓度为 120 mg/L,1 000 倍;(f) SA 浓度为 120 mg/L,10 000 倍

上升趋势,说明少量 FA 参与到了鸟粪石结晶的反应中,并通过共沉淀的形式实现去除,在此浓度范围内,去除效果较稳定。对去除率测定结果进行总体分析,发现 FA 对鸟粪石法除磷有微弱的干扰,干扰率与同浓度 SA 相似;但 TOC 去除率相对同浓度 SA 较低,说明同作为较复杂的高分子有机质,溶解度较高的 FA 与溶解度较低的 SA 对鸟粪石法影响的机理存在差异。

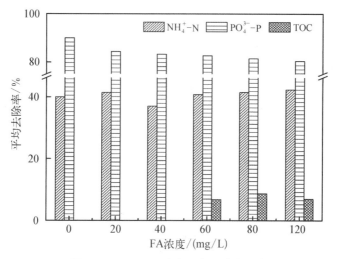

图 3-9　不同 FA 浓度下各组分去除率

不同 FA 浓度条件下鸟粪石产物颗粒的性状生长情况如表 3-3 所示,随进水 FA 浓度由 0 升高至 120 mg/L,产物鸟粪石纯度由 96.0% 降至 90.4%,仍然维持在 90% 以上。鸟粪石平均粒径随进水 FA 浓度升高而减小,当 FA 浓度为 120 mg/L 时,平均粒径为 0.65 mm,高于同浓度 SA 的实验结果,因此 FA 对鸟粪石结晶过程存在微弱的干扰,干扰强度小于 SA。

表 3-3　不同 FA 浓度条件下鸟粪石产物颗粒生长情况

FA 浓度/ (mg/L)	鸟粪石纯度/ %	C 表面质量 分数/%	C 平均质量 分数/%	平均粒径/ mm
0	96.0	259.6	27.4	0.80
20	94.6	12.5	1.4	0.68
40	92.7	13.6	2.0	0.75
60	92.2	13.2	1.9	0.73
80	90.5	12.4	2.3	0.78
120	90.4	15.1	3.0	0.65

不同 FA 浓度条件下产物颗粒 SEM 图如图 3-10 所示。当 FA 浓度为 20 mg/L 及 120 mg/L 时,产物均以较规则的柱状晶体为主,表面较光滑,斜方晶特征明显,晶体尺寸相似。当 FA 浓度为 120 mg/L 时,小颗粒不规则产物略有增多,表面附着物更加明显。

结晶产物表观颜色为浅棕色,与 FA 溶液颜色相似,且随进水 FA 浓度升高而加深。这是因为 FA 具有金属络合性,可在矿物表面吸附,此外,FA 分子与磷酸盐

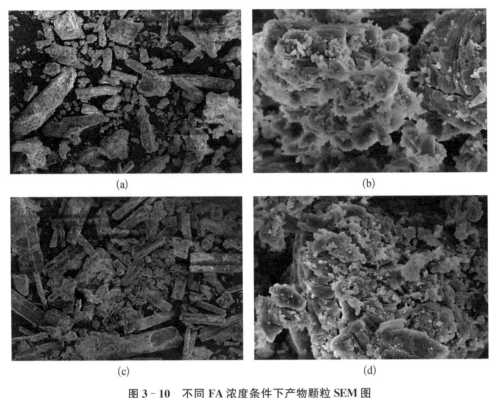

图 3 - 10　不同 FA 浓度条件下产物颗粒 SEM 图

(a) FA 浓度为 20 mg/L,500 倍;(b) FA 浓度为 20 mg/L,10 000 倍;
(c) FA 浓度为 120 mg/L,500 倍;(d) FA 浓度为 120 mg/L,10 000 倍

具有较强的静电作用,也使得 FA 吸附于鸟粪石外表面,增强了晶体颗粒的稳定性和电负性,在一定程度上阻碍了晶体生长,并改变了表观颜色。因此,在进水中加投 FA 后,鸟粪石的结晶过程会受到影响,但干扰较小。

碳含量的测定结果(见表 3 - 3)表明,结晶产物的表面 C 含量均高于平均含量,所以 FA 与鸟粪石的结合主要发生在表面,对晶体内部影响较低。对比不同进水 FA 浓度的测定结果,当进水 FA 浓度上升时,表面 C 质量分数发生波动,未表现出明显的变化趋势,C 平均质量分数基本呈上升趋势,当进水 FA 浓度为 120 mg/L 时,C 平均质量分数增大至 4.0%。但 FA 与鸟粪石结合的能力低于 SA,因此其对鸟粪石形成的干扰程度也小于 SA。

3.3.3　鸟粪石结晶反应器

目前,鸟粪石结晶反应器主要分为两类,分别为搅拌式结晶反应器和流化床结晶反应器。

1）搅拌式结晶反应器

根据搅拌方式的不同,搅拌式反应器可分为机械搅拌式反应器和空气搅拌式反应器。

机械搅拌式反应器具有构造简单、操作方便等优点。通过向反应器中加入一定比例的镁盐、铵盐和磷盐,利用机械搅拌使溶液混合,从而反应生成鸟粪石。机械搅拌作用不仅可以使溶液混合均匀,而且有利于鸟粪石的结晶和生长。此类反应器的形式有两种:一是合体式机械搅拌反应器[6](见图 3-11),反应区和沉淀区集中于同一个反应器中,上部为反应区,下部为沉淀区;二是分体式机械搅拌反应器[7](见图 3-12),反应区和沉淀区分开设计。

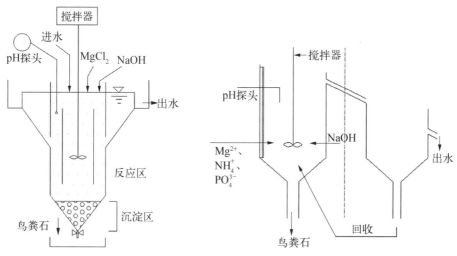

图 3-11　合体式机械搅拌反应器　　图 3-12　分体式机械搅拌反应器

合体式机械搅拌反应器与分体式机械搅拌反应器原理相同,去除效果相似。由于没有设置沉淀池,合体式机械搅拌反应器能更有效地利用空间、节省空间;而分体式机械搅拌反应器设置的沉淀池能更有效地截留随水流流失的鸟粪石小颗粒,有利于减少鸟粪石颗粒的损失。若反应生成的鸟粪石小颗粒较多且易流失,可采用分体式机械搅拌反应器。

空气搅拌式反应器是利用曝气装置向反应器内输入空气来搅拌反应物使之混合反应的一种装置,如套管式曝气反应器(见图 3-13)[8]和内循环式曝气反应器(见图 3-14)[9]。内循环曝气反应器内柱的内侧按照一定的间隔装有三处副气管,有利于加强溶液的混合而避免形成短流。

搅拌式结晶反应器构造简单,操作方便,并且能提高磷的回收率。但是此反应器应用于大规模的生产中时会出现搅拌桨结垢的现象;而且由于要确保反应液的混合均匀以及生成鸟粪石晶体的悬浮态,需控制反应器在较高的搅拌速率下运行,

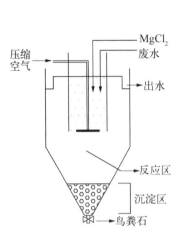

图 3-13　套管式曝气反应器

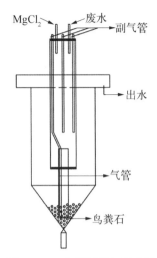

图 3-14　内循环曝气反应器

从而影响晶体的增长以及晶体的品质。

　　2）流化床结晶反应器

　　流化床反应器是借助流体（液体或气体）的搅拌作用，使反应器中的固体颗粒呈流态化，从而反应产生鸟粪石结晶的一种反应设备。反应器内的固体颗粒始终处于悬浮状态并剧烈运动，从而可以强化物质的传热、传质过程，使得反应速度大幅提高，磷去除能力也得到了提升。根据反应器内流体类型的不同，流化床反应器可以分为气体搅动式流化床（见图 3-15）[10]和液体搅动式流化床（见图 3-16）[11]。

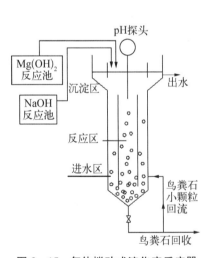

图 3-15　气体搅动式流化床反应器

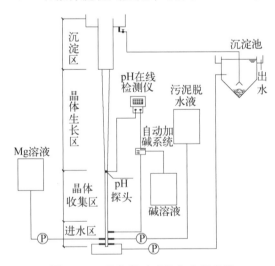

图 3-16　液体搅动式流化床反应器

　　不同于搅拌式反应器，气体搅动式流化床是从反应器的底部进入气体和废水，不仅可以搅拌液体，而且还具有维持 pH 值的作用。且反应器直径的变化可以使液体在流动过程中产生湍流,以达到完全混合的目的。新型的液体搅动式流化床反应器从上至下分为四部分,分别是沉淀区、生长区、收集区和进水区,此反应器可使生成的鸟粪石晶体粒径达到毫米级,实现产物直接从水中分离并收集。

一般情况下,搅拌式结晶法生成的鸟粪石粒径多为微米级,呈粉末状,此种细小的颗粒不易从水中分离,且易在管道和反应器中累积,从而堵塞管道。鸟粪石结晶成粒技术采用液体式流化床反应器,具有工艺简单,操作方便,回收产品粒径大、纯度高,易于与水分离,具有良好的经济效益及环境效益。加拿大哥伦比亚大学采用流化床反应器回收的鸟粪石颗粒如图 3-17 所示,同济大学采用流化床反应器生成的颗粒状鸟粪石如图 3-18 所示。从图中可看到生成的鸟粪石为白色颗粒,形状为较为规则的圆球形,粒径较为均匀,且不同水质回收的产品颜色有所差异。

图 3-17　哥伦比亚大学采用流化床　　图 3-18　同济大学采用流化床反应器
　　　　反应器回收的鸟粪石颗粒　　　　　　　　生成的颗粒状鸟粪石

3.3.4　鸟粪石产物分析

鸟粪石结晶磷回收技术从合成废水的研究阶段逐步发展到了对于实际废水处理的阶段,但由于实际废水中组分较为复杂,存在许多氮、磷、镁之外的其他离子,这也使得对鸟粪石的组分分析成为现阶段的研究热点,鸟粪石颗粒品质的表征方法和技术也在不断发展中。采用现代仪器分析技术表征鸟粪石颗粒品质是现阶段常用的方法,包括 X 射线衍射(X-ray diffraction, XRD)分析、傅里叶变换红外(Fourier transform infrared, FTIR)光谱和拉曼光谱分析等。此外,采用气相色谱-质谱仪(gas chromatograph-mass spectrometer, GC-MS)可以对沉淀中的有机物进行分析,采用电感耦合等离子发射光谱(inductively coupled plasma emission spectrometer，ICP)可对沉淀中的重金属进行测定。通常而言，ACP 常与鸟粪石共沉淀，且碳酸盐和水镁石也会形成在沉淀中。可通过纯度分析了解产物中鸟粪石的含量。

不同的反应条件会使鸟粪石的共沉淀物组成有所差异，如 pH 值和温度的影响。当 pH<9.0 时，沉淀物组分主要为鸟粪石；当 pH 值在 9.0~10.0 范围内时，鸟粪石含量降低，钾型鸟粪石和 $Ca_3(PO_4)_2 \cdot xH_2O$ 呈逐渐增加趋势；当 pH 值从 10.0 升高到 12.0 时，鸟粪石含量急剧下降，$Ca_3(PO_4)_2 \cdot xH_2O$ 和 $Mg(OH)_2$ 在沉淀物中的含量则快速增加。当温度为 25℃时，鸟粪石为主要产物；当温度升至 100℃时，有磷镁石($MgHPO_4 \cdot 3H_2O$)生成；在 300℃条件下，生成了焦磷酸镁($Mg_2P_2O_7$)，随着温度的升高，氨氮的沉淀性能降低而磷的聚合性增强。

3.4 利用流化床鸟粪石结晶反应器回收污泥液中的磷

鸟粪石流化床结晶反应器利用污水中的氮磷形成鸟粪石颗粒，粒径可达毫米级，具有设备操作简单易行、回收产品纯度高、硬度大、便于收集和运输等优点，有极高的商业利用价值。经生物处理后的剩余污泥脱水液中往往含有一定浓度的氮磷，从中回收生成鸟粪石不仅可以实现氮磷去除，而且还可以实现一定的经济效益。下面介绍同济大学利用流化床反应器从污泥脱水液中回收磷的研究案例。

3.4.1 污泥脱水液水质

污泥脱水液取自上海某城市污水处理厂，该厂采用带式脱水设备对浓缩污泥进行脱水。污泥脱水液的水质指标如表 3-4 所示。

表 3-4　污泥脱水液水质指标

项　目	浓　度	项　目	浓　度
PO_4^{3-}-P	43~212	K^+	29~39
NH_4^+-N	21~49	Na^+	33~58
Mg^{2+}	25~54	CO_2^{3-}	132~167
Ca^{2+}	64~88	TSS	31~251
TOC	77~100	pH 值	6.5~7.2

注：除 pH 值外，其余项目单位均为 mg/L。

在利用污泥脱水液进行试验时，将脱水液静沉 12 h 后采用 500 目筛网过滤，其目的是去除较大的悬浮固体，避免大颗粒对鸟粪石生成过程的影响。

3.4.2　反应器

试验装置是流化床反应器(见图 3 - 16),装置主要包括流化床反应器柱体、沉淀池、pH 在线监测系统和自动加碱系统四部分。其中,流化床反应器柱体可从下到上分为进水区、晶体收集区、晶体生长区和沉淀区。废水由底部的入水口进入反应器,在进水区与外加镁溶液迅速混合。当晶体尺寸逐渐增大时,可以克服上升水流的作用落入反应器底部,反应结束后从收集区取出鸟粪石颗粒。

3.4.3　鸟粪石的分析与表征方法

1) 鸟粪石晶体总体积增长速率的测定

在同一反应周期内,首先测定反应初期投加鸟粪石晶种的体积 V_1(cm^3);反应器连续运行一段时间 t(h)后,测定反应器内晶体的总体积 V_2(cm^3)。晶体总体积增长速率 ν(cm^3/h)的计算公式为

$$\nu = \frac{V_2 - V_1}{t} \tag{3-19}$$

2) 鸟粪石平均粒径的测定

取收获的鸟粪石,烘干后称量其总质量 m_T(g)。之后采用不同目数(4 目、5 目、6 目、10 目、14 目、18 目、25 目、35 目)的筛子逐级筛取鸟粪石颗粒,筛选结束后分别称量不同粒径区间的鸟粪石质量 m_i(g)。则平均粒径 D(mm)的计算公式为

$$D = \sum_{i=1}^{8} \left(\frac{a_i - b_i}{2} \right) \times \omega_i \tag{3-20}$$

式中,a_i,b_i 为粒径区间边界值,mm;ω_i 为粒径在 i 区间内的颗粒质量占总质量的百分数,%,计算公式为 $\omega_i = \dfrac{m_i}{m_T} \times 100\%$。

3) 鸟粪石固体纯度和酸不溶物的测定

称取(0.500 0±0.001)g 烘干后的鸟粪石固体,放入盛有 250 mL 去离子水的烧杯中,置于磁力搅拌器上搅拌,缓慢滴加 3 M 的 HCl 溶液,并测试其 pH 值,当 pH 值维持至 2 时,即鸟粪石固体溶解完全,用漏斗和定量滤纸将烧杯中溶液过滤至 1 L 的容量瓶中,过滤完毕后,将容量瓶中溶液定容并测定 N、P、Mg 的含量,滤纸放入 105℃烘箱中 2 h,之后放入干燥器中冷却至室温,用分析天平称量滤纸增加的质量。

鸟粪石的纯度(μ_{MAP},%)和酸不溶物含量(%)的计算公式如下:

$$\mu_{\text{MAP}} = \frac{c_{\text{N}} \times V/M_{\text{N}} \times M_{\text{MAP}}}{m_{\text{p}}} \times 100\% \quad (3-21)$$

$$酸不溶物含量 = \frac{\Delta m}{m_{\text{p}}} \times 100\% \quad (3-22)$$

式中，c_{N} 为颗粒溶解后测得的 $NH_4^+ - N$ 浓度，mg/L；V 为过滤液定容的体积，L；M_{N} 为 N 的摩尔质量，g/mol；M_{MAP} 为鸟粪石的摩尔质量，g/mol；m_{p} 为溶解鸟粪石颗粒的质量，g；Δm 为定量滤纸增加的质量，g。

4）鸟粪石晶体特征和形貌分析方法

对固体样品进行 XRD 表征分析，确定其晶体类型。随机选取部分洗净烘干后的鸟粪石颗粒，并称取 10 g 颗粒放入研钵中碾碎呈粉末状，之后用 300 目的筛网筛取小于 300 目的粉末状物质进行 XRD 分析。

鸟粪石颗粒的表面形貌以及晶型特征是其品质的直观表现，利用 SEM 对收获的鸟粪石颗粒表面形貌进行分析，放大倍数为 38～1 000 倍，观察不同条件下的鸟粪石颗粒形貌差异。

5）鸟粪石颗粒表面元素和共沉淀物分析

能量散射谱 X 射线分析仪（energy dispersive X-ray，EDX）可以同时测定样品中所有元素，具有准确度高、分析速度快、不污染环境等优点，已成为一种较好的精确定量分析测试技术。X 射线特征谱是由具有不同波长或能量的谱线构成，谱线的波长或能量取决于元素。在一定的能量范围内，每一元素出现的谱线是各元素所特有的。根据谱线及其所在的能量范围就可以识别不同元素，EDX 分析就是利用特征 X 射线完成的，可用于分析鸟粪石颗粒表面的组成元素。在测试之前，将不同条件下收获的鸟粪石颗粒在室温下晾干，保证颗粒表面充分干燥，在真空镀金后进行表面元素分析测试。

拉曼光谱是一种散射光谱，是基于印度科学家 C. V. Raman 所发现的拉曼散射效应，对与入射光频率不同的散射光谱进行分析以得到分子振动、转动方面信息，并应用于分子结构研究的一种分析方法。与红外光谱相比，拉曼光谱具有光谱范围广（40～4 000 cm^{-1}）、水可作为溶剂、固体样品可以直接进行测定等优点，可以同时对样品中的有机物和无机物进行分析。本试验中将收获到的干燥鸟粪石颗粒直接进行拉曼光谱测定，不需要进行样品前处理，避免了一些误差的产生。在得到拉曼光谱图后，通过与文献中查阅的纯物质拉曼振动峰进行比对，从而确定鸟粪石颗粒中的共沉淀物种类。

6）有机物含量的测定

颗粒中 TOC 的测定：称取（0.500 0±0.001）g 烘干后的鸟粪石固体，放入盛有 250 mL 去离子水的烧杯中,置于磁力搅拌器上搅拌,缓慢滴加 3 M 的 HCl 溶液,并测试其 pH 值,当 pH 值维持恒定时,即鸟粪石固体溶解完全后,用漏斗和定量滤纸将烧杯中溶液过滤至 1 L 的容量瓶中,过滤后定容至 1 L,取部分溶液用 0.45 μm 滤膜过滤,用 TOC 仪测定其含量。

有机物种类分析:取 50 g 颗粒加 3 M 盐酸溶解至 300 mL 的超纯水中,首先用滤纸对溶解液进行过滤,除去酸不溶物,然后在砂芯漏斗中过 0.45 μm 滤膜,将过滤液收集后进行萃取。对过滤液分别进行酸性、中性、碱性等体积萃取,萃取剂为二氯甲烷。最后将上述三种萃取物合并后在 38~39℃ 的水浴中加热并同时进行氮吹,使样品浓缩至 1 mL,加入少量无水硫酸钠干燥后重新用 0.45 μm 滤膜过滤,继而进行 GC - MS 分析。GC - MS 的升温程序如下:首先在 40℃ 下运行 3 min,继而以 30℃ 为梯度升高至 300℃,保持此温度 5 min。测试过程中以氦气作为保护气,气速为 1.5 mL/min。

7) 颗粒中金属离子的测定

Mg、Ca、Al、Fe、Na 等金属离子采用电感耦合等离子发射光谱仪 ICP - Agilent 720ES 测定。颗粒溶解方法与测试 TOC 时的方法相同,取定容至 1 L 的部分溶液用 0.22 μm 滤膜过滤,在比色管中稀释 50 倍,其中加入 1 mL 浓硝酸(98%)使 pH<2,然后将预处理完成的溶液放入 10 mL 的塑料管中保存待测。

8) PHREEQC 软件分析

在水溶液体系中,MAP 结晶反应体系的基本组分为 NH_4^+、PO_4^{3-}、Mg^{2+}、H^+,但通过离子的相互作用如解离、络合、沉淀、结晶反应等,可以形成 HPO_4^{2-}、$H_2PO_4^-$、OH^-、NH_4^+ 等不同的离子形态。由于反应体系中离子形态的分布受组分、浓度、温度、离子强度等溶液物化参数的影响,导致溶液体系中鸟粪石饱和指数(saturation index,SI)的计算过程十分复杂。而美国地质调查局研发的地球化学水质模型程序——PHREEQC 软件可用于离子形态分布和溶液体系饱和度指数的计算。

PHREEQC 软件是以离子联系的水化学模型为基础、可以广泛应用于地球化学模拟的平衡模型。通过此软件可以进行生成物的 SI 的推算以及化学反应的一维运移计算。其水质模型是采用 Debye - Huckel 方程计算非理想溶液,适用于较低的离子强度溶液。试验中主要利用 PHREEQC 2.18 软件的两个模块,分别是 SOLUTION 和 PHASE:在 SOLUTION 模块中设置溶液反应的基本条件,如温度、pH 值、溶液密度、各离子浓度等;在 PHASE 模块需要将溶液可能生成沉淀的溶解平衡方程式列出,并通过查阅文献给出此沉淀的溶度积。程序运行后,在运行结果中得到各沉淀的 SI 值,若此值大于 0,即表示此沉淀可能会与鸟粪石共沉淀。

3.4.4 pH值对鸟粪石结晶成粒的影响

不同pH值条件下NH_4^+-N、Mg^{2+}、$PO_4^{3-}-P$各离子去除率如图3-19所示。从图中可以看出：当pH值为7.8时，各离子的去除率均较低，随着pH值的升高，$PO_4^{3-}-P$和Mg^{2+}的去除率都有明显上升的趋势，$PO_4^{3-}-P$的去除率从75.0%升至91.9%，Mg^{2+}的去除率从64.2%升至81.3%。这是因为随着pH值的提高，溶液过饱和度增大，使$PO_4^{3-}-P$和Mg^{2+}的去除率升高明显。NH_4^+-N的去除率上升缓慢，从40.5%升至46.5%，去除率较低主要是因为反应时投加了过量氨氮（氮磷比为6:1），导致pH值增大对NH_4^+去除率提高不明显。

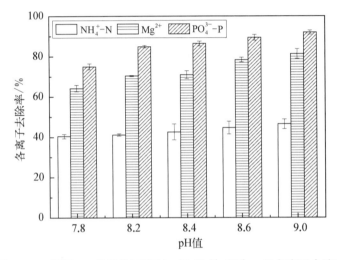

图3-19 不同pH值条件下NH_4^+-N、Mg^{2+}、$PO_4^{3-}-P$各离子去除率

当pH值为7.8~8.2时，$PO_4^{3-}-P$的去除率升高迅速，从75.0%升至84.9%；当pH值为8.2~9.0时，$PO_4^{3-}-P$的去除率升高缓慢。产生此现象的原因是：溶液过饱和度是影响鸟粪石沉淀反应中$PO_4^{3-}-P$去除的主要因素之一。在不同pH值条件下磷去除率与溶液过饱和度的变化趋势如图3-20所示，从图中可以看出磷去除率与过饱和度的变化趋势一致，表明了是由于过饱和度的升高使磷去除率不断提高。当pH值从7.8提高至8.2时，溶液过饱和度从1.49升至1.83，上升较迅速；而当pH值为8.2~9.0时，溶液过饱和度升高趋势有所减缓，导致了磷去除率提高缓慢。

不同pH值条件下鸟粪石颗粒的生长情况如表3-5所示。鸟粪石的平均粒径随着pH值的提高有先增大后减小的趋势：在pH值小于8.2时，鸟粪石的平均粒径随pH值的升高逐渐增大（由1.12 mm增至1.41 mm）；在pH值大于8.2时，

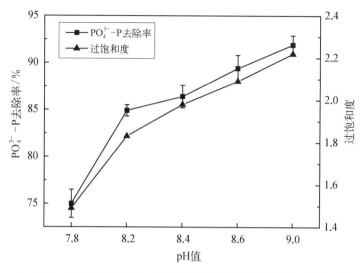

图3-20 不同 pH 值条件下磷去除率与溶液过饱和度的变化趋势

平均粒径随 pH 值的升高逐渐减小(由 1.41 mm 降至 0.92 mm)。当 pH 值为 8.2 和 8.4 时,最大粒径都在 2～3.2 mm 之间。不同 pH 值条件下生成的产物品质均较好,纯度都在 80% 以上,其中 pH 值为 8.2 时,产物的纯度最高,为 94.7%。随着 pH 值的提高,反应器收集区的粉末体积增加迅速,从 154.8 cm³ 增至 779.3 cm³。当 pH 值为 8.6 和 9.0 时,沉积物的量较多,导致出水口极易堵塞。因此,pH 值过高不利于反应器的运行和维护。

表3-5 不同 pH 值条件下鸟粪石颗粒生长情况

pH 值	平均粒径/mm	最大粒径/mm	鸟粪石纯度/%	沉淀区粉末体积/cm³
7.8	1.12	1.43～2	88.4	154.8
8.2	1.41	2～3.2	94.7	218.3
8.4	1.24	2～3.2	88.1	436.8
8.6	0.94	1.43～2	85.2	631.9
9.0	0.92	1.43～2	83.7	779.3

在 pH 值为 8.2 条件下污泥脱水液形成颗粒的鸟粪石 XRD 图及鸟粪石标准谱图如图 3-21 所示。通过与鸟粪石标准谱图的对比,发现污泥脱水液形成颗粒的 XRD 图谱与标准图谱的特征峰吻合较好,通过 Jade 软件分析的匹配产物也为鸟粪石,F 值为 6.7(F 值越小表示匹配越好),从而证明了收获的颗粒为鸟粪石晶体。

不同 pH 值条件下生成的鸟粪石颗粒 SEM 图如图 3-22 所示。将收获的颗粒放大 50 倍可以看出:在 pH 值为 7.8 时,生成的颗粒形状不规则,且内部松散,出现了较多的空隙;在 pH 值为 8.2 时,收获的颗粒较为密实,表面的空隙明显减

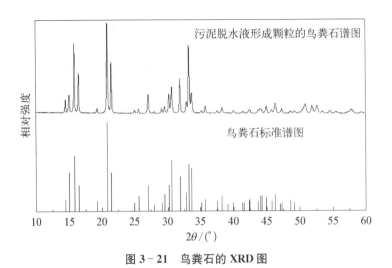

图 3‑21 鸟粪石的 XRD 图

图 3‑22 不同 pH 值条件下生成的鸟粪石颗粒 SEM 图

(a) pH=7.8, 50 倍; (b) pH=8.2, 50 倍; (c) pH=9.0, 50 倍; (d) pH=8.2, 500 倍

小;在 pH 值为 9.0 时,生成的颗粒形状比较规则,晶型包裹紧密。在较高的 pH 值条件下容易形成高过饱和度溶液,有利于鸟粪石晶体的团聚,使生成的鸟粪石颗粒更加密实。将 pH 值为 8.2 条件下生成的鸟粪石颗粒放大 500 倍可以看到:颗粒内部存在许多棒状晶体,为鸟粪石晶体的斜方晶结构,说明生成的产物品质较好。

3.4.5　培养时间对鸟粪石结晶成粒的影响

1) 培养时间对 $NH_4^+ - N$、$PO_4^{3-} - P$、Mg^{2+} 去除率的影响

将静沉处理后的污泥脱水液在反应器中培养 8 天,在不同培养天数下各离子的去除率如图 3-23 所示。随着培养天数增加,$PO_4^{3-} - P$、$NH_4^+ - N$ 和 Mg^{2+} 的去除率都有先升高后降低的趋势。这是因为当颗粒粒径增大到一定程度后,生长区上端的颗粒出现局部结块和流化不畅的状态,导致各离子的去除率在培养后期降低。在第 4 天时,$PO_4^{3-} - P$ 的去除率达到最大,$PO_4^{3-} - P$、$NH_4^+ - N$ 和 Mg^{2+} 的去除率分别为 90.5%、42.3% 和 74.3%。

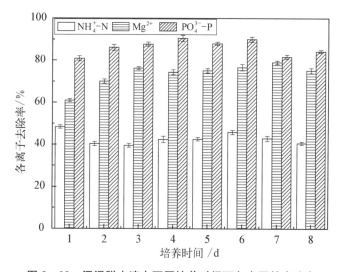

图 3-23　污泥脱水液在不同培养时间下各离子的去除率

2) 培养时间对鸟粪石生长的影响

污泥脱水液在培养的 8 天中鸟粪石晶体生长速率和沉淀区增长粉末体积如表 3-6 所示。在第 3 天和第 4 天时晶体生长速率较高,均为 20 cm³/h 以上,在第 3 天达到最大,为 23.2 cm³/h;当培养时间大于 4 天时,晶体生长速率出现明显降低的趋势,在第 7 天达到最低。这是因为在前 3 天时,随着培养时间的增加,鸟粪石晶种生长较快,生成了许多小颗粒状鸟粪石;而当培养时间大于 4 天时,生成的颗粒体积逐渐增大,在生长区出现了部分颗粒结块的现象,导致流化作用不畅,使

鸟粪石的生长速率有所降低。沉淀区粉末体积随培养时间的延长增加较快,在第5天后,每天粉末增长体积都在 550 cm³ 以上,给反应器运行维护增加了困难。

表 3-6 污泥脱水液不同培养时间下的鸟粪石生长情况

培养天数/d	晶体生长速/(cm³/h)	沉淀区粉末体积/(cm³)
1	18.2	245.5
2	13.2	152.7
3	23.2	229.0
4	21.3	245.1
5	16.5	395.8
6	19.8	661.6
7	12.8	593.8
8	18.9	551.4

在培养时间为 4 天、6 天和 8 天时,分别在收集区取部分颗粒测量其粒径和纯度,随着培养时间的增加,鸟粪石颗粒的平均粒径逐渐增大,从 1.41 mm 增至 1.63 mm,最大粒径为 2~3.2 mm。生成的鸟粪石纯度都较高,均在 94% 以上。

3) 培养时间对鸟粪石颗粒形貌的影响

污泥脱水液在不同培养时间下收获的鸟粪石 SEM 图如图 3-24 所示。当培养时间为 4 天时,生成的鸟粪石为规则的圆球形,但表面存在一些空隙;随着培养时间的延长,颗粒形状变得不规则,表面的空隙进一步增大,但大空隙之外的表面小空隙消失、变得密实。将培养 8 天的鸟粪石颗粒从中切开,从其切面的 SEM[见图 3-24(d)]可以看到:鸟粪石从晶核到表面的层状结构清晰可见,说明投加鸟粪石晶种后,颗粒是在晶种表面以层状方式逐渐生长的,使鸟粪石的颗粒直径不断增大;颗粒表面的层状结构变得不明显,主要是由于污泥脱水液中的杂质如 SS、共沉淀物等不断聚集,无法形成较规则的层状结构。

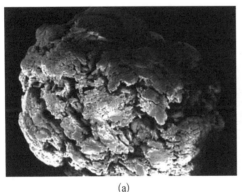 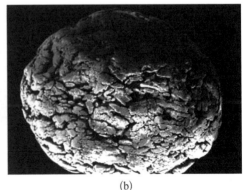

(a)　　　　　　　　　　　　　(b)

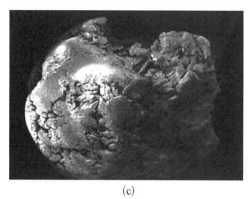 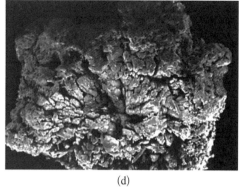

(c)　　　　　　　　　　　　　　　(d)

图 3 - 24　不同培养时间下收获的鸟粪石颗粒 SEM 图

(a) 培养 4 d,45 倍;(b) 培养 6 d,38 倍;(c) 培养 8 d,38 倍;(d) 培养 8 d 时颗粒切面,43 倍

3.4.6　TSS 对鸟粪石结晶成粒的影响

1) TSS 浓度对 NH_4^+-N、$PO_4^{3-}-P$、Mg^{2+} 去除率的影响

随着 TSS 浓度的增大,$PO_4^{3-}-P$ 和 NH_4^+-N 的去除率不断下降(见图 3 - 25)。可能的原因是悬浮固体的存在使离子间相互碰撞的概率降低,不利于离子在晶核上的吸附。另外,部分悬浮固体附着在颗粒表面阻碍了鸟粪石形成,从而导致去除率降低。Mg^{2+} 的去除率较稳定,并没有随着 TSS 浓度的增高而降低,平均去除率为 73.5%,可能是由于污泥脱水液本身性质复杂,含有的杂质离子较多,且由于反应 pH 值为碱性,会与 Mg^{2+} 形成沉淀而将其去除,如生成水镁石[$Mg(OH)_2$]等。

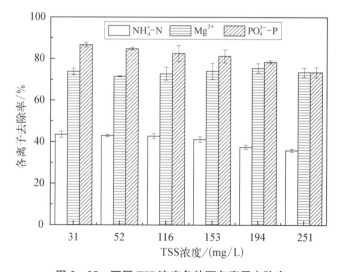

图 3 - 25　不同 TSS 浓度条件下各离子去除率

2）TSS 浓度对鸟粪石粒径和纯度的影响

不同 TSS 浓度条件下生成的鸟粪石平均粒径和纯度如图 3 - 26 所示，颗粒纯度最高可达 94.7%，平均粒径最大为 1.41 mm。随着 TSS 浓度的升高，鸟粪石的平均粒径和纯度不断下降。当 TSS 浓度为 31～153 mg/L 时，生成的鸟粪石颗粒平均粒径缓慢降低，纯度均在 80% 以上；而当 TSS 浓度大于 153 mg/L 时，鸟粪石颗粒的平均粒径减小较快，纯度也较低，均低于 80%。在反应器运行上，TSS 浓度高时，反应器生长区上部出现了悬浮固体与鸟粪石颗粒黏连成块的现象，严重影响了颗粒生长和反应器的流化作用，致使鸟粪石的平均粒径显著降低。

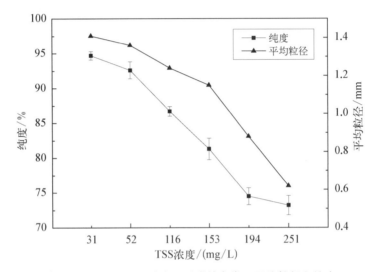

图 3 - 26 不同 TSS 浓度下形成的鸟粪石平均粒径和纯度

随着 TSS 浓度的升高，晶体总生长速率提高，但鸟粪石的平均粒径随 TSS 浓度的提高而减小。当 TSS 浓度为 31～116 mg/L 时，生成的颗粒最大粒径为 2～3.2 mm，而当 TSS 浓度为 153～251 mg/L，最大颗粒粒径为 1.43～2 mm。

3）TSS 浓度对鸟粪石颗粒形貌的影响

反应器进水条件的差异会对鸟粪石产物的形貌产生一定的影响，不同 TSS 浓度条件下收获的鸟粪石颗粒的 SEM 图如图 3 - 27 所示。对比不同 TSS 浓度下形成的颗粒外貌可以看出：当 TSS 浓度为 0 时，生成的鸟粪石为规则的圆球形，表面光滑，且颗粒比较密实；当有悬浮固体存在且浓度较低（31 mg/L）时，生成的鸟粪石仍为较为规则的圆球状，但表面出现许多空隙；随着 TSS 浓度的进一步增大（116 mg/L），鸟粪石颗粒表面的空隙逐渐变大，颗粒表面变得较为粗糙；当 TSS 浓度较高（194 mg/L）时，生成的鸟粪石颗粒内部空隙很大，颗粒整体变得非常不密实。这是因为，当 TSS 存在于进水时，会在连续 4 天的反应器运行中随之卷扫进鸟粪石内部或吸附在颗粒表面,TSS 浓度越高,进入鸟粪石颗粒的杂质就越多,阻碍了 $NH_4^+ - N$、$PO_4^{3-} - P$、Mg^{2+} 的有效接触,不利于鸟粪石的生成;且因为悬浮固体的吸附性较差,当过多的杂质固体进入颗粒内部后,此部分的构晶离子无法进行沉淀反应,导致颗粒表面一些区域的空隙进一步增大。因此,随着 TSS 浓度的增大,颗粒形状越来越不规则,且表面空隙增多、颗粒变得不密实。

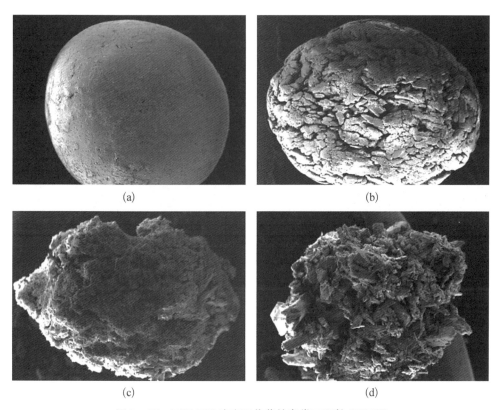

(a)　　　　　　　　　　　　　(b)

(c)　　　　　　　　　　　　　(d)

图 3 - 27　不同 TSS 浓度下收获的鸟粪石颗粒 SEM 图

(a) TSS 浓度为 0 mg/L,25 倍;(b) TSS 浓度为 31 mg/L,45 倍;
(c) TSS 浓度为 116 mg/L,48 倍;(d) TSS 浓度为 194 mg/L,40 倍

在不同 TSS 浓度下收获的鸟粪石颗粒放大 250 倍的晶体形貌如图 3 - 28 所示。从图中可以看出,鸟粪石晶体为斜方晶结构。然而,随着 TSS 浓度的增大,形成鸟粪石颗粒的晶体逐渐变短变小,晶体除了棒状晶体外出现了许多小颗粒状晶体。这是因为较多的悬浮固体阻碍了鸟粪石中棒状晶体的形成,且 TSS 浓度高时增加了晶体间的摩擦碰撞,使部分棒状晶体断裂,从而产生了许多小颗粒状晶体。

综上所述,高浓度 TSS(不小于 153 mg/L)不利于鸟粪石的生成和反应器的运

(a)　　　　　　　　　　　　　　　　(b)

(c)　　　　　　　　　　　　　　　　(d)

图 3 - 28　不同 TSS 浓度下收获的鸟粪石颗粒 SEM 图

(a) TSS 浓度为 0 mg/L,250 倍;(b) TSS 浓度为 31 mg/L,250 倍;
(c) TSS 浓度为 116 mg/L,250 倍;(d) TSS 浓度为 194 mg/L,250 倍

行,生成的鸟粪石纯度较低、粒径较小,且颗粒变得不规则、内部不密实、晶型逐渐变短变小,因此,在处理实际污水时,对于较高浓度 TSS 的进水需要预先将悬浮固体部分去除,以保障鸟粪石的顺利生成和反应器的正常运行。

3.4.7　磷浓度对鸟粪石结晶成粒的影响

1) 磷浓度对 $NH_4^+ - N$、$PO_4^{3-} - P$、Mg^{2+} 去除率的影响

污泥脱水液在不同磷浓度条件下的 $PO_4^{3-} - P$、$NH_4^+ - N$ 和 Mg^{2+} 的去除率如图 3 - 29 所示。当污泥脱水液中磷浓度从 48 mg/L 升至 204 mg/L 时,$PO_4^{3-} - P$ 和 Mg^{2+} 的去除率都有明显上升的趋势,磷去除率从 48.3% 上升至 86.7%,镁去除率从 33.8% 上升至 75.5%;且当进水磷浓度为 48~126 mg/L 时,$PO_4^{3-} - P$ 和 Mg^{2+} 去除率上升幅度较大,而当磷浓度为 126~204 mg/L 时,两者的去除率上升缓慢。这是因为鸟粪石的形成主要取决于溶液的过饱和度,当进水磷浓度上升时,进水氨氮和镁离子浓度也相应增加,使反应器内的溶液过饱和度提高,鸟粪石生成的推动力增大,因而 $PO_4^{3-} - P$ 和 Mg^{2+} 去除率也增大。当进水磷浓度为

$48 \sim 126$ mg/L 时,溶液过饱和度增加较快,而当磷浓度为 $126 \sim 204$ mg/L 时,溶液过饱和度的增加幅度有所减缓,导致了 $PO_4^{3-} - P$ 和 Mg^{2+} 去除率变化在磷浓度较高时趋于平坦。

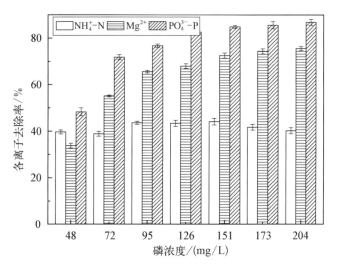

图 3 - 29　污泥脱水液在不同磷浓度条件下各离子去除率

2) 磷浓度对鸟粪石生长的影响

污泥脱水液在不同磷浓度条件下收获的鸟粪石组分如图 3 - 30 所示。随着进水磷浓度的升高,鸟粪石的纯度不断提高,在进水磷浓度为 48 mg/L 时,鸟粪石纯度仅为 41.1%;而在磷浓度升至 95 mg/L 过程中,生成的鸟粪石颗粒纯度迅速增

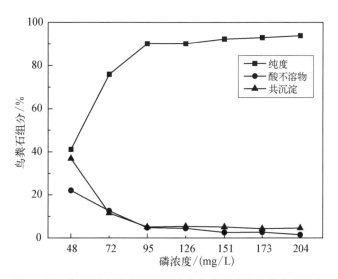

图 3 - 30　污泥脱水液在不同磷浓度条件下收获的鸟粪石组分

大,当磷浓度不小于 95 mg/L 时,收获的颗粒纯度均在 90% 以上。这是因为当磷浓度较低时有较多的共沉淀物生成:在磷浓度为 48 mg/L 时,共沉淀物的含量为 36.9%,而随着进水磷浓度的增大,共沉淀的比例逐渐下降,在磷浓度为 175 mg/L 时达到最低值 4.3%。另外,随着进水磷浓度升高,颗粒中的酸不溶物含量不断降低,酸不溶物主要为悬浮固体,即低磷浓度时有较多的悬浮杂质沉积,当磷浓度为 48 mg/L 时,酸不溶物的最高含量为 22%,导致了低磷浓度时鸟粪石纯度的进一步降低。在磷浓度升至 95 mg/L 后,酸不溶物的含量均小于 5%,生成的产物品质较好。

由于磷浓度上升使溶液过饱和度提高,鸟粪石的生成推动力增大,且颗粒中酸不溶物减少,有利于颗粒的形成,使生长区的鸟粪石体积生长速率升高,从而生成的颗粒平均粒径也增大。污泥脱水液在不同磷浓度条件下粒径、过饱和度及生长区体积生长率变化趋势如图 3-31 所示。

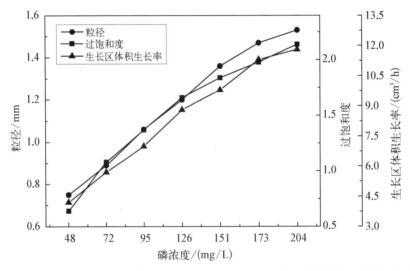

图 3-31　污泥脱水液在不同磷浓度条件下粒径、过饱和度及生长区体积生长率变化趋势

3) 磷浓度对鸟粪石颗粒形貌的影响

在不同磷浓度条件下生成的鸟粪石表面形貌变化如图 3-32 所示。当磷浓度为 72 mg/L 时,收获的鸟粪石形状不规则,可以看到较大的棒状晶体,但排列比较松散;随着进水磷浓度的增加,生成的颗粒形状更加规则,且表面变得密实;当磷浓度为 204 mg/L 时,生成的鸟粪石为规则的圆球状,晶型排列紧密。

将磷浓度为 151 mg/L 条件下收获的鸟粪石颗粒放大 1 000 倍可以看到:颗粒内部的棒状晶体形状规则,但表面存在一些附着物,可能是生成的其他杂质沉淀或进水中有机物的黏附。

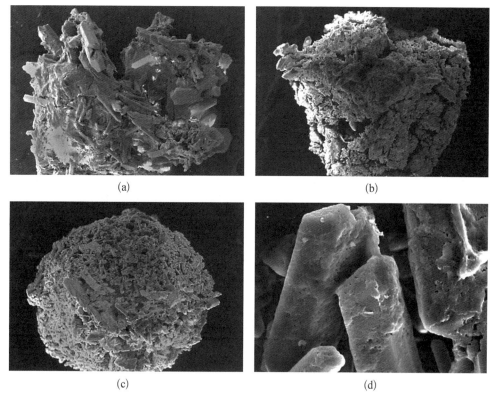

图 3 - 32　在不同磷浓度下收获的鸟粪石颗粒 SEM 图

（a）磷浓度为 72 mg/L，49 倍;（b）磷浓度为 151 mg/L，50 倍;
（c）磷浓度为 204 mg/L，53 倍;（d）磷浓度为 151 mg/L，1 000 倍

3.4.8　污泥脱水液形成的鸟粪石组分探究

1）鸟粪石颗粒中共沉淀物研究

由于实际废水中组分复杂,回收生成鸟粪石共沉淀物的研究比较困难。为了克服此困难,采用颗粒溶解后组分分析、PHREEQC 软件预测可能的沉淀组分、拉曼光谱分析以及 EDX 元素分析相结合的方法研究污泥脱水液生成的鸟粪石共沉淀物。

（1）溶解后的鸟粪石组分分析。将鸟粪石颗粒溶解后测定其中的组分发现,Ca^{2+} 和 TOC 在每次试验中均测出,说明有钙沉淀物以及有机物存在于颗粒中。随着进水磷浓度的增加,颗粒中的 $NH_4^+ - N$,$PO_4^{3-} - P$ 和 Mg^{2+} 的含量不断增加,即生成的鸟粪石品质不断提高;与之相反,Ca^{2+} 的含量不断降低。当磷浓度为 48 mg/L 时,Ca^{2+} 的浓度为 43.2 mg/L,说明生成的钙共沉淀物较多,随着磷浓度的增加,钙沉淀量逐渐减少，当磷浓度大于 95 mg/L 时，Ca^{2+} 的浓度均小于 10 mg/L。钙沉淀量的变化也是在高磷浓度下鸟粪石纯度较高的主要原因。

（2）采用 PHREEQC 软件预测可能的共沉淀组分。不同磷浓度下 PHREEQC 软件测到的五种沉淀的 SI 值如图 3-33 所示。在 11 种可能生成的沉淀中，无定形磷酸钙、水镁石、磷酸镁和碳酸钙这四种共沉淀的 SI 值大于 0，即可能会与鸟粪石共同形成在颗粒中。不同磷浓度条件下各沉淀的 SI 值不同，从 SI 值的变化趋势中可以将这五种沉淀分为三组：随着磷浓度增加，鸟粪石和磷酸镁的 SI 值迅速增大；ACP 和水镁石的 SI 值缓慢增加；而碳酸钙的 SI 值逐渐降低。当 SI 值小于 0.5 时，沉淀生成潜能很小[12]。从图中可以看出：在进水磷浓度大于 100 mg/L 时，$CaCO_3$ 沉淀的 SI 值降至 0.5 以下，因此可以推测，在磷浓度大于 100 mg/L 时，$CaCO_3$ 可能不会形成在颗粒中。

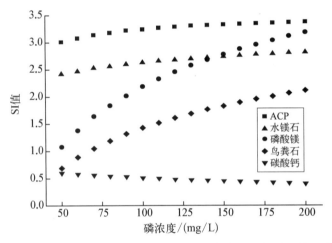

图 3-33　五种沉淀（ACP、水镁石、磷酸镁、鸟粪石、碳酸钙）的 SI 值

PHREEQC 软件模拟的结果表明，随着进水磷浓度的增大，可以极大地提高鸟粪石和磷酸镁的生成潜能，对 ACP 和水镁石生成潜能的提高不明显，并会抑制 $CaCO_3$ 的形成。因此，在较高的磷浓度下，鸟粪石的纯度增加，而钙沉淀量明显降低，与颗粒溶解后的数据相符。

（3）鸟粪石颗粒的拉曼光谱分析。鸟粪石晶体具有四个拉曼振动峰，分别为 950 cm^{-1}（$-PO_4$ 对称伸缩）、565 cm^{-1}（$-PO_4$ 反对称伸缩）、1 440 cm^{-1}（$-NH_4-v_4$ 伸缩振动）、1 700 cm^{-1}（$-NH_4-v_2$ 伸缩振动）；水镁石的拉曼振动峰为 278 cm^{-1}、443 cm^{-1}、1 085 cm^{-1}；碳酸钙的振动峰为 283 cm^{-1}、713 cm^{-1} 和 1 086 cm^{-1}；磷酸镁的振动峰位置为 445 cm^{-1}、743 cm^{-1} 和 973 cm^{-1}。

在进水磷浓度为 48 mg/L 时生成的鸟粪石颗粒的拉曼光谱图如图 3-34 所

示。从图中可以看出,存在的鸟粪石振动峰为 566 cm^{-1}、958 cm^{-1}、1 446 cm^{-1}、1 710 cm^{-1},但是与鸟粪石的标准振动峰相比存在一些偏移。振动峰 280 cm^{-1}、715 cm^{-1}、1 090 cm^{-1} 为碳酸钙的拉曼振动峰,说明颗粒中除鸟粪石外还形成了碳酸钙。- PO_4 有 v_1、v_2、v_4 三个拉曼振动主峰,其振动位置分别是 950 cm^{-1}、435 cm^{-1} 和 565 cm^{-1}[13],振动峰 v_3 非常弱,因此在拉曼振动中可以暂不考虑。磷酸盐的振动一般在 - PO_4 振动周围,即 - PO_4 拉曼振动峰的偏移可以证明磷酸盐的存在[14]。图 3 - 34 中 460 cm^{-1}、755 cm^{-1} 和 997 cm^{-1} 这三个峰可以说明磷酸镁的存在,但是其峰位置与纯净磷酸镁的标准峰值不完全匹配,v_2(- PO_4)从 435 cm^{-1} 偏移至 423 cm^{-1} 和 460 cm^{-1},v_4(- PO_4)从 565 cm^{-1} 偏移至 540 cm^{-1} 和 486 cm^{-1},可以说明除了磷酸镁外还有其他磷沉淀。由于溶解颗粒中存在较高浓度的 Ca^{2+},且 PHREEQC 软件预测可能的沉淀物中也有钙沉淀,说明 ACP 也与鸟粪石共沉淀。最终得出:在进水磷浓度为 48 mg/L 时,与鸟粪石的共沉淀物为碳酸钙、磷酸镁和 ACP。

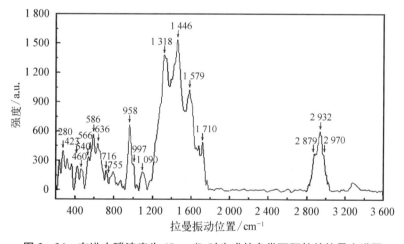

图 3 - 34　在进水磷浓度为 48 mg/L 时生成的鸟粪石颗粒的拉曼光谱图

在进水磷浓度为 151 mg/L 时生成的鸟粪石颗粒的拉曼光谱图如图 3 - 35 所示。与图 3 - 34 相比,图 3 - 35 中的振动峰明显减少,说明当磷浓度为 151 mg/L 时的共沉淀物少于磷浓度为 48 mg/L 时。图 3 - 35 中鸟粪石的振动峰 563 cm^{-1}、943 cm^{-1}、1 447 cm^{-1}、1 697 cm^{-1} 非常明显,为振动主峰,说明在磷浓度为 151 mg/L 时主要生成了鸟粪石,其他共沉淀物较少。在 282 cm^{-1}、445 cm^{-1}、1 083 cm^{-1} 这三个振动峰与水镁石的峰位置匹配,表明了颗粒中存在共沉淀物水镁石。另外,- PO_4 振动峰 v_2 从 435 cm^{-1} 偏移至 475 cm^{-1},可以说明颗粒中有 ACP 生成。即在进水磷浓度为 151 mg/L 时,鸟粪石的主要共沉淀物为水镁石和 ACP。

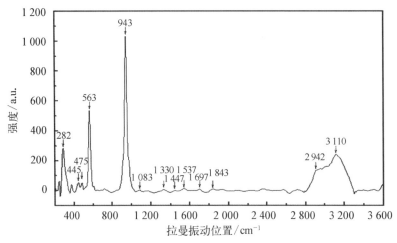

图 3 - 35　在进水磷浓度为 151 mg/L 时生成的鸟粪石颗粒的拉曼光谱图

（4）鸟粪石颗粒的 EDX 元素分析。为了辅助验证拉曼光谱结果，对在进水磷浓度为 48 mg/L 和 151 mg/L 条件下生成的鸟粪石颗粒进行了 EDX 元素分析，其图谱及各元素含量数据如图 3 - 36 和表 3 - 7 所示。从图 3 - 36 中可以看出，颗粒中的主要元素为 C、O、Mg、P 和 Ca。在进水磷浓度为 48 mg/L 时，颗粒中磷镁原子比为 1.64（见表 3 - 7），对比纯净的鸟粪石中各离子的摩尔比（N∶P∶Mg＝1∶1∶1），说明有一大部分磷形成了除鸟粪石外的其他沉淀，如磷酸镁、ACP 等；在进水磷浓度为 151 mg/L 时，原子比 P∶Mg＝0.87，即镁原子过量，表明了颗粒中存在其他镁沉淀，如水镁石。

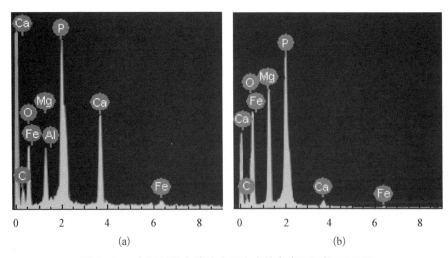

图 3 - 36　在不同进水磷浓度下生成的鸟粪石颗粒 EDX 图

（a）进水磷浓度为 48 mg/L；（b）进水磷浓度为 151 mg/L

表 3-7　在不同进水磷浓度下生成的鸟粪石元素含量

元素	磷浓度为 48 mg/L		磷浓度为 151 mg/L	
	质量百分比/%	原子百分比/%	质量百分比/%	原子百分比/%
C	29.41	42.25	11.65	17.71
O	37.53	40.61	47.94	55.49
Mg	5.41	3.87	18.14	13.89
P	11.31	6.35	20.16	12.11
Ca	13.76	5.97	1.43	0.66
Fe	2.12	0.66	0.68	0.14
Al	0.46	0.29	0.00	0.00
总量	100.00	100.00	100.00	100.00

综上所述,通过拉曼光谱、结合 PHREEQC 软件及 EDX 分析得出在不同磷浓度条件下的共沉淀物存在较大差异:当进水磷浓度为 48 mg/L 时,有较多的 ACP 和磷酸镁与鸟粪石共沉淀;当进水磷浓度为 151 mg/L 时,有少量的 ACP 及水镁石共沉淀。进水磷浓度较高(大于 100 mg/L)有利于提高鸟粪石的生成潜能,抑制钙沉淀的形成。

2) 污泥脱水液和鸟粪石颗粒中有机物分析

污泥脱水液为生活污水经生物处理后的剩余活性污泥上清液,其中含有一些有机物。在鸟粪石结晶成粒过程中,一些有机物可能会进入颗粒,因此需要对污泥脱水液和鸟粪石颗粒中的有机物进行具体的种类研究。

对脱水液中有机物来源进行分析时发现其中含有较多的长链烷烃类有机物,可能是由于市政污水中含有的石油和柴油成分所致(见表 3-8)。部分有机物的来源十分复杂,如苯甲醇主要应用于防腐剂、香料、染料、医药等;乙基己醇通常是用于生产增塑剂、消泡剂、分散剂、颜料和染料;吲哚类和喹啉类在染料、颜料和防腐剂中出现;28-去甲-17.α.(H)-何帕烷是一种中药成分。总体而言,脱水液中的有机物主要来自各类生活用品,如增味剂、精油、胶黏剂、发乳剂、油漆、药物、杀菌剂、防腐剂、香料和染料等。

表 3-8　污泥脱水液中的有机物种类及其检出率

种类	物质名称	检出率/%[①]	种类	物质名称	检出率/%
烷烃类	十二烷	17	烷烃类	十九烷	17
	十六烷	17		二十烷	50
	十七烷	67		二十一烷	33
	十八烷	33		二十四烷	17

（续表）

种类	物 质 名 称	检出率/%	种类	物 质 名 称	检出率/%
烷烃类	2-甲基-二十四烷	17	醛类	乙醛	17
	二十六烷	17		香茅醛	33
	二十七烷	33	苯的衍生物	苯酚	50
	2-甲基-二十八烷	17		对甲苯酚	50
	三十一烷	17		苯乙酸	17
	三十四烷	17		2,6-二甲基苯酯异氰酸	17
	四十四烷	33		苯甲醇	67
	28-去甲-17.α.(H)-何帕烷	17		邻甲基苯异氰酸酯	17
				4-羟基-3-叔丁基-苯甲醚	17
酰胺类	环丙酰胺	17		对羟基苯甲醚	17
	N-乙基丙酰胺	17		2,4-二(1,1-二甲基乙基)-苯酚	17
	环丙酰胺 N-1-氰基-1-甲基乙基-异丁酰胺	50	吲哚类	4-甲基-2,3-二氢-吲哚	17
	2-亚甲基-丁二酰胺	17		1H-吲哚-2-羧酸,6-(4-乙氧苯基)-3-甲基-4-羰基-4,5,6,7-四氢-,异丙基酯	17
	N,N-二甲基丙酰胺	17			
腈类	2,2-偶氮-2-甲基丙腈	17		2,3-二氢-N-羟基-4-甲氧基-3,3-二甲基-2-酮-吲哚	17
哒嗪类	3-甲基哒嗪	17			
吡嗪类	2-甲氧基-3-甲基吡嗪	17		2-吲哚酮	17
菲类	1-甲基菲	33		1H-吲哚-5-醇	17
吖啶类	2-乙基吖啶酮	17		1-甲基-2-苯基-1H-吲哚	
酸类	三甲基丁酸	17			
醇类	2,2-二甲基-1,3-二噁戊环-4-甲醇	33	喹啉类	6-酮-十二氢吡啶并异喹啉	33
	乙基己醇	17		2,4-二甲基苯并喹啉	17
	2-十二烷氧基-乙醇	17			
酮类	4-羟基-4-甲基-2-戊酮	67	吡啶类	1-甲基-4-[4,5-二羟基苯基]-六氢吡啶	33
	2-甲基-4-庚酮	17			

注：① 有机物在 6 个污泥脱水液样品中的检出频率。

试验通过测试鸟粪石颗粒中的有机物含量，得出其有机物质量百分比均小于1%，即在颗粒中有机物含量较少，但由于生物积累和环境富集作用，其中的有机物仍需要进行详细探索，以避免产生二次污染。

在对 6 次试验生成的鸟粪石颗粒 GC－MS 分析中,测得的 32 种有机物种类及检出率如表 3－9 所示。这些有机物可总结分为 8 类,为烷烃类、醇类、酮类、苯的衍生物、吡啶类、喹啉类、吲哚类、吖啶类,检出率为 17%～50%。对比鸟粪石颗粒中的有机物和污泥脱水液中的有机物可以看出,大部分物质都能够较好匹配,因此可以得出结论:鸟粪石中的有机物来自污泥脱水液中。然而,颗粒中的有机物数量和种类大大少于进水中的有机物,即不是所有的有机物都形成在了颗粒中。推测有机物可能是通过吸附、卷扫等作用进入颗粒内部的。

表 3－9　鸟粪石颗粒中的有机物种类及检出率

种类	物 质 名 称	检出率/%[①]	种类	物 质 名 称	检出率/%
烷烃类	2,6-二甲基癸烷	17	醇类	2-[十二烷氧基]-乙醇	34
	十二烷	17		2,2-二甲基-1,3-二噁戊环-4-甲醇	34
	十五烷	17	酮类	4-羟基-4-甲基-2-戊酮	34
	十七烷	17	苯的衍生物	4-乙氧基-乙基酯苯甲酸	17
	十八烷	17		二叔丁基对甲酚	17
	二十烷	17		2,4-二(1,1-二甲基乙基)-苯酚	17
	2-甲基-二十四烷	17		6-酮-十二氢吡啶并异喹啉	17
	二十七烷	34			
	二十八烷	17			
	三十一烷	17	吲哚类	2-甲基-7-苯基吲哚	17
	四十四烷	17		5-甲基-2-苯基-吲哚	17
	28-去甲-17.α.(H)-何帕烷	17		1H-吲哚-2-羧酸,6-(4-乙氧苯基)-3-甲基-4-羰基-4,5,6,7-四氢-,异丙基酯	17
吡啶类	1-甲基-4-[4,5-二羟基苯基]-六氢吡啶	34		1-甲基-2-苯基-1H-吲哚	17
喹啉类	6-酮-十二氢吡啶并异喹啉	34		吲哚-2-酮,2,3-二氢-N-羟基-4-甲氧基-3,3-二甲基	34
	2,4-二甲基苯并喹啉	17			
	4-苯基-3,4-二氢异喹啉	17			
醇类	二十七烷醇	17	吖啶类	2-乙基吖啶	50
	乙基己醇	17			
	2-甲基-2-乙基十三醇	17			

注:① 有机物在 6 次试验生成的鸟粪石颗粒样品中的检出频率。

3.4.9 悬浮固体对有机物迁移的影响分析

污泥脱水液中的悬浮固体会影响有机物进入鸟粪石颗粒中,因此对高浓度 TSS 条件(121 mg/L)下和低浓度 TSS 条件(31 mg/L)下生成的鸟粪石颗粒分别进行 GC - MS 分析(见表 3 - 10),发现当 TSS 浓度为 121 mg/L 时存在许多峰,而当 TSS 浓度为 31 mg/L 时产物峰较少,且强度均较低,说明高浓度 TSS 生成的颗粒中有机物组分较为复杂,且量较多。进一步分析具体的有机物种类时发现:当 TSS 浓度较高(121 mg/L)时,检测出了 17 种有机物;在低浓度 TSS(31 mg/L)下只检测到 5 种有机物。因此,进水中的有机物主要是吸附在悬浮固体上进入鸟粪石颗粒,从而降低了鸟粪石品质。

表 3 - 10 不同 TSS 浓度下生成的鸟粪石颗粒中有机物种类

高浓度 TSS 下的有机物种类 (121 mg/L)	低浓度 TSS 下的有机物 种类(31 mg/L)	高 TSS/低 TSS 的峰面积[①]
(1) 4 -羟基- 4 -甲基- 2 -戊酮	(1) 4 -羟基- 4 -甲基- 2 -戊酮	2.3
(2) 2,2 -二甲基- 1,3 -二噁戊环- 4 -甲醇		
(3) 乙基己醇		
(4) 十二烷		
(5) 二叔丁基对甲酚		
(6) 4 -乙氧基-乙基酯苯甲酸		
(7) 三十一烷		
(8) 三十四烷		
(9) 四十四烷		
(10) 二十七烷		
(11) 1 -二十七烷醇		
(12) 二十烷	(2) 二十烷	3.2
(13) 十七烷	(3) 十七烷	3.9
(14) 28 -去甲- 17.α.(H)-何帕烷		
(15) 1 -甲基- 2 -苯基- 1H -吲哚		
(16) 6 -酮-十二氢吡啶并异喹啉		
(17) 1 -甲基- 4 -[4,5 -二羟基苯基]-六氢吡啶		
	(4) 2 -乙基吖啶	
	(5) 2,4 -二(1,1 -二甲基乙基)-苯酚	

注: ① 高浓度 TSS(121 mg/L)下与低浓度 TSS(31 mg/L)下的有机物在 GC - MS 测试中的峰面积之比。

高浓度 TSS 与低浓度 TSS 下的十七烷、二十烷和 4-羟基-4-甲基-2-戊酮的峰面积之比分别为 3.9、3.2 和 2.3,即悬浮固体较多时在鸟粪石颗粒中的溶解性有机物量也较多,证明有机物确实是通过 SS 的吸附和裹挟进入颗粒的。因此,如果在进行鸟粪石法磷回收之前预先将 SS 通过过滤或离心的方式除去,有利于生成高品质鸟粪石颗粒。

3.4.10 鸟粪石颗粒中重金属分析

重金属主要包括铜、铅、锌、锡、镍、钴、锑、汞、镉、铋、铬和砷等。其中对人体毒害最大的有 5 种,分别是铅、汞、铬、砷、镉,这些重金属在水中不能被分解,人饮用后会在人体某些器官内积累,从而造成慢性中毒,危害人体健康。因此,对鸟粪石颗粒中有毒有害重金属的含量测定是十分必要的。

生成的鸟粪石产物中重金属含量(测试的最大值)如表 3-11 所示:产物中重金属的含量很小,铬、镉和汞都未检测出,砷和铅的质量分数也很小,符合国家对化肥中重金属含量的规定。

表 3-11 肥料中重金属的限值(GB/T 23349—2009)以及
生成的鸟粪石产物中重金属含量对比
单位:%

元　素	限　值	产物值
As	0.005 0	0.001 2
Cd	0.001 0	n. d.
Pb	0.020 0	0.008 0
Cr	0.050 0	n. d.
Hg	0.000 5	n. d.

注:n. d. 未检出。

3.5 鸟粪石结晶反应器的流态模拟

计算流体力学(computational fluid dynamics,CFD)系列软件中的 FLUENT 流体力学模拟软件可对鸟粪石结晶流化床反应器的流态进行模拟,辅助研究流化床反应器中的固液流态以及鸟粪石颗粒的分布情况。采用该软件可对反应器进行优化,提高鸟粪石的品质,降低鸟粪石结晶法的处理成本。目前,采用 CFD 模拟技术分析流化床内两相甚至三相复杂体系的非线性流体动力学特征已得到普遍的认同和广泛的研究。

FLUENT 软件因其适应能力强、计算模拟功能广等优点广泛应用于各种不同

流场的研究,主要功能如下:

(1) 构筑物或反应器设计的优化,如克服短流、死区等缺陷以提高水力效率。利用 FLUENT 软件精确确定反应器的尺寸和效率,通过优化反应器结构减小短流和死区。

(2) 为反应器的工业化扩大提供参考依据。通过 CFD 方法研究导流筒浆态连续结晶器的流体动力学扩大问题时发现,典型的扩大因子与理想状态相差较大,完全的几何相似方法在固-液两相流的反应器扩大问题上并不适用,恒定主循环时间(PCT)是结合流体力学特性的重要依据,要尽量保证反应器 PCT 的一致性。

(3) 构筑物或反应器内各参数分布情况,如模拟速度分布场、浓度分布场等。采用 FLUENT 对鸟粪石流化床反应器进行流体力学模拟发现,改变反应器沉淀区下部倾角(由 0°改为 45°、60°、75°)和回流液入口分布(由单侧回流改为双侧回流)会显著影响反应器内的流态分布。随着沉淀区下部倾角的增大,颗粒沉积现象得到明显的缓解,涡流尺度减小。改变回流液入口分布后,进水区截面流速具有良好的稳定性和均匀性,涡流消失。倾角为 75°、双侧回流的反应器,此时沉淀区不存在颗粒沉积现象,且进水区流速均匀,流态稳定,但生长区的平均流速有小幅度的波动,且生长区的颗粒悬浮状态仍为完全悬浮。

理想的鸟粪石结晶成粒流化床反应器流态既要使得溶液充分混合促进传质,又要减少晶体间的摩擦创造晶体生长的良好条件。描述反应器水力效率的重要指标是反应器内的颗粒浓度分布,而引起颗粒浓度不均匀分布最关键的流态结构是涡流。反应器的扩大有利于减少生长区边壁处的涡流,使颗粒分布更为均匀,颗粒悬浮状态由完全悬浮过渡至均匀悬浮,采用流体力学软件可较好地对液体式流化床反应器的扩大化进行模拟,推进鸟粪石磷回收技术的工程应用。此外,对中试鸟粪石结晶反应器优化前后进行模拟对比,优化内容包括调整进水口的直径与流速、增加生长区高度、改变生长区与沉淀区倾角等。优化后反应器收集区、生长区的上下水力分级十分明显,截面流速明显更加均匀,进水区流态更加稳定,且能形成一定的水力分级。

3.6　鸟粪石结晶法应用的工程实例

目前,鸟粪石结晶技术回收废水中磷资源已成功进行了工业化应用,尤其是在国外已有不少工程实例,在国内也已进行了中试应用。

3.6.1　日本鸟粪石回收实例

日本尤尼吉可株式会社研制的从厌氧消化污泥上清液中回收颗粒鸟粪石同

时脱氮除磷的空气搅拌流化床反应器如图 3-37 所示。该社已积累多年的运行管理经验,并获得了可观的经济效益。Unitika-Phosnix 是一项从污泥消化上清液中回收颗粒鸟粪石的技术,该反应过程中,待处理的厌氧消化液从流化床底部进入反应器,在反应器内部与外加的 Mg^{2+} 充分混合,达到反应所需的 Mg^{2+} : PO_4^{3-} : NH_4^+ 的比值,同时外加 NaOH 溶液保证反应所需的碱度。反应器底部设置曝气装置,利用空气扰动增加溶液的湍流强度,保证溶液完全混合,并为颗粒提供上升力。随着反应进行,颗粒逐渐增大,最终克服上升流的作用下沉至反应器底部。

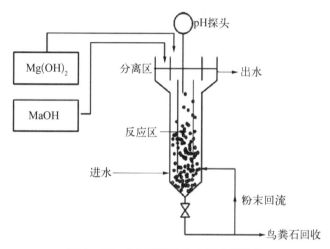

图 3-37　空气搅拌流化床反应器结构

　　基于 Unitika-Phosnix 原理而建成的流化床反应器实例很多,如福冈市西部污水处理中心鸟粪石回收装置以及岛根县(Shimane)污水处理厂磷回收装置。

　　福冈市西部污水处理中心在 1997 年 7 月开始进行磷回收。污泥经过机械脱水产生的大量上清液经过滤后,通过计量泵抽到鸟粪石结晶反应器中进行成核结晶。结晶反应器部分出水经循环泵重新循环到反应器底部成核区继续进行结晶反应。结晶反应器底部采用微孔曝气以利于晶体沉淀;投加氯化镁作为镁源,诱导鸟粪石晶体的形成;通过氢氧化钠调节结晶反应器的 pH 值;回收的鸟粪石颗粒在流化床内干燥,鸟粪石进行干化脱硫后储存。对福冈市两个污水处理中心回收的鸟粪石进行组分分析,结果发现,鸟粪石中氮、磷、镁摩尔比大致为 1:1:1,且其中重金属离子含量远低于农业标准中对磷肥的要求。目前为止,该污水处理中心所回收的鸟粪石产物已全部用于化肥生产。

　　1994 年岛根县污水处理厂日处理能力为 45 000 m^3/d,污泥处理单元回流溶液中的磷负荷占进水磷负荷的 70%,导致进水磷负荷过高,出水 TP 不能达标排放。为此,污水处理厂加入聚合硫酸铁和聚合氯化铝,通过化学沉淀方法去除水中的磷,使出水 TP 能达标排放。

污泥处理后产生的干污泥含铝离子或铁离子超标而不适合用作农肥。鉴于上述原因,采用鸟粪石形式回收磷显示出了极大的优势:

(1) 通过磷回收可降低污泥消化上清液中磷浓度,可保证较低的出水磷浓度。

(2) 采用鸟粪石结晶法回收磷减少了聚合硫酸铝或聚合氯化铝等化学药剂使用量,从而可避免大量化学污泥的产生。

(3) 回收的鸟粪石可以用作缓释肥,将污水中的磷变废为宝。

该污水处理厂磷回收工艺(见图 3-38)[15]原理是消化污泥脱水滤液首先进入储存池;然后,通过计量泵向结晶反应器连续配水;使用氢氧化镁作为镁源,调节镁、磷摩尔比为 1∶1;加入氢氧化钠调节反应器溶液 pH 值为 8.2~8.8;气体混合使晶体颗粒在流化床内快速生长,鸟粪石大颗粒在反应器底部沉淀富集;间歇性地回收较大的晶体颗粒,细小鸟粪石颗粒重新循环,进入结晶反应器充当晶种。

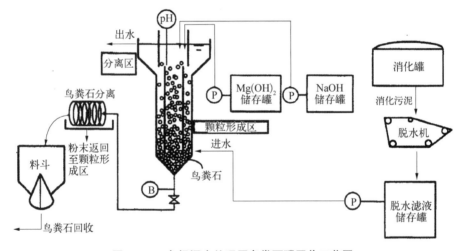

图 3-38 岛根污水处理厂鸟粪石磷回收工艺图

3.6.2 荷兰 Crystalactor® 粒丸反应器

Crystalactor® 粒丸反应器[16]是由荷兰 DHV 水务公司开发研制的一种用于水处理及废水处理的流化床结晶反应器(见图 3-39)。该处理设备的核心是在柱状反应器内填充适当数量的晶种,如砂粒或矿物粒,水或者废水由底部往上泵入反应柱内,并处于流化状态。通过调整化学试剂的加入条件及反应液的 pH 值,使目标化学组分在晶种上结晶析出,通过选择并控制最佳工艺条件,最大限度

地减少杂质的共结晶析出,保证生成高纯度的目
标晶体。随着结晶的不断析出,粒丸越来越重,并
渐渐沉到反应器底部。待反应器底部颗粒积累量
达到设定值,系统自动排出大量粒丸,同时加入新
的晶种材料。

　　目前荷兰已建成三套鸟粪石粒丸反应器[17],
用于从市政污水中回收 P 和 N,Geestmerambacht
污水处理厂便是其中之一。Geestmerambacht 污
水处理厂处理规模为 46 000 m³/d,升级改造之前出
水水质 COD 浓度为 58 mg/L;BOD 浓度为 5 mg/L;
TP 浓度为 6 mg/L;TN 浓度为 12 mg/L;SS 浓度为
19 mg/L。针对出水磷超标问题,Geestmerambacht
污水处理厂升级改造刻不容缓。对于污水处理厂
而言,为降低出水 TP 浓度,常规方法是增加处理
构筑物容积或增投化学药剂,Geestmerambacht

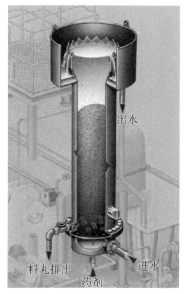

图 3-39　粒丸反应器

污水处理厂在升级改造中独树一帜,与荷兰 DHV 水务公司合作,采用生物营养去
除(BNR)工艺与 Crystalactor® 粒丸反应器结合磷回收工艺,达到了营养物去除的
目的,同时回收了鸟粪石颗粒。

3.6.3　国内鸟粪石中试应用

　　目前,国内还没有鸟粪石工程应用的实例,但已经有利用实际污水开展中试的
研究。

　　同济大学采用中试装置从污泥脱水液中回收磷资源,处理规模为 2 m³/d,装
置主要包括流化床反应器、沉淀池、pH 在线监测系统和自动加碱系统 4 部分,如
图 3-40 所示。污泥脱水液在进水区与外加氯化镁溶液迅速混合;当晶体尺寸逐
渐增大时,可以克服上升水流的作用落入反应器底部。得出鸟粪石结晶成粒技术
回收污泥脱水液($PO_4^{3-}-P\approx50$ mg/L)的最佳条件[5]:pH 值为 9.0,镁磷摩尔比
为 1.3,氮磷摩尔比为 4,培养时间 4 天。此时 $PO_4^{3-}-P$ 的去除率是 86%,生成的鸟
粪石平均粒径为 0.69 mm,纯度可达 98%,晶体晶型呈短柱状且排列规则。颗粒
中除鸟粪石外,还会生成 ACP,$Mg(OH)_2$,$CaMg(CO_3)_2$ 等极少量共沉淀物。

　　中试试验对比了初始工况和最佳工况在冬季和夏季(冬季 5℃和夏季 25℃)的
磷去除率、鸟粪石颗粒纯度及粒径的变化(见表 3-12)。在低温条件下,磷去除率
与鸟粪石纯度均有较小程度的提升,但是并不明显。这可能是由于温度降低时,鸟
粪石的溶解度降低,当温度从 25℃降低至 5℃时,鸟粪石溶度积 K_{sp} 从 14.6×10^{-14}

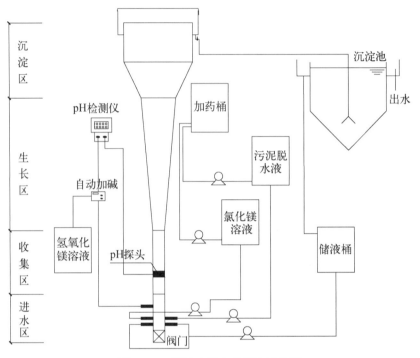

图 3-40 同济大学鸟粪石中试装置

降低至 5.42×10^{-14},而溶液的过饱和度与 K_{sp} 呈负相关,K_{sp} 减小,过饱和度上升,从而导致鸟粪石结晶推动力增大。由于污泥脱水液的温度相对稳定,因此,在实际运行状态下,温度对鸟粪石结晶反应的影响很微弱,可以忽略不计。

表 3-12 不同季节磷去除率与鸟粪石颗粒纯度及粒径的变化

温度/℃	磷去除率/%		纯度/%		粒径/mm	
	初始工况	最佳工况	初始工况	最佳工况	初始工况	最佳工况
5	87.80	87.20	95.60	98.30	0.58	0.74
25	86.95	85.75	94.90	96.90	0.56	0.74

注:初始工况为 pH=9,N:P:Mg=6:1:1.1;最佳工况为 pH=9,N:P:Mg=4:1:1.3。

西南大学利用鸟粪石结晶一体化中试装置处理并回收奶牛场沼液中的磷,组合工艺(见图 3-41)为鸟粪石结晶法-氨吹脱-悬浮式序批活性污泥法-曝气生物滤池[18],处理能力为 0.97 m³/d,装置运行 10 天后,对 TP 的去除效果基本达到排放标准,运行期间,出水正磷酸盐均维持在 3 mg/L 以内,去除效果达到 90%。实验结果表明,当进水沼液中正磷酸盐比例提高时,有助于鸟粪石结晶法的除磷效果;SS 含量降低后,结晶反应进行的更为彻底。

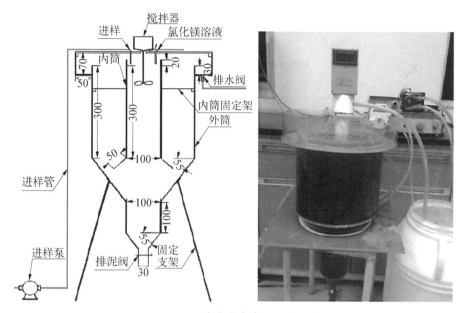

图 3 - 41　西南大学鸟粪石一体化装置

参 考 文 献

[1] Rawn A M，Banta A P，Pomeroy R. Multiple-stage sewage sludge digestion [J]. Transaction of the American Society of Civil Engineering，1939，105：93 - 132.

[2] Loewenthal R E，Kornmuller U R C，van Heerden E P. Modeling struvite precipitation in anaerobic treatment systems [J]. Water Science and Technology，1994，30(12)：107 - 122.

[3] Snoeyink V L，Jenkins D. Water Chemistry [M]. New York：John Wiley & Sons，1980：247 - 253.

[4] Kofina A N，Koutsoukos P. Spontaneous precipitation of struvite from synthetic wastewater solutions [J]. Crystal Growth and Design，2005，5(2)：489 - 496.

[5] 吴健,平倩,李咏梅.鸟粪石结晶成粒技术回收污泥液中磷的中试研究[J].中国环境科学，2017,37(3)：941 - 947.

[6] Yoshino M，Yao M. Removal and recovery of phosphate and ammonium as struvite from supernatant in anaerobic digestion [J]. Water Science and Technology，2003，48(1)：171 - 178.

[7] Stratful I，Scrimshaw M D，Lester J N. Removal of struvite to prevent problems associated with its accumulation in wastewater treatment works [J]. Water Environment Research，2004，76(5)：437 - 443.

[8] Suzuki K，Tanaka Y，Kuroda K，et al. Removal and recovery of phosphorous from swine wastewater by demonstration crystallization reactor and struvite accumulation device [J].

Bioresource Technology，2007，98(8)：1573－1678.

[9] Liu Z G，Zhao Q L，Lee D J，et al. Enhancing phosphorus recovery by a new internal recycle seeding MAP reactor [J]. Bioresource Technology，2008，99(14)：6488－6493.

[10] Ueno Y，Fujii M. Three years experience of operating and selling recovered struvite from full-scale plant [J]. Environmental Technology，2001，22(11)：1373－1381.

[11] Li Y M，Liu M Y，Yuan Z W. Struvite pellet crystallization for nutrient recovery from high-strength ammonia and phosphorus wastewater [J]. Water Science and Technology. 2013，68(6)：1300－1305.

[12] Manas A，Pocquet M，Biscans B，et al. Parameters influencing calcium phosphate precipitation in granular sludge sequencing batch reactor [J]. Chemical Engineering Science. 2012(77)：165－175.

[13] Stefov V，Šoptrajanov B，Kuzmanovski I，et al. Infrared and Raman spectra of magnesium ammonium phosphate hexahydrate (struvite) and its isomorphous analogues. Ⅲ. spectra of protiated andpartially deuterated magnesium ammonium phosphate hexahydrate [J]. Journal of Molecular Structure. 2005，752(1－3)：60－67.

[14] Paluszkiewicz C，Galka M，Kwiatek W，et al. Renal stone studies using vibrational spectroscopy and trace element analysis [J]. Biospectroscopy. 1997，3(5)：403－407.

[15] Ueno Y，Fujii M. Three years experience of operating and selling recovered struvite from full-scale plant [J]. Environmental Technology，2001，22(11)：1373－1381.

[16] Joha T,吕斌.Crystallization™粒丸反应器[J].中国给水排水,1999,15(12)：58－59.

[17] Adana A. Pilot-scale study of phosphorus recovery through struvite crystallizaticon [D]. Vancouver：University of British Columbia，2002.

[18] 李洪刚.鸟粪石结晶法对奶牛场沼液磷的回收研究[D].重庆：西南大学,2016.

第4章 城镇污水同时脱氮除磷与磷回收技术

污水厂通过采用 EBPR 的方法,将溶液中的磷元素转移到污泥中,再通过排放剩余污泥的方式来去除磷。因此,磷回收的实质是将磷从污泥中释放出来,然后使其形成可用于工业或农业的磷酸盐产物。根据对象不同,磷回收过程可以分为从污泥焚烧的灰分中回收、从污泥中回收以及从污水中回收。从污泥中回收磷主要是以排出的剩余污泥为对象,并首先需要结合污泥厌氧消化等技术手段将磷从污泥中释放出来。但是厌氧消化释放磷酸盐的过程并不稳定,特别对于采用化学沉淀法除磷的工艺。化学除磷所使用的铁、铝混凝剂与磷的结合较为紧密,即使在厌氧消化之后也难以释放出来,需要采用成本更高的湿化学法才能释放磷酸盐。而从污水中回收通常是采用侧流/旁路的方式,回收磷的同时可提高原工艺污水脱氮除磷处理的效果。因此,国内外众多学者就此展开研究,开发了许多城市污水脱氮除磷与磷回收耦合的新型工艺。

4.1 城镇污水侧流磷回收技术

从侧流回收磷往往需要以与 EBPR 工艺相结合为前提条件才能保证侧流有足够的磷可以释放。典型的城市污水处理厂基于 EBPR 系统进行侧流磷回收的工艺流程如图 4-1 所示。

4.1.1 Phostrip 工艺

图 4-1 中二级处理工艺部分如果仅仅是好氧池的话就是典型的 Phostrip 工艺流程。与传统活性污泥法相比,Phostrip 工艺在污泥回流管线上增设了厌氧释磷池和化学除磷池,释磷后的污泥重新回到曝气系统摄取磷,释磷上清液采用化学沉淀法固定。这是一种生物除磷和化学除磷相结合的工艺,其主要特点如下:① 除磷方式包括了排放富磷剩余污泥,辅以厌氧富磷污水化学沉淀,除磷效果好;② 污泥在厌氧释磷池中的停留时间为 5~20 h,释磷池上清液磷浓度一般可达到 20~50 mg/L,

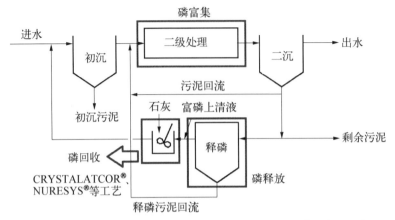

图 4-1　典型的城市污水处理厂基于 EBPR 系统进行侧流磷回收的工艺流程

且可根据磷负荷的变化,调节反应沉淀池内所加药剂量;③ Phostrip 工艺除磷效果优于 A/O、A/A/O 或 A/A/O 改进工艺,该系统的除磷效果较少受进水水质、温度、有机物负荷、剩余污泥量的影响,多数情况下出水 TP 浓度小于 1 mg/L。因此,在低温、低有机基质及以除磷为主线的情况下,采用 Phostrip 工艺是比较合适的。但 Phostrip 工艺也有不足:首先,该工艺仅除磷不脱氮;其次,淘洗水多为不含 VFAs 的石灰沉淀池上清液,较难实现磷的有效释放,且厌氧释磷时间长达 5~20 h,内源基质消耗显著。

随着近年来对磷回收研究的持续升温,Phostrip 工艺由于可以在侧流提供较高的富磷上清液而再次受到关注。一般进入侧流的 RS 比例为 15%~30%,大约可以得到磷浓度为 25~40 mg/L 的富磷上清液。由于该工艺没有单独的厌氧池用于 PAOs 释磷吸收 VFAs,所以其厌氧环境多半由 RS 的厌氧环境提供。位于意大利的 Caorle 污水厂的运行结果表明侧流磷回收对除磷有很好的促进作用,尤其是在低负荷条件下,且不易受到脱氮的影响[1];但同时由于该厂进水磷浓度较低(低峰时平均仅为 0.8 mg/L),因而侧流释磷浓度只有 9~16 mg/L。自 1970 年实用规模的 Phostrip 工艺在美国斯帕克斯应用后,越来越多的污水厂都使用了这一技术。

4.1.2　BCFS® 工艺

如果将 EBPR® 工艺厌氧池的部分上清液引出,泥水分离后就可以得到富磷上清液。而沉淀后的污泥可以回流至缺氧池或者好氧池,富磷上清液可通过化学沉淀法进行磷回收。Holten 污水处理厂的 BCSF® 工艺就采用了这种方式回收磷(见图 4-2)。BCFS® 工艺在 UCT 工艺的基础上,于主流线上增加了两个反应器,即接触池和混合池。接触池相当于第二选择器,可以有效防止厌氧水解产物引起的丝状菌膨胀,同时 RS 中携带的 $NO_3^- - N$ 在接触池中可以发生反硝化除磷;混合池控制在低 DO 浓度(不大于 0.5 mg/L)状态下运行,可以获得良好的同时硝化反硝化效果。

与传统生物除磷脱氮系统相比较,BCFS® 工艺具有如下特点:① 将生物好氧吸磷、缺氧吸磷以及富磷上清液的离线化学沉淀有机结合起来,使系统具有良好的除磷效果;② 将传统生物脱氮、同时硝化反硝化及反硝化除磷结合起来,确保系统具有优异的生物脱氮效果;③ 富磷上清液磷浓度一般为 30~40 mg/L,进入离线化学除磷(磷回收)的上清液一般为进水流量的 10%;④ BCFS® 工艺去除 1 mg 磷只需要 2 mg COD,而传统生物除磷需要 22 mg COD。但该工艺也存在着明显的不足,即该工艺主流线由 6 个反应器、3 组内循环和 1 组污泥循环系统构成。故 BCFS® 工艺流程较为复杂,导致该系统投资费用高、占地面积大、运行管理复杂且费用高。

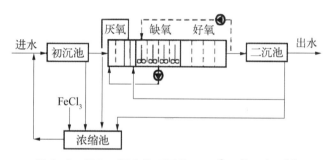

图 4 - 2　Holten 污水处理厂的 BCSF® 工艺示意图[5]

但由于在此工艺中,所有的污泥都参与了厌氧释磷过程,因此其所需的碳源量要比侧流系统多。该工艺主流部分 UCT 工艺进行脱氮处磷,并通过在厌氧池末端引出富磷上清液(约为进水的 10% 左右)来减少化学除磷的药剂投加。由于开发该工艺的主要目的是进一步强化污水厂的除磷效果,弥补生物强化除磷的不稳定性,因此首先采用该工艺的荷兰 Holten 污水厂将富磷上清液引入污泥浓缩池,并通过向池内投加 $FeCl_3$ 同时进行污泥调解与磷沉淀,而没有单独从富磷上清液中进行磷回收,以节约建设费用。有报道通过模拟考察了 BCSF® 工艺的磷回收潜力以及磷回收对主流系统的影响,尤其是脱氮过程的影响,结果表明由于过量的磷回收会使系统中污泥含磷率的下降,从而导致系统的硝化效果受到严重影响[2]。考虑到在主流系统中进行释磷,其厌氧池体积一般比侧流释磷要大,因此需要投加更多的外加碳源(如果必要的话)。此外由于其污泥浓度较侧流工艺低,且有外回流进一步稀释厌氧池内浓度,因而其回收浓度与侧流回收工艺相比并不具优势。

与 BCSF® 工艺相类似的还有 $A_2/N - IC$ 工艺,它将厌氧池中富磷上清液导入结晶反应器后加入 $CaCl_2$ 形成颗粒状回收产品,且 $A_2/N - IC$ 工艺对磷的去除效果要好

于单纯的 A_2/N 工艺[3]。此外也有报道利用反硝化吸磷进行磷回收的 EBPR‐PR 工艺,其采用 SBR 反应器进行磷的富集,同时将厌氧阶段的富磷上清液导出利用化学结晶法进行磷的回收。经工艺参数优化后,EBPR‐PR 工艺可以在处理效果稳定的前提下达到 59.6% 的磷回收率[4]。

4.1.3 基于生物膜的磷回收工艺

采用基于生物膜(Biofilm)的反应器进行磷回收最近也受到了关注。这类工艺在反硝化滤池中富集了 PAOs 以后,通过反硝化除磷将进入滤池的污水中的磷去除并富集在生物膜上,然后向滤池内通入外碳源释磷并收集释磷上清液(见图 4‐3)。如向释磷上清液中再次加入外碳源并反复投加至滤池中,可以逐步浓缩释磷上清液浓度,最高可以将磷浓度浓缩到 100 mg/L 左右,是滤池进水的 10 倍以上。

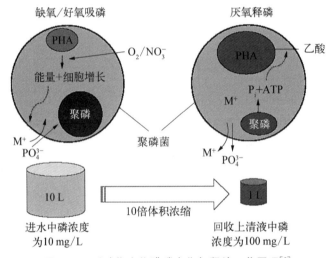

图 4‐3 反硝化生物膜磷富集与释放工艺原理[6]

4.1.4 其他工艺

此外如果考虑到同时脱氮的话,诸如 UCT、A/A/O 以及 SBR 等工艺也可以作为磷富集系统。这些工艺都有厌氧池,可以提供没有 DO 或者硝酸盐的环境供 PAOs 摄入 VFAs 同时大量释磷,而且这些工艺都是有营养盐去除要求的污水处理厂的常见工艺。图 4‐4 给出了我国城市污水处理厂采用的不同二级生物处理工艺的比例,其中氧化沟以及 A/A/O 工艺是最常见的工艺,分别占到 27% 和 26%。其中大型污水处理厂绝大多数采用 A/A/O 工艺。对于仅有脱氮的氧化沟工艺而言,只要增加一个厌氧选择器就可以实现 EBPR 功能。因此,采用侧流回收的工艺有利于对现有的污水处理厂进行升级改造。

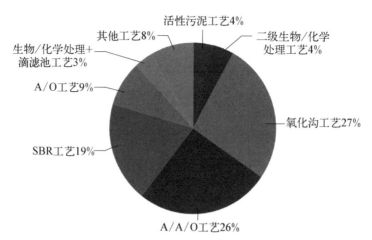

图 4-4　我国城市污水处理厂采用的不同二级生物处理工艺的比例[7]

4.2　基于磷平衡的城镇污水磷回收与达标排放工艺

一般而言利用诸如 UCT、A/A/O 等工艺都可以实现强化生物除磷并将磷富集在污泥中,然后可以通过直接从其厌氧池引出含磷上清液或者耦合单独的厌氧释磷池并通过外加碳源进行释磷得到高浓度含磷上清液(如 Phostrip 工艺)。然而很多研究者都发现磷回收率与污泥含磷率呈现一种负相关现象,这无疑对 EBPR 系统的稳定运行是不利的。污泥含磷率对 EBPR 系统稳定运行非常重要,过度的磷回收往往导致 PAOs 因聚磷减少而丧失其主要能量来源,引起 GAOs 的增殖而使得 EBPR 系统崩溃或者危害系统的硝化过程。为了解决以上问题,同济大学提出了一种基于系统磷平衡的磷回收运行策略的新工艺 AAO-SBSPR(ananerobic-anoxic-oxic/sequencing batch side-stream phosphorus recovery process)[8],工艺流程图如图 4-5 所示。该系统包括了两部分:A/A/O 主流工艺和侧流磷回收工艺。其中主流 A/A/O 采用传统的脱氮除磷工艺运行,侧流释磷池则采用序批式方式运行。在运行过程中,定期从二沉池底部取出部分污泥进入侧流释磷池,同时用泵打入一定量进水提供碳源并进行厌氧释磷。厌氧搅拌释磷结束后进行静置沉淀,取出一定体积的富磷上清液进入化学反应池进行磷回收,释磷污泥则用泵打回至缺氧池继续参与主流工艺的反应。化学除磷后的上清液由厌氧池重新进入主流 A/A/O 工艺去除 COD、NH_4^+-N、TN 等污染物。

该工艺在保证出水效果良好的前提下,实现了 65% 的磷回收率。其运行策略基于整个 AAO-SBSPR 工艺的磷平衡所呈现的磷回收率、SRT 和污泥含磷率之间的关系并关联回收率与 SRT 运行。在较高的回收率条件下,通过减少排泥而减

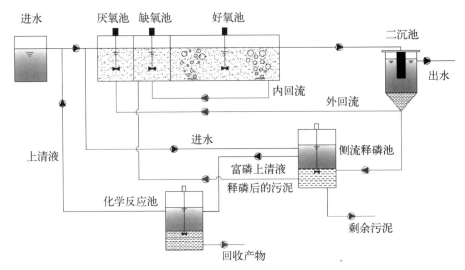

图 4 - 5　AAO - SBSPR 工艺流程图

少剩余污泥中从系统中流失的磷,从而来缓和侧流磷回收系统中常见的回收率与污泥含磷率之间的矛盾。运行过程中,系统应满足式(4-1)中的磷平衡:

$$R = 100\left(1 - \frac{c_{p,\,eff}}{c_{p,\,0}} - \frac{P_s Y \Delta S}{c_{p,\,0}(1 + K_d \times SRT)}\right) \qquad (4-1)$$

式中,R 是系统磷回收率,%;$c_{p,\,0}$ 是进水 TP 浓度,mg/L;$c_{p,\,eff}$ 是出水 TP 浓度,mg/L;P_s 是好氧池污泥含磷率,mg/mg;Y 是产率系数,d^{-1};ΔS 是 A/A/O 反应器进水、出水 COD 之差,mg/L;K_d 是衰减系数,d^{-1};SRT 是泥龄,d。

从式(4-1)中可以看出,在一定 SRT 下,如果提高系统的磷回收率 R 就会导致污泥含磷率 P_s 的下降。为了尽可能减少磷回收对污泥含磷率的影响,在 AAO - SBSPR 系统运行时 SRT 会随着磷回收率的提高而增加。磷平衡运行策略的验证试验通过设置不同的运行工况来对比 AAO - SBSPR 工艺在磷回收和脱氮除磷方面的效果,并检验所提出的运行策略的有效性。同时利用批次试验考察不同工况条件下活性污泥的硝化、反硝化以及释磷和吸磷特性。此外,对活性污泥系统中的微生物种群的鉴定可以帮助理解系统中关键微生物的数量与活性。细菌的 16S rRNA 基因片段上拥有多个保守区和可变区,可用于确定其分类信息。因此试验还采用高通量测序对系统中微生物群落结构进行研究,考察其在不同运行工况条件下的变化。

4.2.1　试验装置与运行方案

试验一共采用三套相同的反应器,三个反应器首先以 A/A/O 工艺方式运行,当系统处理效果稳定后再以 AAO-SBSPR 工艺运行。当系统以 AAO-SBSPR 工艺运行时将系统的磷回收率作为工况参数进行调控,即每个反应器都被分配一个预先设定的磷回收率(target P recovery rate, t-R)。同时为了减少磷回收对污泥含磷率的影响,每个系统的 SRT 都根据所分配的磷回收率提高(见表 4-1),其他运行工况与 A/A/O 工艺时保持一致。一般而言,通过水相侧流进行磷回收时很少将磷回收率作为一个控制参数,而是将富磷上清液流量(BCSF® 类工艺)或者引流 RS 量(Phostrip 类工艺)的比例作为控制参数。这样做的不足之处在于随着磷回收的进行难以避免地会导致污泥含磷率的下降,进而使释磷上清液的磷酸盐浓度下降。如果此时上清液流量或者污泥回流量不变,则会导致磷回收率的下降。相反如果为了维持较高的回收率而将上清液流量或者引流比例维持在较高水平可能会导致从系统中过量提取磷而导致 EBPR 系统的不稳定。另外,释磷上清液中磷浓度的波动也较为常见,如果固定上清液流量或引流比例则容易导致磷回收率的波动。因此为了避免上述问题,特别是需要获得稳定的回收率时,有必要以磷回收率为设定值来研究其与 SRT 和污泥含磷率的关系,因此本试验采用磷回收率作为控制变量。

表 4-1　反应器运行工况

工　艺	SRT/d	t-R/%	侧流进泥量/L	侧流进水量/L
A/A/O	15	—	—	—
AAO-SBSPR	25	40	0.50	1.5
	35	50	1.00	2.0
	35	60	1.25	2.5
	35	65	1.50	2.5
	50	60	1.50	2.5

每个 AAO-SBSPR 反应器在整个试验过程中 SRT 保持不变。其中对于 $SRT=35$ d 的反应器,尝试进一步将 t-R 提高至 60% 和 65%。t-R 通过以下方式实现:根据每个反应器的进水磷负荷以及 t-R 计算出需要回收的磷,然后通过测定释磷池上清液的磷酸盐浓度得到需要取出的富磷上清液体积。富磷上清液通过外加 $Ca(OH)_2$ 与磷形成沉淀后进行回收,上清液中磷的去除率可达 99%。

此外,进入侧流释磷池的污泥量对富磷上清液中的磷酸盐浓度以及总的释磷量都有很大影响。因此当预设磷回收率提高时,需要同时提高进入侧流的污泥量才能保证有足够的磷释放出来用于回收,其中侧流进泥量占 RS 量的比例从 3.1% 到 9.4% 不等。同时当进泥量提高后,侧流进水量也需要相应提高以提供足够的释磷所需碳源(见表 4-1)。

试验所用模拟配水浓度如下：进水无水乙酸钠浓度为 150 mg/L,葡萄糖浓度为 50 mg/L,鱼粉蛋白胨浓度为 150 mg/L,酵母浸出液浓度为 9 mg/L,磷酸二氢钾浓度为 31 mg/L,氯化铵浓度为 100 mg/L。模拟废水的 COD 总浓度为 340 mg/L,TN 的浓度为 48 mg/L,TP 的浓度为 7 mg/L。COD 的总浓度与 TN 的浓度之比约为 7,COD 的总浓度与 TP 的浓度之比约为 50。

4.2.2 侧流释磷池运行情况

一个周期中 AAO-SBSPR 工艺侧流厌氧释磷池内各主要污染物在不同工况下随时间的变化情况如图 4-6 所示。可以看出释磷池的工作原理和 EBPR 工艺中的厌氧池相同,主要发生污泥的厌氧释磷过程,即 PAOs 吸收 VFAs 并贮存为 PHA,同时分解细胞内的多聚磷酸盐。因此溶液中 COD 浓度下降、正磷酸盐浓度升高。当污泥进入释磷池后,2 小时左右就可以完成磷酸盐释放过程。此外由于

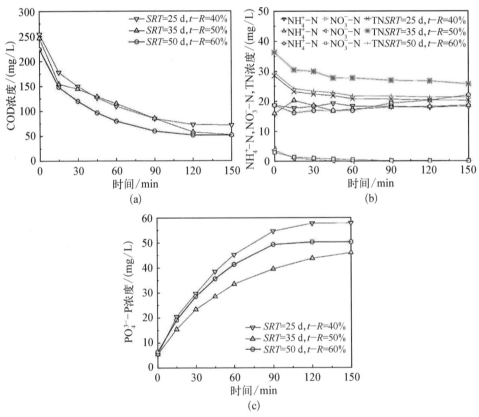

图 4-6　一个周期中 AAO-SBSPR 工艺侧流释磷池内各主要污染物在不同工况下随时间的变化情况

(a) COD; (b) NH_4^+-N、NO_3^--N、TN; (c) $PO_4^{3-}-P$

进水中含有少量的硝酸盐,在释磷池中出现反硝化现象并消耗了一部分 COD。在整个反应期间氨氮浓度呈现略微增高的趋势,这可能是由于进水中一部分有机氮氨化所致而非微生物细胞的衰减释放。溶解性 TN 的浓度在释磷池运行初期伴随着反硝化的进行有所下降,随后基本保持稳定。

4.2.3　不同工况条件下系统磷回收效果

各个工况条件下实际磷回收率、侧流释磷池上清液正磷酸盐浓度以及好氧池中污泥含磷率的变化情况如图 4-7 所示。各个工况条件下的实际磷回收率基本可以持续稳定地达到其 t-R。整体而言侧流释磷池上清液中正磷酸盐的平均浓度范围为 40~50 mg/L,并且随着磷回收率的提高,上清液正磷酸盐浓度呈下降趋势。因此为了维持稳定的磷回收率,需要增加从释磷池中取出的上清液体积。此外,释磷池上清液中正磷酸盐的浓度对磷回收工艺的运行有重要的影响,其不仅决定了回收产品的质量(含磷率),也决定了化学药剂的用量进而影响回收成本。一般认为当上清液中的磷浓度大于 50 mg/L 时磷回收才能具有经济效益。因此需要采用一些方法来优化释磷池的运行以抵消随着回收率的提高上清液中的正磷酸盐磷浓度的降低。可以采用的方法包括提高释磷池中的污泥浓度,或者减少提供碳源的进水体积,或者将其替换为 COD 浓度更高的外碳源。另外重复使用同一股

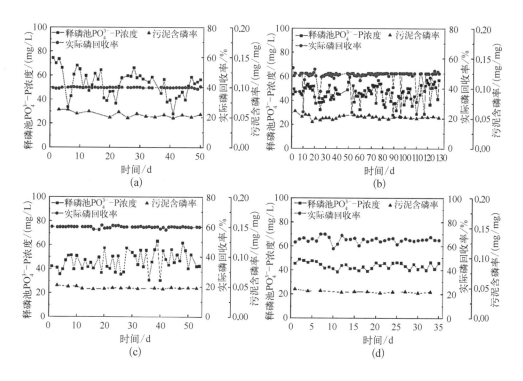

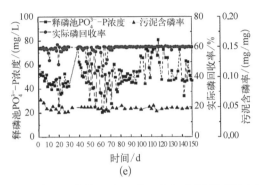

图 4-7　各个工况条件下实际磷回收率、侧流释磷池上清液中
磷酸盐浓度以及好氧池中污泥含磷率的变化情况

(a) $SRT=25$ d, $t\text{-}R=40\%$; (b) $SRT=35$ d, $t\text{-}R=50\%$;
(c) $SRT=35$ d, $t\text{-}R=60\%$; (d) $SRT=35$ d, $t\text{-}R=65\%$; (e) $SRT=50$ d, $t\text{-}R=60\%$

外加碳源也可以将上清液的正磷酸盐浓度富集起来。

4.2.4　不同工况条件下磷回收与污泥含磷率的关系

由于受到磷回收的影响，系统中的污泥含磷率发生了较大变化，但都是工况开始阶段有所下降，然后趋于稳定(见图 4-7)。以 A/A/O 工艺模式运行时，反应器的平均污泥含磷率为 0.062 mg/mg。当 $SRT=25$ d，$t\text{-}R=40\%$ 时，稳定运行时平均污泥含磷率为 0.053 mg/mg；当 $SRT=35$ d，$t\text{-}R=50\%$ 时，稳定运行时平均污泥含磷率为 0.052 mg/mg；当 $SRT=35$ d，$t\text{-}R=60\%$ 时，稳定运行时平均污泥含磷率为 0.048 mg/mg；当 $SRT=35$ d，$t\text{-}R=65\%$ 时，稳定运行时平均污泥含磷率为 0.043 mg/mg；当 $SRT=50$ d，$t\text{-}R=60\%$ 时，稳定运行时平均污泥含磷率为 0.047 mg/mg(见图 4-8)。可以看出随着回收率的提高，污泥含磷率呈下降趋势。然而一般活性污泥系统的含磷率为 0.02 mg/mg，因此可以认为 PAOs 细胞内的多聚磷酸盐虽然降低但是并没有耗尽。同时当 $SRT=35$ d，回收率从 50% 提高到 60% 后，污泥含磷率从 0.052 mg/mg 下降到 0.048 mg/mg；而如果保持回收率为 60% 不变，系统 SRT 从 35 d 提高到 50 d 时，含磷率仅从 0.048 mg/mg 下降到 0.047 mg/mg，这与 Rodrigo 等观察到的 SRT 上升含磷率下降的现象一致，这主要是由于 PAOs 在长 SRT 下内源呼吸作用增大所致[9]。此外 Acevedo 等的研究结果表明，当 SRT 较短时较高的磷回收率甚至可以将细胞内的聚磷完全耗尽[10]。同时 Lv 和 Xia 等的研究也表明，短 SRT 和较高的磷回收率将使得细胞的内聚磷被过量提取而使得系统含磷率降至 0.02 mg/mg 左右[11-12]。PAOs 细胞内的聚磷是其重要的能量贮存物质，参与了许多重要的代谢过程，因此对 EBPR 系统的稳定运行有重要影响。长期以较低的污泥含磷率甚至在聚磷完全耗尽的条件下运行就会导致 EBPR 系统增强除磷特性的消失。根据以上试验结果总体上可以认为含磷率更容易受到磷回收的影响而不是 SRT。因此为了实现在较高的磷回收率的同时保持 EBPR 系统稳定运行,应该适当提高系统的 SRT。

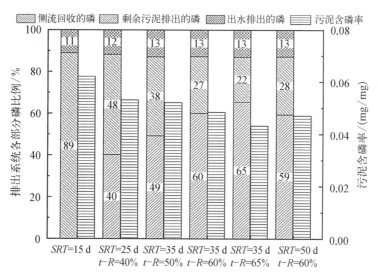

图 4 - 8　不同工况条件下系统运行稳定时污泥含磷率以及从出水和剩余污泥排出的磷与侧流回收的磷占进水磷的比例

另外从系统的磷平衡的角度也认为高回收率时采用长 SRT 较为适宜,这样比较有利于系统维持在一个较高的污泥含磷率水平。3 套反应器在 A/A/O 工艺和 AAO - SBSPR 工艺系统运行过程中各个工况条件下的磷平衡情况如表 4 - 2 所示。由于各系统的进水水质及进水负荷相同,所以进水磷负荷 M_{in} 相近。对于 A/A/O 系统排出的途径为出水和剩余污泥排放,而且主要以剩余污泥的形式排出系统(M_{ws}),出水(M_{eff})只占一小部分。当系统以 AAO - SBSPR 工艺运行时,磷流出系统的途径为出水(M_{eff})、剩余污泥(M_{ws})和回收(M_{re}),则排出系统的磷的总和 M_{out} 为

$$M_{out} = M_{re} + M_{eff} + M_{ws} \tag{4 - 2}$$

系统的磷平衡率按照 M_{out}/M_{in} 计算,可以看到各个工况条件下都有较好的磷平衡率。各种方式排出系统的磷所占比例如图 4 - 8 所示。可以看出在处理效果稳定且回收率相同时,通过剩余污泥排出系统的磷是一定的。由于本试验采用排出好氧池混合液控制 SRT,系统稳定时的含磷率可以表示为

$$P_s = \frac{c_{P,as} - c_{P,s}}{XQ_w} \tag{4 - 3}$$

式中, P_s 是污泥含磷率, mg/mg; $c_{P,as}$ 是好氧池污泥混合液中的 TP 浓度, mg/L; $c_{P,s}$ 是好氧池水相中的 TP 浓度, mg/L; X 是好氧池污泥混合液浓度, mg/L; Q_w 是剩余污泥排放量, L/d。

表 4-2 在 A/A/O 工艺和 AAO-SBSPR 工艺系统运行过程中各个工况条件下的磷平衡情况

工 艺	$SRT/$ d	$t-R/$ %	进水磷 (M_{in})/ (mg/d)	回收磷 (M_{re})/ (mg/d)	剩余污泥排出磷 (M_{ws})/ (mg/d)	出水排出磷 (M_{eff})/ (mg/d)	平衡率 (M_{out}/M_{in})/%
A/A/O	15	—	144.6±9.4	0	124.2±16.0	15.4±6.2	96.5
AAO-SBSPR	25	40	140.6±8.1	56.0±3.3	66.9±8.7	16.4±8.2	99.1
	35	50	141.2±8.9	69.6±4.3	44.1±6.7	21.2±12.3	95.6
	35	60	134±7.2	80.4±2.4	31.5±7.2	10±11.5	90.9
	35	65	142±6.5	92.8±3.1	34.4±6.7	7±12.3	94.5
	50	60	138.8±9.8	81.2±6.3	33.0±5.4	17.4±13.0	94.8

由于 SRT 越高,从系统中排出的剩余污泥量 XQ_w 就越小,则污泥含磷率 P_s 的值越高。虽然 $c_{P,as}$ 的浓度同样会受到磷回收的影响而变低。但是在相同的回收率之下,显然长 SRT 更有利于维持较高的污泥含磷率。

为了更进一步描述 SRT、污泥含磷率与回收率之间的关系,使用所得数据对式(4-1)进行了验证。首先根据各个工况在稳定运行时的剩余污泥排放量,可以得到表观产率系数 Y_{obs},然后根据 SRT 与表观产率系数的关系,可以得到 AAO-SBSPR 反应器的产率系数 Y(0.69 d^{-1})以及衰减系数 K_d(0.097 d^{-1})的关系为

$$\frac{1}{Y_{obs}} = \frac{K_d}{Y} \times SRT + \frac{1}{Y} \tag{4-4}$$

利用得到的 Y 以及 K_d 结合各个工况下的 SRT、含磷率、进出水 TP 以及去除的 COD,采用式(4-1)就可以计算出一个理论回收率,其与实际磷回收率吻合较好。同时利用式(4-1)可以计算出特定工况条件下的磷回收率。从磷回收的角度来看,较高的磷回收率可以在长 SRT 下以较高的污泥含磷率实现。例如,根据计算,在 $SRT=35$ d,回收率为 60% 的条件下,污泥含磷率为 0.046 mg/mg。如果 SRT 保持不变,同时回收率提高到 65%,则含磷率会进一步下降到 0.039 mg/mg。但如果同时将 SRT 提高到 50 d,则含磷率为 0.052 mg/mg。此外值得注意的是,采用式(4-1)可以较为方便地选择 AAO-SBSPR 系统的工况参数。磷回收率可以依据具体的工况参数预先计算出来,如当 $SRT=50$ d 时,如果系统的含磷率进一步

降低到 0.035 mg/mg 时,回收率可以达到 70%,该值是从水相侧流回收磷的理论最大值。同时也可以看出,在较低的 SRT 下,系统的磷回收潜力是不高的。如在 EBPR 系统运行时,SRT 为 10~20 d,计算得到的磷回收潜力为 30%~55%,此时系统的含磷率会非常低(0.03 mg/mg 左右),不利于 EBPR 系统的稳定运行。而且从式(4-1)还可以看出,进水的磷负荷也会影响磷回收潜力。即使在较低的 SRT 下,往往较高的进水负荷更有利于高回收率的实现;但是较低的进水磷负荷却会削弱系统的磷回收潜力。在磷回收工艺运行时,将进水磷负荷变化的影响考虑进来是很重要的,这是由于在实际运行时,进水磷负荷的波动,特别是磷负荷的降低是很常见的现象,如污水季节性的变化以及暴雨带来的负荷变化等,因此在实际运行时对于磷回收率的设定以及 SRT 的选择需要根据进水水质变化做出相应调整,以保证系统可以持续稳定地运行。

4.2.5　主要污染物的去除效果

系统运行稳定后各个工况条件下 A/A/O 工艺与 AAO - SBSPR 工艺中 PO_4^{3-} - P、TN、NH_4^+ - N 与 COD 的去除率如图 4 - 9 所示。从图中可以看出 SRT 和磷回收的变化对 COD 的去除几乎没有影响。以 A/A/O 工艺模式运行时 COD 去除率为 92.4%;当系统以 AAO - SBSPR 工艺模式运行时,系统的 COD 去除率为 92.4%~92.6%变化。一般而言,由于硝化细菌的世代周期较长而比较适合于较长 SRT 的系统。虽然磷回收系统在运行时相应提高了系统的 SRT,但是仅从 NH_4^+ - N 的处理效果来看似乎并没有受到影响。NH_4^+ - N 去除率在以 A/A/O 工艺运行时为 97.5%,以 AAO - SBSPR 磷回收工艺模式运行时在 96.2%~99.5%之间波动。这可能是由于系统进水 NH_4^+ - N 负荷不高所致,而使得现有反应器工况参数可以完全满足硝化需求。此外,还可以看出磷回收以及 SRT 的延长对系统的除磷效果影响非常有限。系统以 A/A/O 工艺模式运行时,平均 PO_4^{3-} - P 去除率为 98.6%。当系统采用磷回收工艺以后,即使在 SRT =50 d 的工况条件下平均 PO_4^{3-} - P 去除率仍然可以达到 98.5%。一般而言,对于采用主流排出剩余污泥除磷的系统往往采用较短的 SRT,因为这时污泥的产率系数较高,更多的磷可以以聚磷的形式被贮存在 PAOs 细胞内并随剩余污泥的排放而去除。常见的 SRT 多在 3~7 d,如果考虑到脱氮 SRT 会进一步延长至 20~25 d。在这种工艺结构下如果延长系统 SRT 就意味着污泥产率系数的降低,进而导致剩余污泥排放量减少,而不能完全通过排出剩余污泥进行除磷[13]。此外 Rodrigo 等对 A/A/O 系统的研究结果表明,当 SRT 延长后系统总吸磷量与释磷量的比值会明显下降,这也大大限制了系统的除磷能力[14]。主要原因是在长 SRT 下系统有机负荷的变化使得细胞内的 PHA 合成量会减少,这进一步使得好氧阶段贮存在 PAOs 细胞内的聚磷减少,从而更多的磷仍然在污水中。因此对于主流除磷的 EBPR 系统而言,当 SRT 增加后都可以观察到除磷效果变差的现象。然而如果系统还采用化学沉淀法除磷,则即使 PAOs 吸磷能力下降系统整体还是能够取得较好的除磷效果。从图 4-8 可以看出随着回收率的提高,更多的磷以化学沉淀的方式从系统中去除,只有一部分磷需要被贮存到 PAOs 细胞内并通过排出剩余污泥去除。此外根据 Smolders 的研究结果,采用侧流化学除磷(回收)意味着主流的磷负荷降低[13]。因此相较于主流 EBPR 工艺,侧流磷回收的 EBPR 工艺需要的 PAOs 量仅仅是主流系统的 10% 就可以维持较好的磷去除效果。换言之,如果 PAOs 浓度相同的话,侧流工艺可以在更低的含磷率条件下运行。

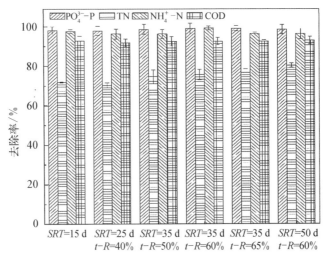

图 4-9　各个工况条件下 A/A/O 工艺与 AAO-SBSPR 工艺中
$PO_4^{3-}-P$、TN、NH_4^+-N 与 COD 的去除率

此外还可以看到,随着磷回收率以及 SRT 的增加,系统的 TN 处理效率在增加。当系统以 A/A/O 工艺模式运行时平均 TN 去除率为 71.9%;而以磷回收工艺模式运行时 TN 去除率上升到 74.7%~76.8%(SRT = 35 d,回收率 50%~65%)。而当 SRT 进一步提高到 50 d 时,TN 去除率进一步提高到 80.4%。TN 去除效果的提高一部分是由于反硝化吸磷引起的;同时由于反硝化吸磷作用的增强使得有一部分用于除磷的碳源被节省下来用于反硝化,这也促进了 TN 去除率的提高。一般而言,在营养盐去除的工艺中,脱氮和除磷会相互竞争碳源,而如果采用反硝化吸磷的话,可以节省大约 50% 左右的 COD。因此在高 SRT 与回收率工况条件下,由于反硝化吸磷节省的碳源就可以被一般的反硝化菌利用从而用于脱氮。除此以外,由于磷回收导致的污泥含磷率的下降,使得从整体上看,更少的磷参与到 PAOs 的厌氧释放-好氧/缺氧吸收的代谢循环中。这表现为当 SRT 与

磷回收率较高时释磷和吸磷量明显减少。因此参与到 PAOs 代谢中的 COD 也明显减少。理论上采用侧流除磷的系统,其除磷所需要的乙酸量仅为 2 mg/mg,远远小于主流系统所需的 20 mg/mg[12]。这种情况下在除磷中节省的 COD 就可以用到反硝化过程中,从而提高系统的 TN 去除率。

从工艺运行的角度来说,硝化细菌由于其世代时间长、繁殖速度慢而比较适应于较长 SRT 的系统,但 SRT 较长时又不利于除磷。因此传统的同步脱氮除磷系统中存在着 SRT 的矛盾。然而从本试验结果可以看出,对于 AAO‐SBSPR 工艺而言,SRT 越长越有利于脱氮且不影响磷的去除。因此可以认为 AAO‐SBSPR 工艺以及基于系统磷平衡的运行方式可以缓解原 A/A/O 系统中 SRT 造成的脱氮除磷矛盾。

4.2.6　AAO‐SBSPR 工艺的污泥减量化潜能

根据上文的分析可知,对于 AAO‐SBSPR 工艺而言,增加 SRT 有助于提高系统的磷回收潜力以及减少磷回收对系统污泥含磷率的影响。而增加 SRT 的另一个好处就是可以减少处理工艺的污泥产量,这是由于在较高的系统 SRT 下更多的能量被微生物用于内源呼吸而非细胞的增长。不同 SRT 条件下 A/A/O 工艺和 AAO‐SBSPR 工艺系统的污泥浓度及表观产率系数如表 4‐3 所示。从表 4‐3 中可以看出随着系统 SRT 的增加,好氧池中的污泥浓度,即混合液悬浮固体(mixed liquid suspended solids,MLSS)浓度呈逐渐上升的趋势。而表观产率系数 Y_{obs}(单位 COD 所生成的 VSS 量)则呈现逐渐下降的趋势。其中 $SRT = 15$ d 的 A/A/O 工艺的 Y_{obs} 为 0.29 kg/kg,与一般常规生物处理工艺的表观产率系数 (0.4～0.7 kg/kg)接近。但是当系统的 SRT 升高到 50 d 时 Y_{obs} 下降至 0.12 kg/kg,较 A/A/O 工艺减少了 58%。同时系统 SRT 越大则每天排出的污泥量越少,从表 4‐3 可以看到 A/A/O 工艺每日排泥量为 1 790 mg/d,当 SRT 增加到 50 d 时,排泥量降低至 771 mg/d。以每日排泥量计算污泥减量可以达到 56.9%。

表 4‐3　不同 SRT 条件下 A/A/O 工艺和 AAO‐SBSPR 工艺系统的污泥浓度及表观产率系数

工　艺	SRT/ d	MLSS 浓度/ (mg/L)	MLVSS[①] 浓度/ (mg/L)	MLVSS 浓度/ MLSS 浓度	剩余污泥量/ (mg/d)	Y_{obs}/ (kg/kg)
A/A/O	15	3 267±215	2 687±174	0.82	1 790	0.29
AAO‐SBSPR	25	3 628±129	2 954±185	0.80	1 162	0.20
	35	4 156±289	3 372±200	0.81	961	0.15
	50	4 668±214	3 855±191	0.82	771	0.12

注：① MLVSS 是混合液挥发性悬浮固体(mixed liquid volatile suspended solids)的英文缩写。

4.2.7 AAO‐SBSPR 系统脱氮除磷的化学计量学和动力学特性

对于常规的活性污泥处理工艺,硝化发生在好氧条件下,通过氨氧化细菌(ammonia-oxidizing bacteria, AOB)将氨氮作为电子供体转化为亚硝酸盐,然后通过亚硝酸盐氧化细菌(nitrite-oxidizing bacteria, NOB)将亚硝酸盐转化为硝酸盐。表 4‐4 中给出了不同工况条件下系统的氨氧化速率(ammonia uptake rate, AUR)和亚硝酸盐氧化速率(nitrite uptake rate, NUR)的变化。从表中可以看出系统以 A/A/O 工艺运行时 ($SRT=15$ d),AUR 为 1.57 mg/(mg·h)。而当系统以 AAO‐SBSPR 工艺运行时,随着 SRT 从 35 d 上升到 50 d,AUR 从 1.83 mg/(mg·h)上升到 2.27 mg/(mg·h)。NUR 的值较 AUR 更大,同时也随着 SRT 的上升而增高。这是由于 AOB 和 NOB 具有较长的倍增时间以及较低的增长速率,因此得益于磷回收率升高而延长 SRT 的运行方式,使得这两类 AOB 和 NOB 在系统中得到富集。此外,由于 SRT 的增加避免了对系统中磷过多的提取,从而削弱了磷回收对硝化过程的不利影响。

表 4‐4 不同工况条件下系统的 *AUR* 和 *NUR* 变化

工 艺	SRT/d	t‐R/%	AUR/[mg/(mg·h)]	NUR/[mg/(mg·h)]
A/A/O	15	—	1.57	1.95
AAO‐SBSPR	35	60	1.83	2.46
	50	60	2.27	3.46

为了更进一步理解 AAO‐SBSPR 系统在高 SRT 和磷回收率条件下维持较好除磷效果的原因,通过批次试验可以得到最大厌氧释磷速率、最大好氧吸磷速率(maximum aerobic phosphorus uptake rate, PUR_{AE})和最大缺氧吸磷速率(maximum anoxic phosphorus uptake rate, PUR_{AX})以及相应的化学计量学参数(见表 4‐5 和表 4‐6)。通过这些参数可以判断系统中活性污泥的 EBPR 特性。通过表 4‐5 可以看出,随着磷回收的进行以及 SRT 的增加,污泥的最大厌氧释磷速率略有降低,从 A/A/O 工艺的 32.9 mg/(g·h)下降到 AAO‐SBSPR 工艺的 29.6 mg/(g·h)($SRT=50$ d, t‐$R=60$%)。当系统磷回收率上升后,最大厌氧释磷速率会显著下降,甚至会导致 EBPR 运行失败。然而一般 EBPR 系统厌氧释磷速率在 20~50 mg/(g·h)之间变化,因此可以认为虽然磷回收以及 SRT 的增加使污泥厌氧释磷速率有所降低,但其值仍处于一般报道的 EBPR 系统厌氧释磷速率范围之内。这也说明了为什么在高磷回收率和 SRT 的条件下系统依旧能够保持较好的除磷效果。此外如果系统中 GAOs 增殖的话,会与 PAOs 竞争碳源并往往导致 EBPR

系统的运行失败。通常采用比乙酸吸收与磷释放系数磷碳比(见表 4-5)来表示特定 pH 值条件下 GAOs 和 PAOs 混合系统中两种微生物的活性。该比值在 GAOs 富集的系统中所观察到范围在 0~0.02 之间。而在 PAOs 富集的系统中该值一般在 0.16~0.84 之间,且一般认为当该值小于 0.5 时可能意味着系统是一个 GAOs 和 PAOs 共存的混合系统。从表 4-5 中可以看到磷碳比随着 SRT 增加和磷回收出现下降的现象,且其值都小于 0.5;然而根据后续的高通量测序结果可以知道,系统中并没有检测到 GAOs 的存在。同时,有文献认为磷碳比和 PAOs 细胞内的多聚磷酸盐含量有关,多聚磷酸盐的量(污泥含磷率)越低,该值越小,反之越大[15]。因此可以认为磷碳比的下降主要是由于系统磷回收引起的含磷率下降所致。虽然磷碳比呈下降的趋势,但是在 SRT = 50 d、t-R = 60% 的工况条件下仍然有 0.35,该值依旧处于文献报道的 PAOs 富集系统的范围之内,这表明系统中的 PAOs 仍然具有较高的活性。而且 PAOs 在细胞内多聚磷酸盐减少后可以通过分解更多的糖原来提供吸收乙酸所需要的能量,这有助于维持 PAOs 在系统中的活性。

表 4-5　厌氧条件下批次试验得到的动力学和化学计量学参数

工　艺	$SRT/$ d	$t-R/$ %	最大厌氧 释磷速率/ $[mg/(g \cdot h)]$	最大乙酸 吸收速率/ $[mg/(g \cdot h)]$	磷碳比
AA/O	15	—	32.9	78.0	0.50
AA/O-SBSPR	35	60	31.2	83.9	0.39
	50	60	29.6	63.5	0.35

表 4-6　缺氧、好氧条件下批次试验得到的动力学和化学计量学参数

工　艺	$SRT/$ d	$t-R/$ %	$PUR_{AE}/$ $[mg/(g \cdot h)]$	$PUR_{AX}/$ $[mg/(g \cdot h)]$	$PUR_{AX}/$ $PUR_{AE}/$ %	最大硝酸盐 吸收速率 $(NUR)/$ $[mg/(g \cdot h)]$	$PUR_{AE}/$ $NUR/$ (mg/mg)
AA/O	15	—	18.8	4.3	22.7	1.7	2.53
AA/O-SBSPR	35	60	23.9	5.2	21.6	2.2	2.40
	50	60	21.1	7.1	33.5	2.7	2.63

相比于厌氧释磷速率,PUR_{AE} 比较慢,而且可以看出 SRT 的增加和磷回收会导致 AAO-SBSPR 工艺的 PUR_{AE} 相较于 A/A/O 工艺略有上升。同样,PUR_{AX} 从 A/A/O 工艺的 4.3 mg/(g · h)上升到磷回收工艺的 7.1 mg/(g · h)(SRT = 50 d)。这与一般文献报道的反硝化吸磷速率在 3.2~9.4 mg/(g · h)之间一致。同时相应的反硝化速率也增加了,这进一步说明了 AAO-SBSPR 工艺对反硝化吸磷现象的促进作用。一般认为 PAOs 可以分为三类,第一类仅能够利用氧气

作为电子受体,第二类能够同时利用氧气和硝酸盐作为电子受体,第三类可以同时利用氧气、硝酸盐以及亚硝酸盐作为电子受体。因此可以通过测量在不同电子受体存在的条件下的吸磷速率来确定不同类型的PAOs占总的PAOs的比例。从表4-6可以看到当$SRT=35\,d$,$t-R=60\%$时,PUR_{AX}与PUR_{AE}之比与A/A/O工艺相似。但当系统SRT升高至50 d时,该比值上升到33.5%,表明系统中能够以硝酸盐为电子受体的一类PAOs得到富集,并促进了系统TN去除率的提升。

4.2.8 微生物种群结构特征

基于Illumina的Miseq平台的16S rRNA基因高通量测序技术,对A/A/O工艺、$t-R=60\%$时$SRT=35\,d$和50 d的AAO-SBSPR工艺系统微生物多样性及群落结构进行分析。表4-7给出了各个样本测量得到的有效读段数(effective reads)、操作分类单元数(operational taconomic units,OTUs)以及样品微生物丰度指数(chaol index)和shannon指数(shannon index)统计。从表中可以看到随着SRT的增加,测量得到的有效读段数呈增加趋势。所得到的有效读段数经过97%相似度的聚类分析后得到的OTUs同样在SRT增加后呈上升趋势,其中$SRT=35\,d$和$SRT=50\,d$的样品OTUs较为接近。此外,微生物多样性的研究可通过单样本的多样性分析(α多样性)进行。α多样性分析包括一系列统计学分析指数来估计环境群落的物种丰度和多样性,常用的指数表示样品丰度的指数为丰度指数,该指数越大则表示样品的微生物群落丰度越高。而常用的表示样品多样性的指数为shannon指数,该指数越大表明样品微生物群落的多样性越高。一般而言污水处理系统中的微生物群落的丰度和多样性越高,其稳定性、抗冲击能力与恢复性就越好。表4-7同时给出了经过计算得到的三个样品中的丰度指数以及shannon指数。可以看出当系统的SRT从15 d上升到35 d时,无论是微生物种群的多样性还是丰度都有明显的升高,这有利于系统运行的稳定性。更长的SRT有利于一些生长较慢的微生物在系统中富集。但是当系统的SRT进一步提高至50 d时shannon指数出现了略微下降。而系统丰度指数仅略有增加,这表明提高SRT对系统微生物种群的丰度提高作用已经不明显。

表4-7 各个样本测量得到的有效读段数、操作分类单元数以及
样品微生物丰度指数和多样性指数

	SRT/d	有效读段数	操作分类单元数	shannon 指数	丰度指数
A/A/O	15	91 885	41 822	6.56	2 761
AAO-SBSPR	35	167 064	87 131	7.50	5 650
	50	192 064	76 249	7.46	5 901

对每个 OTU 选择一条代表性序列，并比对 Greengenes 16S rRNA 基因库得到代表性序列的物种分类注释。在不同物种分类水平下对各样本物种分类百分比含量进行统计并比较样本的群落组成差异。在门分类水平下三个样品中一共鉴定出了 38 个门，其中 $SRT=15\,\mathrm{d}$ 的 A/A/O 工艺一共鉴定出 24 个门，而 $SRT=35\,\mathrm{d}$ 的样品鉴定出 33 个门，$SRT=50\,\mathrm{d}$ 的样品鉴定出 32 个门。随着 SRT 的增加，系统中鉴定出了更多的门，与样品多样性的增加一致。在 A/A/O 工艺样品中检测到的属于 Candidate division BRC1 门和 Lentisphaerae 门的微生物在其他两个样品中没有鉴定出。两者的相对丰度都小于 0.5%。其中 Candidate division BRC1 门是一类目前还没有能够被纯培养的微生物，仅有其中少数微生物通过宏基因组学得到了单个细胞的基因序列。一般认为其多存在于有机质丰富的缺氧或者好氧环境中，而且往往能够在污水处理以及厌氧消化反应器中检测到。Lentisphaerae 则是一类多存在于厌氧环境的微生物，目前能够分离出来的个体较少。而只在两个长 SRT 样品中鉴定出来的微生物中，显著增加的是属于 Candidate division TM7（Candidatus Saccharibacteria）的微生物（相对丰度大于 1%）。TM7 也是一类到目前还没有能够被分离纯培养的微生物，多存在于有机质丰富的厌氧或者好氧环境中。特别的是活性污泥中经常能够检测到一类具有丝状结构的 TM7 微生物，但是其存在与污泥膨胀的关系目前还不明确。此外，在 3 个样品中鉴定出的相对丰度大于 0.1% 的微生物共有 25 个门。相对丰度最高的 3 个门分别是拟杆菌门（Bacteroidetes）、变形菌门（Proteobacteria）以及浮霉菌门（Planctomycete），其中变形菌门和拟杆菌门是活性污泥中经常可以检测到且含量较多的微生物，在 3 个样品中其相对丰度之和可达 80% 左右。其中有文献报道微生物的水解活性与拟杆菌门的含量呈正相关性[16]。一般而言，在活性污泥系统中起主要作用的微生物的种类和含量都是较为稳定的。其余相对丰度较大的微生物还有绿弯菌门（Chloroflexi）、绿菌门（Chlorobi）、厚壁菌门（Firmicutes）、酸杆菌门（Acidobacteria）以及迷踪菌门（Elusimicrobia）等。随着运行工况的变化，系统中微生物种群结构也发生了明显的变化。其中拟杆菌门的相对丰度在样品中明显上升，而变形菌门和浮霉菌门的相对丰度出现明显下降。一般而言，变形菌门中的微生物多参与到反应器中有机物、氮、磷以及芳香族化合物的去除，其含量从 $SRT=15\,\mathrm{d}$ 的样品中的 28.4% 下降到 $SRT=35\,\mathrm{d}$ 样品中的 16.4% 以及 $SRT=50\,\mathrm{d}$ 样品中的 18.2%；而拟杆菌门的相对丰度从 $SRT=15\,\mathrm{d}$ 样品中的 32.5% 上升到 $SRT=35\,\mathrm{d}$ 样品中的 56.9% 以及 $SRT=50\,\mathrm{d}$ 样品中的 59.3%。

在纲的分类水平上，3 个样品中一共鉴定出 94 个纲。$SRT=15\,\mathrm{d}$ 的样品检测到 43 个纲，其中有 11 个纲只在该样品中被检测出。$SRT=35\,\mathrm{d}$ 的样品中检测到 77 个纲，其中有 3 个纲只在该样品中被检测出。$SRT=50\,\mathrm{d}$ 的样品中检测到 80 个纲,其中有 5 个纲只在该样品中被检测出。只在 $SRT=35\text{ d}$ 或 $SRT=50\text{ d}$ 的样品中检测到的纲由于相对丰度都很低,因此认为其存在不会对系统有明显影响。而仅在 $SRT=15\text{ d}$ 样品中检测到的纲中,相对丰度较大的有 Flavobacteria 纲、Chloroflexia 纲以及 Negativicute 纲(相对丰度分别为 4.3%、2.3% 和 2.2%)。此外,在纲分类水平下 3 个样品中相对丰度大于 1% 的微生物的种群结构发生了明显的变化。在 $SRT=15\text{ d}$ 样品中的 Betaproteobacteria 纲的相对丰度为 17.7%,而在 $SRT=35\text{ d}$ 和 $SRT=50\text{ d}$ 样品中的相对丰度分别下降到 8.6% 和 8.2%。同样出现下降的还有 Gammaproteobacteria 纲,从 $SRT=15\text{ d}$ 样品中的 4.3% 分别下降到 $SRT=35\text{ d}$ 和 $SRT=50\text{ d}$ 样品中的 2.5% 和 2.6%。而 Alphaproteobacteria 纲的相对丰度从 $SRT=15\text{ d}$ 样品中的 1.5% 上升到 $SRT=35\text{ d}$ 样品中的 2.8% 和 $SRT=50\text{ d}$ 样品中的 4.4%。发现变形菌门的相对丰度下降主要是由于 Betaproteobacteria 纲相对丰度下降引起的。而大部分文献报道的污水厂常见的 PAOs、GAOs、反硝化细菌以及 AOB 都来自这 3 个纲。其他相对丰度还发生明显变化的纲有 Saprospira 纲,其在 $SRT=15\text{ d}$ 的样品中并没有被检测到,而在 $SRT=35\text{ d}$ 和 $SRT=50\text{ d}$ 的样品中相对丰度分别为 35.3% 和 30.2%。此外,Sphingobacteriia 纲的相对丰度同样变化也较大,从 $SRT=15\text{ d}$ 样品中的 15.8% 下降到 $SRT=35\text{ d}$ 样品中的 4.5% 和 $SRT=50\text{ d}$ 样品中的 3.1%。其他在 3 个样品中含量较大的还有 Bacteroidia 纲、Cytophagia 纲以及 Anaerolineae 纲。

在属的分类水平上 3 个样品中一共鉴定出了 96 个属,以下主要对其中相对丰度较大而且根据文献报道在活性污泥系统中发挥一定作用的微生物在各个样品之间的变化进行分析(见表 4-8)。一般而言根据文献报道的 AOB 存在于 Nitrosomonas 属、Nitrosospira 属、Nitrosovibrio 属以及 Nitrosococcus 属等。其中前三者属于 Betaproteobacteria 纲而后者属于 Gammaproteobacteria 纲。同时前两者经常可以在活性污泥中发现,其在污水厂中的相对丰度为 0.01%~7%;而后两者一般多在海洋或者土壤中被检测到。此外具有亚硝酸盐氧化能力的 NOB 主要存在于 Nitrobacter 属、Nitrospira 属、Nitrococcus 属以及 Nitrospina 属等。其中 Nitrobacter 属于 Alphaproteobacteria 纲,Nitrospira 和 Nitrospina 属于 Nitrospira 纲,而 Nitrococcus 属于 Gammaproteobacteria 纲。此外,Nitrobacer 以及 Nitrospira 经常可以在活性污泥中被检测到,其含量在污水厂中一般为 0.5%~8.5%;而其余两者大多存在于海洋或土壤中。在本次试验的样品中 AOB 仅检测出 Nitrosomonas 属,且并没有检测到同样具有氨氧化能力的一类古菌(见表 4-8)。Nitrosomonas 菌在 $SRT=15\text{ d}$ 和 $SRT=35\text{ d}$ 的样品中的相对丰度较为稳定,都为 0.5%,而在 $SRT=50\text{ d}$ 的样品中的相对丰度略微上升,为 0.6%。而对于 NOB,则在 3 个样品中仅检测出 Nitrospira 属,其相对丰度从 $SRT=15\text{ d}$ 的样品中的 1.4% 上升到 $SRT=$

35 d 样品中的 1.6% 和 $SRT = 50$ d 样品中的 2.5%。整体而言无论 AOB 还是 NOB 在系统中都得到了一定的富集。这也解释了 AUR 和 NUR 在长 SRT 工况下有所增加的现象。同时由于 NOB 具有较小的内源代谢速率,因此在长 SRT 条件下常常可以观察到 NOB 与 AOB 的相对丰度比值上升的现象。由于 NOB 的相对丰度高于 AOB,因此污泥 NUR 较 AUR 高,这说明 AUR 是系统硝化反应的限速步骤。在氧气充足的情况下,好氧池内应该不会出现 $NO_2^- - N$ 的积累,这与试验中观察到的现象一致。

表 4 - 8　属分类水平下不同工况系统中主要
微生物和功能微生物的相对丰度

主要微生物和功能微生物	$SRT = 15$ d	$SRT = 35$ d	$SRT = 50$ d
Saprospiraceae(*Family*)	4.9	32.3	27.8
Planctomyces	3.1	0.2	0.2
Candidatus Accumulibacter	2.6	3.0	3.3
OM27_clade	2.5	—	—
Filimonas	2.5	1.9	1.4
Dechloromonas	1.8	2.8	2.3
Flexibacter	1.6	3.8	4.0
Pirellula	1.4	1.4	1.3
Nitrospira	1.4	1.6	2.5
Caldilinea	1.3	0.4	0.5
Nitrosomonas	0.5	0.5	0.6
Zoogloea	0.4	0.1	0.1
Haliscomenobacter	0.4	—	—
Bacteroidaceae(*Family*)	0.2	12.1	21.0
Rhodobacter	0.2	0.9	1.6
Azospira	0.2	0.2	0.4
Acinetobacter	0.2	0.2	0.3
Thauera	0.2	0.1	0.1

注：仅列示相对丰度大于 0.1% 的测定值。

一般而言,活性污泥中常见的反硝化细菌有 *Curvibacter* 属、*Zoogloea* 属、*Azoarcus* 属、*Thauera* 属以及 *Rhodobacter* 属等微生物,同时一部分 PAOs 和 GAOs 同样有反硝化的能力。在 3 个样品中只检测到 *Zoogloea* 属、*Thauera* 属以及 *Rhodobacter* 属,其中 *Zoogloea* 属和 *Thauera* 属的含量随着 SRT 的上升而相对丰度明显下降(见表 4 - 8)。*Rhodobacter* 属的相对丰度随着 SRT 的上升而增加。此外,*Zoogloea* 属还是一类丝状菌,对活性污泥絮体的形成有重要作用。而样品中还检测到一类 *Azospira* 属的微生物,据报道也具有反硝化以及脱氯的能力。如前所述,系统中反硝化效果的增加很可能是由于反硝化吸磷能力增加导致的,因此系统中 PAOs 的变化对脱氮除磷都有很大的影响。一般在污水厂中观察到的大量富集的 PAOs 有两种,一种是属于 Betaproteobacteria 纲与 *Rhodocyclus* 属相近的 *Candidatus* Accumulibacter,另一种是属于 Actinobacteria 纲的 *Tetrasphaera* 属一类微生物。其他在实验室小试反应器中富集到的可能的 PAOs 还有 *Pseudomonas* 属、*Aeromonas* 属以及 *Halomonas* 属等的微生物。而在本次试验的 3 个样品中检测到的 PAOs 仅有 *Candidatus* Accumulibacter,其相对丰度在 $SRT = 15$ d 的样品中为 2.6%;当 $SRT = 35$ d 时在样品中的相对丰度上升到 3.0%;当 $SRT = 50$ d 时在样品中的相对丰度进一步提高至 3.3%(见表 4-8)。可以看出系统中 PAOs 的相对丰度似乎没有受到磷回收以及 SRT 延长的影响,系统中较为稳定的 PAOs 含量为良好的除磷效果提供了基础,同时也是污泥仍然具有较高厌氧释磷和好氧吸磷速率的原因。在样品中并没有检测到常见的两种分别属于 Alphaproteobacteria 纲以及 Gammaproteobacteria 纲的两类 GAOs。这说明在污泥含磷率下降的条件下,PAOs 的代谢模式会从 PAM 向 GAM 转变,通过分解更多的糖原为 VFAs 的吸收提供能量。可以看出 PAOs 似乎并没有受到 SRT 增长的影响,这可能是由于 PAOs 具有相对较低的衰减系数所致。样品中其他相对丰度较大的微生物如表 4-8 所示,可以看出在 $SRT = 35$ d 和 $SRT = 50$ d 的样品中相对丰度最大的有两类微生物,分别属于 Saprospiraceae 科以及 Bacteroidaceae 科的微生物。这两种微生物在样品中的增加导致了 Saprospira 纲和 Bacteroidia 纲的相对丰度的显著增加。根据文献报道,这两种微生物主要在活性污泥系统中起到发酵、水解有机物的作用[17]。这其中属于 Saprospiraceae 科的 *Haliscomenobacter* 属的微生物在 $SRT = 15$ d 的样品中被检测出来,这类微生物是一种经常能在活性污泥中检测出来的丝状菌并可以水解蛋白质或者多聚糖。而另一种属于绿弯菌门的 *Caldilinea* 属微生物也是一类经常可以在活性污泥中检测出来的丝状菌,其含量随着 SRT 的上升有所减少(见表 4-8)。此外还可以看到 *Dechloromonas* 属的一类微生物在 SRT 增加时相对丰度也有所上升。这类微生物根据一些文献报道可能也是一类 PAOs,同时也广泛参与到反硝化、脱氯和降解芳香族化合物的过程中。其他含量较高的微生物还有 *Flexibacter* 属,这是一类丝状菌且与污泥膨胀有关。

4.2.9 主要结论

通过 AAO-SBSPR 工艺验证了基于系统磷平衡的原则将磷回收率与 SRT 相关联的运行方式,以减少磷回收对系统污泥含磷率的影响。当 AAO-SBSPR 工艺运行时,其 SRT 随着工艺的 t-R 值的增加而提高。主要结论如下:

（1）AAO‐SBSPR 系统能以 SRT 与磷回收率相关联的运行方式稳定运行，且随着 SRT 的增加各个工况条件下都可以实现预设的磷回收率。延长 SRT 有利于缓解磷回收导致污泥含磷率下降的影响，并可以稳定实现 65% 的磷回收率。

（2）磷回收不影响系统对 COD 以及氨氮的去除，A/A/O 工艺与 AAO‐SBSPR 工艺对两者的去除效果没有明显不同。AAO‐SBSPR 系统的磷去除率相较于 A/A/O 工艺同样没有明显变化，即使在 SRT 较高的工况下。其原因在于部分磷通过化学沉淀（回收）的方式去除，提高了系统可处理的磷负荷。磷回收工艺对 TN 的去除率随着 SRT 与磷回收率的提高而增加。主要原因在于以化学沉淀（回收）的方式回收磷，减少了生物除磷对 COD 的需求，以及 AAO‐SBSPR 工艺对反硝化吸磷作用明显的促进节省了碳源，因此提高了系统的 TN 去除效果。

（3）AUR 以及 NUR 随着 SRT 增加而增加。在较高的 SRT 以及磷回收率的工况条件下，系统中的活性污泥仍具有较好的 EBPR 活性，但同时观察到 PAOs 的代谢方式向 GAOs 的代谢方式转换。反硝化吸磷速率占总吸磷速率的比例上升，进一步表明 AAO‐SBSPR 工艺对反硝化吸磷有促进作用。

（4）系统 SRT 的增加提高了磷回收工艺的微生物种群丰度与多样性。从属级别来看，PAOs、AOB 和 NOB 的种群丰度都有所提高且没有观察到常见的 GAOs 在系统中的增殖。

4.3 好氧颗粒污泥除磷脱氮耦合磷回收技术

好氧颗粒污泥是微生物通过细胞间的自凝聚作用形成的一种大而密实的微生物聚集体，是一种不需要载体的生物膜，最早在连续的上升流反应器中发现。与传统的絮体污泥相比，好氧颗粒污泥具有良好的沉降性能［可用污泥体积指数（sludge volume index，SVI）来表征］、较长的污泥停留时间、能够实现同步硝化反硝化、处理有毒有害的污水和抗冲击负荷等优点。

4.3.1 好氧颗粒污泥的形成机理

有关颗粒污泥的形成过程，Liu 和 Tay 较为详细地提出了 4 步骤理论[18]：① 物理位置的移动，也就是最初细菌间或细菌与固体表面间的物理运动，该过程涉及水流作用力、扩散力、重力、热动力和细胞运动。② 保持细菌-固体表面和多细胞间连接稳定性的初期吸引力，包括物理作用力（范德华力、静电排斥力）、表面自由能和表面张力形成的热力学作用和疏水性、化学作用力（氢键、离子键、微粒间桥联作用）及生化作用力（细胞表面脱水、细胞膜溶解）。其中细胞表面疏水性在颗粒污泥的形成中起到了重要作用。在这一步，丝状菌形成了三维的立体结构，这为聚团的细菌提供了稳定的生长环境。③ 微生物作用力使附着的细菌或聚团的细菌成熟,包括 EPS 的产生、细胞聚生体的生长、由环境引起的代谢变化和遗传能力变化,这些都有利于加强细胞间的相互作用,形成高密度的附着细胞。④ 由于水力剪切作用形成的微生物团的三维结构的稳定阶段。微生物团的外形和大小最终由菌团和水动力剪切力间相互作用强度和形式、微生物种属、底物负荷等所决定。

4.3.2 好氧颗粒污泥的除磷脱氮研究

好氧颗粒污泥一般具有密实的空间粒状结构,在氧传质阻力的作用下,DO 浓度能够在好氧颗粒污泥中出现浓度梯度,即颗粒外层处于好氧状态,DO 浓度较高,而越接近颗粒中心,氧的渗透能力越差,致使颗粒内部处于缺氧或厌氧状态。这种氧分布的层状结构能够为硝化细菌、反硝化细菌和 PAOs 的共同生长和代谢创造条件,使得好氧颗粒污泥能够实现污水的同步脱氮除磷。

在好氧颗粒污泥的脱氮方面,大部分 TN 由颗粒污泥同步硝化反硝化去除。DO 浓度对好氧颗粒污泥反应器的处理效果具有重要作用,通过优化曝气策略可以提高系统脱氮能力,如在曝气阶段通过曝气调控实现高低 DO 浓度交替运行可以提高 TN 的去除效率,而间歇曝气,使得曝气阶段出现短暂缺氧能进一步提高 TN 的去除。好氧颗粒污泥含有较高的 EPS,而 EPS 对氨氮、亚硝氮和硝氮的吸附能提高 TN 的去除效果。另外,为了节省污水处理的曝气能耗,减缓进水碳源不足的问题,研究者提出了采用好氧颗粒污泥来实现短程硝化反硝化脱氮。与传统的硝化反硝化相比,短程硝化反硝化不仅可以节省约 25% 的能耗(以氧计),节约 40% 的碳源(以甲醇计),而且能够加快整个脱氮的反应过程,缩短 HRT,并大幅度降低产生的污泥量。Yuan 和 Gao 的研究发现,当 DO 浓度在 1.0 mg/L、2.5 mg/L、3.5 mg/L 和 4.5 mg/L 时,好氧颗粒污泥系统均能实现短程硝化脱氮,其 TN 去除率分别为 94.88%、68.13%、60.44% 和 56.13%[19]。

在好氧颗粒污泥除磷方面,Lin 等[20] 最早研究了不同 P 与 COD 之比对除磷好氧颗粒污泥性状的影响,其研究结果表明,随着 P 与 COD 之比的升高,除磷颗粒的粒径会降低,但颗粒会变得更加密实,富磷率会随之上升,在 P 与 COD 之比为 1:10 时,富磷率可达 9.3%。Wu 等[21] 从微观和宏观上研究了 EBPR 工艺对好氧颗粒污泥的影响,他们认为 EBPR 工艺在厌氧磷释放过程中会形成带正电的亚颗粒,促进污泥颗粒化,因此 EBPR 工艺运行的好氧颗粒污泥比一般好氧颗粒污泥更容易形成,且系统所需的曝气能耗也更低。同时,他们的研究还认为 EBPR 工艺运行的好氧颗粒污泥的粒径比一般好氧颗粒污泥的粒径更小,而较小的粒径有助于颗粒污泥的稳定运行。Wu 等进一步研究了 EBPR 工艺对污泥颗粒化的影响机理,结果表明 EBPR 工艺在厌氧段产生的 $5 \sim 20~\mu m$ 的亚颗粒带有正电,利于微生物的附着生长,促进 EBPR 好氧颗粒污泥的形成,因此即使在传统认为不利于污泥颗粒化的条件下,EBPR 系统也能驯化出好氧颗粒污泥。此外,生物诱导磷酸盐沉淀是 EBPR 系统中普遍存在的现象,这一现象在 EBPR 的好氧颗粒污泥系统中更为显著。在污水处理过程中,硝化反硝化等生化反应和好氧 CO_2 吹脱等会导致溶液 pH 值升高;而厌氧释磷会引起溶液中高浓度的磷酸根和金属离子,诱导金属磷酸盐沉淀的形成。EBPR 系统中生物诱导磷酸盐沉淀现象对磷的去除具有一定贡献,而与普通絮体污泥相比,好氧颗粒污泥内部具有更高的 pH 值和离子浓度,更长的 SRT,因此好氧颗粒污泥系统中生物诱导磷酸盐沉淀现象对磷去除的贡献应该更大。de Kreuk 等和 Yilmaz 等的研究认为 EBPR 颗粒污泥内会沉积大量的磷沉淀,对磷的去除具有一定作用,但并没有直接证实,也没有测定出沉淀磷的形态[22-23]。Angela 等和 Lin 等利用仪器分析鉴定出各自培养的好氧颗粒污泥内磷沉淀的组分分别为 HAP 和 MAP[24-25]。

好氧颗粒污泥的同步脱氮除磷也被广泛研究。de Kreuk 等[22]研究了好氧颗粒污泥对 COD、氮、磷的同步去除效果,结果表明,当混合液中饱和 DO 浓度由 100% 降低到 40% 时,反硝化脱氮效果得到强化,TN 和 TP 的去除率分别由 34% 和 95% 提高到 98% 和 97%,但 DO 浓度的降低却一定程度上降低了颗粒污泥的稳定性。此外,他们的研究还发现好氧颗粒污泥的粒径大小与脱氮效率存在关系。Lemaire 等[26]在交替厌氧-好氧条件下培养出的好氧颗粒污泥具有很好的硝化反硝化脱氮作用和对磷的去除效果。Wei 等[27]在高浓度氨氮废水中培养出了具有同步脱氮除磷效果的好氧颗粒污泥,同时他们利用交替改变进水 COD 与 N 之比来提高反应器的除磷脱氮效果。

4.3.3　好氧颗粒污泥钙-磷沉淀富集和同步短程脱氮研究

生物诱导磷酸盐沉淀是 EBPR 系统中普遍存在的现象,而这一现象在 EBPR 的好氧颗粒污泥系统中更为显著。在污水处理过程中,反硝化产生的碱度以及曝气过程中 CO_2 的吹脱都会导致系统 pH 值上升,促使化学磷沉淀的形成,从而形成富磷好氧颗粒污泥(phosphorus-accumulating granular sludge,PGS)。而在好氧颗粒污泥系统中,一方面由于好氧阶段曝气量更大,同时存在反硝化,因此系统 pH 值会更高;另一方面,好氧颗粒污泥的 SRT 更长,化学磷沉淀更容易在污泥中积累起来。因此,在好氧颗粒污泥系统中生物诱导化学磷沉淀除磷的贡献更大。Yilmaz 等[23]的研究认为鸟粪石可在好氧颗粒污泥系统的厌氧末期形成。而 Angela 等[24]通过拉曼光谱、EDX 能谱分析和 XRD 等分析手段证明了好氧颗粒污泥中主要的磷沉淀为 HAP,而生物诱导化学磷沉淀去除的磷占去除 TP 的 45%。本文作者课题组针对好氧颗粒污泥系统中生物诱导化学磷沉淀及同时脱氮,研究了丝状菌在好氧颗粒污泥生物诱导化学磷沉淀过程中所起的作用、好氧颗粒污泥富集的化学磷形态、磷富集以及短程硝化反硝化实现脱氮的机理。具体研究方法和结果如下所述。

1）试验材料与方法

试验所用的接种污泥取自上海某市政污水处理厂的曝气池，属普通的活性絮体污泥，SVI_5 值（SVI_5 指沉淀 5 min 的 SV 计算的 SVI，主要用于评估颗粒污泥的沉降性能）为 164 mL/g，SVI_{30} 为 106 mL/g。污泥内的生物相丰富，除含有大量松散连接的菌胶团外，还有钟虫、轮虫等原生和后生动物，丝状菌含量较少。试验进水采用人工配置的模拟废水。其中乙酸钠为单一碳源，配置 COD 浓度为 600 mg/L；氯化铵（NH_4Cl）为氮源，配置 NH_4^+-N 浓度为 30 mg/L；磷酸二氢钾（KH_2PO_4）为磷源，配置 $PO_4^{3-}-P$ 浓度为 35 mg/L；配制微量元素浓缩液 0.3 mg/L，其中包含 Fe^{3+}、BO_3^{3-}、Co^{2+}、Cu^{2+}、I^-、Mn^{2+} 及乙二胺四乙酸（ethylene diamine tetraacetic acid，EDTA）等。另外自来水中本身含有 Ca^{2+} 浓度为 35 mg/L 左右，Mg^{2+} 浓度为 10 mg/L 左右。具体进水水质组分如表 4-9 所示，其中的微量元素浓缩液组分如表 4-10 所示。

表 4-9　人工配置进水组分

配 水 组 分	含量/(mg/L)
乙酸钠	769
NH_4Cl	114.7
KH_2PO_4	153.5
$MgSO_4 \cdot 7H_2O$	307.5～512.5
$CaCl_2$	97.1～208.1
微量元素浓缩液	0.3

表 4-10　微量元素浓缩液组分

微量元素浓缩液	浓度/(g/L)
$FeCl_3 \cdot 6H_2O$	1.50
H_3BO_3	0.15
$CoCl_2 \cdot 6H_2O$	0.15
$CuSO_4 \cdot 5H_2O$	0.03
KI	0.18
$MnCl_2 \cdot 4H_2O$	0.12
$Na_2MoO_4 \cdot 2H_2O$	0.06
$ZnSO_4 \cdot 7H_2O$	0.12
EDTA	10

试验采用 SBR 反应器，内径为 10 cm，有效高径比为 8.9。反应器的有效体积为 7 L，曝气量为 7.0 L/min，充水比为 50%，试验水温控制在 (25 ± 2) ℃。反应器接种污泥 MLSS 浓度为 1 000 mg/L，MLVSS 浓度为 688 mg/L，MLVSS 与 MLSS 的浓度之比为 0.688。在好氧颗粒污泥形成前，系统不主动排泥；在好氧颗粒污泥形成后，通过排泥控制反应器 SRT 为 30 天左右。在试验过程中共设 3 个运行工况，具体参数如表 4-11 所示。为了研究好氧颗粒污泥破碎后污泥磷含量的变化，工况Ⅲ采用延长曝气时间的策略让好氧颗粒污泥破碎。另外，为了评估氨氮是否存在挥发去除的可能性，本研究设置了一个空白对照试验。对照组反应器中除了没有添加活性污泥外，其余参数（曝气强度、pH 值、温度和氨氮、磷酸盐、Ca^{2+} 和 Mg^{2+}）均与好氧颗粒污泥反应器曝气初期的参数相同。

表 4-11　好氧颗粒污泥反应器的运行参数

运行工况	运行时间/d	进水/min	搅拌/min	曝气/min	沉淀/min	出水/min	闲置/min	Ca^{2+}/(mg/L)	Mg^{2+}/(mg/L)
Ⅰ	0～27	4	120	180	5	3	48	75	50
Ⅱ	28～97	4	120	210	2	3	21	35	30
Ⅲ	98～141	4	120	300	4	3	49	55	40

2）PGS 的形成及特性

试验 SBR 共运行 141 天。反应器运行 47 天后实现污泥颗粒化，反应器中的污泥主要为好氧颗粒污泥，之后系统稳定运行近 60 天。在工况Ⅲ中，通过延长曝气时间的方式破坏颗粒结构，至运行到 141 天时，反应器内的好氧颗粒污泥基本完全破碎，反应器系统主要以絮体污泥为主。此外，随着颗粒粒径的变大，培养出的好氧颗粒污泥表面的丝状菌含量越来越多。反应器运行至 48 天后，好氧颗粒污泥的粒径为 2 mm 左右，颗粒表面覆盖着丰富的丝状菌。由表 4-12 可知，反应器内

表 4-12　接种污泥和运行 87 天好氧颗粒污泥的特性对比

指　　标	接种污泥	好氧颗粒污泥
MLSS 浓度/(mg/L)	1 040	4 514
MLVSS 浓度/(mg/L)	716	2 967
MLVSS 浓度/MLSS 浓度/%	69	66
SVI_5/(mL/g)	164	44
SVI_{30}/(mL/g)	106	42
粒径/mm	0.06 ± 0.03	2.47 ± 0.67
密度/(kg/L)	1.006 ± 0.001	1.082 ± 0.048
沉淀速度/(m/h)	7 ± 1.3	61.1 ± 38.8

好氧颗粒污泥形成后,MLSS 的浓度、密度和沉降速度都显著增加,同时 SVI_5 和 SVI_{30} 显著降低,表明培养出的好氧颗粒污泥具有较好的沉降性能。尽管培养出的好氧颗粒污泥具有较高的丝状菌含量,但污泥的沉降性能并未受到影响。这主要是因为污泥颗粒化后本身就具有较好的沉降性能,同时本研究的好氧颗粒污泥富含较多的化学磷沉淀,致使污泥颗粒的比重较大,因此能够克服丝状菌对污泥沉降性能的不利影响。

为了探究好氧颗粒污泥富集化学磷沉淀的优势和机理,采用较高的进水 $PO_4^{3-}-P$ 浓度(35 mg/L)。由图 4-10 可知,在工况 I 中,由于进水中添加了较高浓度的 Ca^{2+}(40 mg/L),MLVSS 与 MLSS 之比快速下降,而污泥的磷含量逐渐上升。至运行 27 天,MLVSS 与 MLSS 之比降低至 50.2%,污泥磷含量上升至 97.1 mg/g。而在工况 II 中,MLVSS 与 MLSS 之比逐渐上升,同时污泥的磷含量则出现小幅下降(从 97.1 mg/g 降至 87.0 mg/g),这主要是由于该工况进水的 Ca^{2+} 浓度(35 mg/L)远低于工况I(75 mg/L),致使反应形成的化学磷沉淀量降低。然而,在反应器运行 47 天好氧颗粒污泥完全形成后,MLVSS 与 MLSS 之比在小幅上升后于 52 天开始出现下降。与此同时,污泥的磷含量也是不断上升,最高达到了 150.7 mg/g。这一现象的出现,表明好氧颗粒污泥在富集化学磷沉淀方面起到了至关重要的作用。在工况 II 中,虽然进水中不再添加 Ca^{2+},其进水中的 Ca^{2+} 浓度从工况 I 的 75 mg/L 降至 35 mg/L;但是随着好氧颗粒污泥的完全形成,系统仍然具有很强的化学磷沉淀富集能力,污泥的 MLVSS 与 MLSS 之比下降,污泥的磷含量上升。在工况 III 中,进水中添加了 20 mg/L 的 Ca^{2+},但是随着好氧颗粒污泥的解体,其 MLVSS 与 MLSS 之比逐渐上升,污泥的磷含量出现下降,表明絮体污泥不能富集化学磷沉淀。因

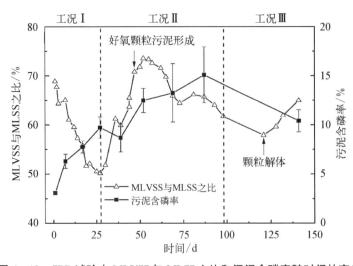

图 4-10　SBR 试验中 MLVSS 与 MLSS 之比和污泥含磷率随时间的变化

此,工况 Ⅱ 和工况 Ⅲ 中 MLVSS 与 MLSS 之比和污泥磷含量的变化证实了好氧颗粒污泥具有富集化学磷沉淀的能力。此外,Lin 等[25] 在进水磷浓度为 50 mg/L 的条件下,培养出的具有 EBPR 功能的好氧颗粒污泥的磷含量为 93 mg/g。Angela 等[24] 在进水磷浓度为 30 mg/L 的条件下,培养出的具有 EBPR 功能的好氧颗粒污泥的磷含量为 56 mg/g。而本试验培养出的 PGS 的磷含量可达 150.7 mg/g,远高于目前文献报道的具有 EBPR 功能的好氧颗粒污泥的磷含量,表明在提高污泥磷含量方面,好氧颗粒污泥化学磷富集具有一定优势。

图 4-11 显示了运行 90 天的 PGS。由图 4-11(a)可知,PGS 具有密实的外观结构,颗粒外形规则。从图 4-11(b)(c)和(d)可见,好氧颗粒污泥外表面含有大量的丝状菌,内部则主要由球菌和短杆菌组成,同时大量的沉淀晶体被丝状菌缠绕在颗粒表面。与絮体污泥相比,好氧颗粒污泥具有更长的 SRT 和更多的丝状菌含量。好氧颗粒污泥中具有一定量的丝状菌含量是比较常见的现象,已在较多研究中发现。在较低或中等丝状菌含量下,好氧颗粒污泥中的丝状菌有助于颗粒的形

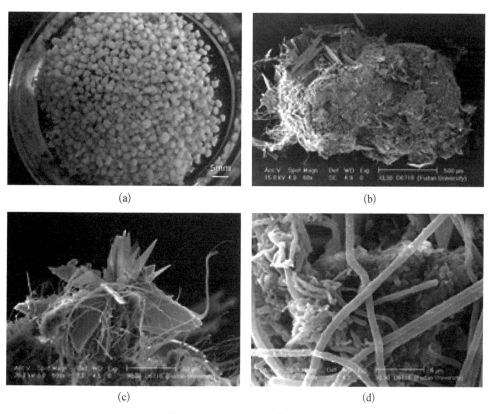

图 4-11　运行 90 天的 PGS 图

(a) PGS 的数码图片;(b) 完成颗粒的 SEM 图;(c) 丝状菌包裹沉淀晶体;(d) 颗粒外表面的微生物

成和颗粒的稳定运行。在本研究中,好氧颗粒污泥中丰富的丝状菌能够捕获反应器液相中形成的化学晶体沉淀。因此,沉淀晶体能够在好氧颗粒污泥中富集起来,使得好氧颗粒污泥具有较高的磷含量。进一步采用 XRD、SEM - EDX 和响应面分析,证明好氧颗粒污泥中的化学磷沉淀主要为白磷钙石和磷酸钙镁。

3)反应器的处理性能及机理分析

图 4 - 12 显示了工况 Ⅱ 典型周期内各指标的变化情况。由图可知,厌氧阶段 COD 和 PO_4^{3-} - P 的浓度基本没有变化,表明反应器并没有驯化出 PAOs。而在好氧阶段,由于硝化作用和化学磷沉淀,NH_4^+ - N 和 PO_4^{3-} - P 的浓度逐渐降低。从图 4 - 12(a)可知,在曝气前 30 min,溶液中的 pH 值从 8.2 快速上升至 9.0。pH 值的快速上升使得溶液中化学沉淀作用加强,PO_4^{3-} - P、Ca^{2+} 和 Mg^{2+} 的浓度下降。这一现象表明本试验中 PO_4^{3-} - P 的去除主要通过化学沉淀。而 Ca^{2+} 去除的量大于 Mg^{2+} 去除的量,则表明 Ca - P 沉淀是本试验好氧颗粒污泥中富集的主要化学磷沉淀。另外,由于三个工况的进水 Ca^{2+} 浓度不同,导致不同工况下 PO_4^{3-} - P 的去除率也不同。工况 Ⅰ 的 PO_4^{3-} - P 去除率为 75.2%,工况 Ⅱ 仅为 32.9%,而工况 Ⅲ 的 PO_4^{3-} - P 去除率为 42.6%。有文献报道,较高的进水 Ca^{2+} 浓度有助于污泥颗粒化,但在较高的进水 Ca^{2+} 浓度下,钙离子会与 PO_4^{3-} - P 发生沉淀反应,致使 EBPR 污泥厌氧释磷/厌氧乙酸吸收值降低,不利于 PAOs 的生长代谢。在本研究中,较高的 pH 值和 Ca^{2+} 浓度导致进水中的 PO_4^{3-} - P 主要通过化学沉淀在曝气初去除,这扰乱了 PAOs 的生长代谢[28],导致反应器最终没能驯化出 PAOs。

图 4 - 12(b)显示了氮在典型周期内的变化情况。在好氧阶段产生的 NO_x^- - N（NO_2^- - N 和 NO_3^- - N）量为 25.7 mg,远远低于好氧阶段减少的 NH_4^+ - N 量（79.6 mg）。根据文献报道,在好氧阶段用于微生物同化生长的氮一般占总去除氮的 8%。同时,在反应器的试验条件下,NH_4^+ - N 不会通过挥发的方式去除。因此由计算可得,曝气阶段有 47.5 mg 的 NO_x^- - N 是通过反硝化去除的。典型工况的 TN 去除率为 74%,这也表明了好氧颗粒污泥系统的曝气阶段发生了同步硝化反硝化现象。另外,好氧阶段积累的是 NO_2^- - N,而非 NO_3^- - N,则表明好氧阶段发生的是短程同步硝化反硝化脱氮。本试验短程硝化反硝化的实现主要是由于反应器体系内较高的游离氨浓度。游离氨是一种竞争抑制剂,能够抑制 NOB,实现 NO_2^- - N 的积累。Abeling 和 Seyfried[29]的研究表明,1~5 mg/L 的游离氨浓度可以抑制亚硝酸盐氧化过程,但对氨氧化过程没有影响。而本研究中,在好氧阶段,反应器内游离氨的浓度一直大于 1 mg/L,最大浓度可达 4.8 mg/L,因此本试验条件能够抑制 NOB,有利于系统实现短程硝化。pH 值和 DO 也是实现短程同步硝化反硝化的两个重要参数。本试验好氧颗粒污泥反应器曝气阶段的平均 pH 值为 8.7,较高

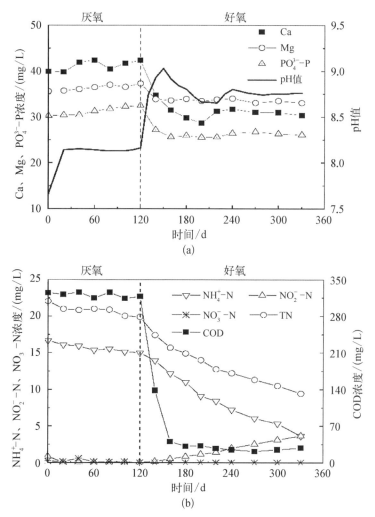

图 4-12　工况Ⅱ典型周期内各指标的变化情况(76 天)

(a) Ca,Mg,PO$_4^{3-}$-P 和 pH;(b) NH$_4^+$-N,NO$_2^-$-N,NO$_3^-$-N 和 COD

的 pH 值使得反应器好氧阶段具有较高的游离氨浓度,有利于 AOB 的生长而不利于 NOB 的生长;同时与 NOB 相比,AOB 更适于在高 pH 值条件下生长。由于 AOB 生长的最适 pH 值为 8.2±0.3;而 NOB 生长的最适 pH 值为 7.9±0.4,并且 NOB 对 pH 值的变化更加敏感,生长的最适 pH 值范围较窄。因此,通过控制反应器 pH 值在偏碱性或稍大于 AOB 生长的最适 pH 值,能够实现 AOB 的富集和 NO$_2^-$-N 的积累。另外,反应器液相的 DO 浓度对硝化作用和反硝化作用同样具有显著影响,DO 浓度过高,反硝化作用受到影响;而 DO 浓度过低,则会出现硝化不完全现象。本试验好氧颗粒污泥反应器曝气 40 min 后,液相中的 DO 浓度稳定在

8.6 mg/L 左右。根据氧传质深度公式可计算出本试验的氧传递深度为 173 μm,而本试验培养出的 PGS 的粒径在 2.47 mm 左右,因此在高 DO 浓度下仍能存在缺氧区,能够发生反硝化反应。综上所述,PGS 系统较高的 pH 值和游离氨浓度,为 AOB 的富集创造了条件,同时颗粒污泥较大的粒径,又为好氧阶段发生反硝化提供了可能,因此本试验培养出的 PGS 能够实现短程的同步硝化反硝化脱氮。

对微生物种群结构的 PCR - DGGE 分析表明,PGS 形成后其微生物种群的结构和丰度均发生了较大的变化。*Thiothrix* 属是 PGS 中丰度最高的丝状菌,其相对丰度达 23.41%。*Thiothrix* 属是引起活性絮体污泥膨胀的常见丝状菌,该丝状菌也曾在好氧颗粒污泥啤酒废水的处理系统中发现过。丝状菌的适量生长对污泥的颗粒化具有一定的促进作用,而颗粒污泥密实的结构和良好的沉降性能,也能容忍一定量的丝状菌生长而不影响污泥的沉降性能。同时,钙等金属离子可以作为晶核,促进微生物的聚集,提高好氧颗粒污泥的物理强度。在本研究中,进水 Ca^{2+} 浓度较高,尤其在工况 I 中,进水 Ca^{2+} 浓度可达 80 mg/L,这有助于促进好氧颗粒污泥的形成,增加颗粒污泥的物理强度,从而减轻污泥颗粒化过程中丝状菌对污泥沉降性能的不利影响。此外,在 PGS 系统中丝状菌(*Thiothrix* 属)能够捕获大量的沉淀晶体,提高污泥的比重,从而减轻大量丝状菌富集对污泥沉降性能的影响。因此,本试验培养出的 PGS 具有极好的沉降性能[(61.1±38.8)m/h]和较大的密度[(1.082±0.048)t/m³]。综上所述,好氧颗粒污泥能够富集一定量的丝状菌而不影响污泥的沉降性能,而丰富的丝状菌能够捕获液相中形成的晶体沉淀,提高污泥的磷含量。

参 考 文 献

[1] Szpyrkowicz L, Zilio-Grandi F. Seasonal phosphorus removal in a phostrip process — I two-years' plant performance [J]. Water Research, 1995, 29(10): 2318 - 2326.

[2] Barat R, van Loosdrecht M C M. Potential phosphorus recovery in a WWTP with the BCFS® process: Interactions with the biological process [J]. Water Research, 2006, 40(19): 3507 - 3516.

[3] Shi J, Lu X W, Yu R, et al. Nutrient removal and phosphorus recovery performances of a novel anaerobic-anoxic/nitrifying/induced crystallization process [J]. Bioresource Technology, 2012, 121: 183 - 189.

[4] Zou H M, Wang Y. Phosphorus removal and recovery from domestic wastewater in a novel process of enhanced biological phosphorus removal coupled with crystallization [J]. Bioresource Technology, 2016, 211: 87 - 92.

[5] van Loosdrecht M C M, Brandse F A, de Vries A C. Upgrading of waste water treatment processes for integrated nutrient removal — The BCFS® process [J]. Water Science and

Technology，1998，37(9)：209－217.

[6] Kodera H，Hatamoto M，Abe K，et al. Phosphate recovery as concentrated solution from treated wastewater by a PAO-enriched biofilm reactor [J]. Water Research，2013，47(6)：2025－2032.

[7] Zhou K X，Barjenbruch M，Kabbe C，et al. Phosphorus recovery from municipal and fertilizer wastewater：China's potential and perspective [J]. Journal of Environmental Sciences，2017，2：151－159.

[8] Zhu Z Y，Chen W L，Tao T，et al. A novel AAO-SBSPR process based on phosphorus mass balance for nutrient removal and phosphorus recovery from municipal wastewater [J]. Water Research，2018，144：763－773.

[9] Rodrigo M A，Seco A，Ferrer J，et al. The effect of sludge age on the deterioration of the enhanced biological phosphorus removal process [J]. Environmental Technology，1999，20(10)：1055－1063.

[10] Acevedo B，Camina C，Corona J E，et al. The metabolic versatility of PAOs as an opportunity to obtain a highly P-enriched stream for further P-recovery [J]. Chemical Engineering Journal，2015，270：459－467.

[11] Lv J H，Yuan L J，Chen X，et al. Phosphorus metabolism and population dynamics in a biological phosphate-removal system with simultaneous anaerobic phosphate stripping [J]. Chemosphere，2014，117：715－721.

[12] Xia C W，Ma Y J，Zhang F，et al. A novel approach for phosphorus recovery and no wasted sludge in enhanced biological phosphorus removal process with external COD addition [J]. Applied Biochemistry and Biotechnology，2014，172(2)：820－828.

[13] Smolders G J F，van Loosdrecht M C M，Heijnen J J. Steady-state analysis to evaluate the phosphate removal capacity and acetate requirement of biological phosphorus removing mainstream and sidestream process configurations [J]. Water Research，1996，30(11)：2748－2760.

[14] Rodrigo M A，Seco A，Penyaroja J M，et al. Influence of sludge age on enhanced phosphorus removal in biological systems [J]. Water Science and Technology，1996，34(1－2)：41－48.

[15] Acevedo B，Borras L，Oehmen A，et al. Modelling the metabolic shift of polyphosphate-accumulating organisms [J]. Water Research，2014，65：235－244.

[16] Nielsen P H，Mielczarek A T，Kragelund C，et al. A conceptual ecosystem model of microbial communities in enhanced biological phosphorus removal plants [J]. Water Research，2010，44(17)：5070－5088.

[17] Nielsen P H，Saunders A M，Hansen A A，et al. Microbial communities involved in enhanced biological phosphorus removal from wastewater — a model system in environmental biotechnology [J]. Current Opinion in Biotechnology，2012，23(3)：452－459.

[18] Liu Y，Tay J H. The essential role of hydrodynamic shear force in the formation of biofilm and granular sludge [J]. Water Research，2002，36(7)：1653－1665.

[19] Yuan X J, Gao D W. Effect of dissolved oxygen on nitrogen removal and process control in aerobic granular sludge reactor [J]. Journal of Hazardous Materials, 2010, 178(1-3): 1041-1045.

[20] Lin Y M, Liu Y, Tay J H. Development and characteristics of phosphorus-accumulating microbial granules in sequencing batch reactors [J]. Applied Microbiology and Biotechnology, 2003, 62(4): 430-435.

[21] Wu C Y, Peng Y Z, Wang S Y, et al. Enhanced biological phosphorus removal by granular sludge: From macro- to micro-scale [J]. Water Research, 2010, 44(3): 807-814.

[22] de Kreuk M K, Heijnen J J, van Loosdrecht M C M. Simultaneous COD, nitrogen, and phosphate removal by aerobic granular sludge [J]. Biotechnology and Bioengineering, 2005, 90(6): 761-769.

[23] Yilmaz G, Lemaire R, Keller J, et al. Simultaneous nitrification, denitrification, and phosphorus removal from nutrient-rich industrial wastewater using granular sludge [J]. Biotechnology and Bioengineering, 2008, 100(3): 529-541.

[24] Angela M, Beatrice B, Mathieu S. Biologically induced phosphorus precipitation in aerobic granular sludge process [J]. Water Research, 2011, 45(12): 3776-3786.

[25] Lin Y M, Bassin J P, van Loosdrecht M C M. The contribution of exopolysaccharides induced struvites accumulation to ammonium adsorption in aerobic granular sludge [J]. Water Research, 2012, 46(4): 986-992.

[26] Lemaire R, Yuan Z, Blackall L L, et al. Microbial distribution of Accumulibacter spp. and Competibacter spp. in aerobic granules from a lab-scale biological nutrient removal system [J]. Environmental Microbiology, 2008, 10(2): 354-363.

[27] Wei D, Shi L, Yan T, et al. Aerobic granules formation and simultaneous nitrogen and phosphorus removal treating high strength ammonia wastewater in sequencing batch reactor [J]. Bioresource Technology, 2014, 171: 211-216.

[28] Barat R, Montoya T, Borras L, et al. Interactions between calcium precipitation and the polyphosphate-accumulating bacteria metabolism [J]. Water Research, 2008, 42(13): 3415-3424.

[29] Abeling U, Seyfried C F. Anaerobic-aerobic treatment of high-strength ammonium wastewater-nitrogen removal via nitrite [J]. Water Science and Technology, 1992, 26(5-6): 1007-1015.

第5章 污泥中磷形态的分析方法

由于污水中的磷在处理过程中主要进入了污泥中,而污泥释磷情况与磷的存在形态及含量密切相关,因此在磷回收过程中需要了解污泥中各种磷的存在形态,研究污泥中磷的分析方法有利于了解污泥中磷的形态及含量,为从污泥中有效释放及回收磷提供基础数据,对污泥资源化有重要意义。因此本章主要介绍污泥中磷形态的分析方法。

5.1 标准测试方法

欧洲标准测试测量组织 20 世纪 90 年代提出了标准测试方法(the standards, measurements and testing programme,SMT),来测定土壤和沉积物中的磷形态,具体测定流程如图 5-1 所示。SMT 法将所提取的磷分为 5 种:非磷灰石态无机磷(non-apatite inorganic phosphorus,NAIP)(主要是与 Fe、Mn、Al 氧化物及其氢氧化物结合的磷,不稳定态磷也包括在其中)、磷灰石态无机磷(apatite phosphorus,AP)(钙磷,包括与 Ca 结合的各种磷)、IP、OP 以及 TP。提取方法的有效性可以通过比较 TP 与单个磷的和来确定,即 $TP = IP + OP$,$IP = NAIP + AP$。一般认为,TP 的回收率为 $97.2\% \sim 103.2\%$,IP 的回收率为 $95.5\% \sim 104.7\%$ 是合理的。

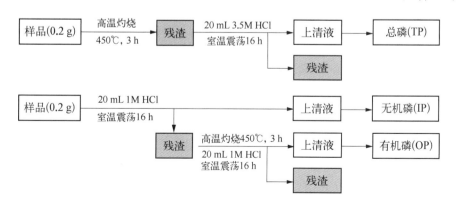

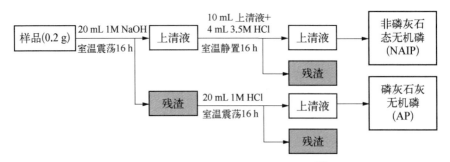

图 5-1 磷形态分级提取的 SMT 流程[1]

表 5-1 为一些研究对污水厂剩余污泥采用 SMT 法测定的 TP 及不同形态磷的含量。虽然污泥是由不同的工艺产生的,不同污水厂处理的污水水质也不同,但污泥含磷量相差不大。IP 是污泥中磷的主要存在形态,占 TP 的 50% 以上,在有化学除磷工艺的条件下,污泥中 IP 的占比会进一步增大,占 TP 的 70% 以上,IP 中主要形态为 NAIP。

表 5-1 不同污水处理厂污泥中磷的组成及浓度 单位:mg/g

污水处理厂	处理工艺	TP	OP	IP	NAIP	AP
西班牙某污水处理厂 1	—	23.1±0.2	2.3±0.1	20.0±0.3	9.7±0.4	10.1±0.2
西班牙某污水处理厂 2	—	26.1±0.3	5.8±0.3	20.2±0.8	11.9±0.2	7.5±0.2
杭州四堡污水处理厂	A/O	16.9±0.3	3.6±0.2	12.8±0.9	11.3±0.2	1.6±0.1
杭州七格污水处理厂	AA/O+絮凝	16.2±0.8	3.3±0.2	13.3±0.6	12.5±0.3	1.2±0.1
南京江心洲污水厂	A/O	17.2±0.2	4.2±0.1	13.3±0.2	10.1±0.2	2.5±0.1
上海某污水处理厂	AA/O+生物滤池	17.6±0.4	7.0±0.2	10.0±0.1	6.9±0.2	3.1±0.1
舟山某污水处理厂	MSBR 工艺	14.4±0.3	6.2±0.2	7.5±0.2	6.3±0.1	1.6±0.1
无锡某污水处理厂	AA/O+化学除磷	28.4±0.3	6.3±0.2	20.6±0.3	15.8±0.2	5.2±0.3

5.2 化学连续提取法

化学连续提取法是利用一系列化学试剂连续提取固体样品中不同的元素组

分。一套标准的连续提取方法应当尽可能步骤简单,以保证能对大量样品进行常规分析,同时还应当能够为初步判断某一特定样品形态提供充足的信息。

5.2.1　磷组分连续提取法

磷组分连续提取法广泛应用于土壤与沉积物中,常用方法如表 5-2 所示。Paludan 等[2]改进了 Psenner 法,利用 BD 试剂($0.11\ \mathrm{M\ NaHCO_3}+0.11\ \mathrm{M\ Na_2S_2O_4}$)提取湖泊沉积物中吸附在铁氧化物上的磷。Gu 等[3]认为沉积物中还存在 $\mathrm{Fe_3(PO_4)_2}$,因此改进了传统的 SEDEX 法,利用 0.2% $2,2'$-联吡啶$+0.1\ \mathrm{M\ KCl}$ 提取湖泊沉积物中 $\mathrm{Fe^{2+}\text{-}P}$。

Uhlmann 等[4]首次将 Psenner 法用于活性污泥中,利用 BD 试剂提取对氧化还原敏感的磷,主要是与 $\mathrm{Fe(OH)_3}$ 结合的磷,并利用 NaOH 提取吸附在金属氧化物($\mathrm{Al_2O_3}$)上的磷。Li 等[5]采用 Uhlmann 法分析 MBR 系统中铁盐除磷污泥中的磷形态,认为 BD 试剂主要提取的是磷酸盐沉淀[包括 $\mathrm{FePO_4}$ 和 $\mathrm{Fe_3(PO_4)_2}$]中的磷,而 NaOH 主要提取吸附在铁氧化物上的磷。但一方面 BD 试剂同样能提取一部分吸附在铁氧化物上的磷,另一方面若污泥中还存在其他金属,则该方法无法区分铁结合态磷(iron-bound phosphorus, Fe-P)与其他金属结合态磷,如铝结合态磷(aluminum-bound phosphorus, Al-P)等。Carliell-Marquet 等[6]改进了 Uhlmann 法,并用于分析污水厂投加铁盐后生成的 RS 及消化污泥中磷组分的变化情况,主要利用 NaOH 提取污泥中 Fe-P 和 Al-P。de Haas 等[7]利用 $\mathrm{HClO_4}$ 提取活性污泥中金属结合态磷。然而,Carliell-Marquet 等改进后方法以及 Dehaas 法、SMT 法均无法区分 Fe-P 与其他金属结合态磷。

表 5-2　常用磷组分连续提取法

方　　法	提取试剂	提取组分	不足之处	样品性质
Chang 和 Jackson 法[8]	1 M NH₄Cl	不稳定 P	氯化铵提取的磷部分会被氟化钙重新吸收;氟化铵也能溶解一些磷酸铁	土壤
	0.5 M NH₄F	Al-P		
	0.1 M NaOH	Fe-P		
	0.5 M HCl	Ca-P		
	CBD	易还原溶解性 P		
	0.1 M NaOH	难降解 P		
Williams 法[9]	CBD	Fe-P、Al-P、Mg-P、Mn-P	无法分离 Fe-P 与其他金属结合态 P;CBD 会破坏所有无定形磷化合物及溶解部分 OP	沉积物
	1 M NaOH	OP		
	0.5 M HCl	Ca-P		

（续表）

方　　法	提取试剂	提取组分	不足之处	样品性质
Hieltjies 和 Lijklema 法[10]	1 M NH$_4$Cl 0.1 M NaOH 0.5 M HCl	不稳定 P Fe - P、Al - P、OP Ca - P	无法分离 Fe - P 与 Al - P	沉积物
Psenner 法[11]	无氧 H$_2$O 0.11 M BD 1 M NaOH 0.5 M HCl 1 M NaOH 85℃	水溶性 P Fe - P Al - P、OP Ca - P 难降解 P	BD 试剂只能提取易被其还原的 Fe - P	湖泊沉积物
Goltemann 和 Booman 法[12]	0.02 M Ca - NTA + Na$_2$S$_2$O$_4$ + 0.1 M Tris 缓冲液 0.05 M Na - EDTA 6 M H$_2$SO$_4$ + 30% H$_2$O$_2$ 135℃	Fe - P Ca - P 难降解 P	EDTA 和 NTA 会干扰后续分光光度法测 P；忽略了其他金属结合态 P	沉积物
Ruttenberg 法 (SEDEX 法)[13]	1 M MgCl$_2$ CBD 1 M NaOAc/HOAc 1 M HCl 550℃ 灼烧 + 1 M HCl	可交换态 P 可被还原 P 羟基磷灰石、CaCO$_{3-}$P 氟磷灰石 OP	无法分离 Fe - P 与 Al - P	沉积物

5.2.2　污泥中金属组分连续提取法

金属组分连续提取法最初同样用于土壤及沉积物中，Stover 等[14]首先将连续提取法应用于测定污泥中金属形态，并将污泥中的金属形态分为可交换态金属、吸附态金属、与有机质结合金属、碳酸盐沉淀以及硫化物沉淀 5 类。Carliell - Marquet 等[6]利用改进后的 Stover 法提取铁盐除磷污泥中金属组分。对于铁组分，Carliell - Marquet 等认为 Na$_4$P$_2$O$_7$ + EDTA 溶液提取的铁主要来自 Fe$_r$PO$_4$(OH)$_{3r-3}$ 和 Fe$_3$(PO$_4$)$_2$ · 8H$_2$O，而 HNO$_3$ 和酸消解主要提取的是 FePO$_4$ 中的铁。然而他们忽略了铁氧化物中的铁，无法有效区分污泥中的磷酸铁类化合物和铁氧化物。其他常用的金属连续提取法如表 5 - 3 所示。

表 5 - 3　常用金属组分连续提取法

方　法	提 取 试 剂	提 取 组 分	不 足 之 处
Tessier 法[15]	1 M NH₄OAc	可交换态金属	无法测定金属氧化物
	1 M HOAc	碳酸盐沉淀	
	30% H₂O₂	有机质结合金属及硫化物沉淀	
BCR 法[16]	1 M HOAc	可交换态金属	提取试剂缺乏选择性;分析元素会在各提取组分重新分布
	0.1 M NH₂OH·HCl	铁/锰氧化物	
	1 M NH₄OAc	有机质结合金属及硫化物沉淀	
Qiao 和 Ho 法[17]	2 M CaCl₂	可交换态金属	提取步骤较多
	1 M HOAc/NaOAc	碳酸盐沉淀	
	0.04 M NH₂OH·HCl	金属氧化物/易还原金属	
	30% H₂O₂+3.2 M NH₄OAc	有机质结合金属及硫化物沉淀	

5.3　仪器分析技术

随着科学技术的日益发展,越来越多的仪器分析技术被用来表征和测定沉积物或污泥中的物质组分,如表 5 - 4 所示。其中光谱技术利用红外光、X 射线或 γ 射线等电磁波照射样品,从而获得样品组分、内部结构等信息,具有操作简便,可信度高等特点,是很好的定性(半定量)的分析手段。此外,扫描电镜等技术可获得样品形貌及颗粒大小等信息。

表 5 - 4　用于表征和测定固体样品中磷物质组分的仪器分析技术

方　法	用　途
FTIR 光谱/衰减全反射傅里叶变换红外光谱	分析样品中存在的官能团,判断磷酸根与铁氧化物的结合方式
拉曼光谱	与 FTIR 类似,但波长范围更宽
XRD	判断样品(晶体)是否含有铁氧化物及磷酸盐沉淀,确定其结晶度
EDX	确定样品中金属离子与磷的摩尔比
穆斯堡尔光谱	确定样品中铁氧化物种类,污泥中是否含有蓝铁矿,分析铁氧化物与有机物的反应

（续表）

方　　法	用　　途
X射线吸收光谱，包括X射线吸收精细结构谱和X射线吸收近边结构谱	确定样品（晶体或无定形）中元素的氧化状态及化学形态，分析铁氧化物与磷酸根的表面络合结构
小角X射线散射	分析样品晶胞结构，测定超细粉末粒子的大小、形状及分布
核磁共振波谱	分析样品中物质的成分及结构
SEM/透射电镜	观察样品的形态及颗粒大小

5.4　化学平衡模型法

尽管自然界的环境系统始终在变化，很少达到平衡状态，人们还是建立了许多化学平衡模型来预测元素在不同条件下的形态。早期，人们主要通过列化学方程式及平衡常数，手动计算建立模型。如 Fytianos 等[18]通过小试试验考察了 pH 值、铁盐投量及初始磷浓度对 $FeCl_3$ 污水除磷效果的影响，并建立了一套化学沉淀的数学模型。该模型一共包括 15 个化学反应和 4 种固体沉淀，包括单相沉淀和两相共沉淀；Hauduc 等[19]在沉淀机理的基础上考虑了水解铁氧化物（hydrolic ferric oxides，HFO）的形成，针对污水铁盐除磷开发了新的动态物理化学模型，模拟结果显示该模型在各种条件下均能很好体现磷酸根与 HFO 的吸附与共沉淀机理。

近年来，Visual MINTEQ、Visual MINTEQ2、PHREEQC 等物理化学平衡模型软件的出现大大提高了模拟效率。Hu 等[20]利用 3.0 版本的 Visual MINTEQ 软件模拟 PO_4^{3-} - P、S^{2-} 和 Fe 之间的沉淀溶解平衡，结果显示铁盐价态（Fe^{2+} / Fe^{3+}）的不同会直接影响后续含铁磷污泥通过厌氧发酵及硫化物还原的释磷效果。van der Grift 等[21]使用 PHREEQC 模型软件预测天然地下水渗流过程中磷酸根的固定情况。实验及模拟结果显示当初始 P/Fe 摩尔比小于 1.5 时，可选用生成 P/Fe 摩尔比为 0.6 的羟基磷酸铁沉淀[$Fe_{1.67}PO_4(OH)_{2.01}$]作为地下水磷固定的预测存在形态。

5.5　污泥中铁磷化合物定性定量的改进分析方法

铁属于过渡金属，化学性质较为复杂，在中性或碱性溶液中，溶解态铁（Fe^{3+} / Fe^{2+}）可迅速水解形成不溶性铁氧化物，磷酸根会吸附在铁氧化物表面或与铁氧化物共沉淀。同时,溶解态铁也可直接与磷酸盐反应形成磷酸铁类化合物,如磷酸铁、磷酸亚铁和羟基磷酸铁。此外,污泥中的铁磷化合物(iron-phosphorus compounds, FePs)形态可能会受污水厂不同条件的影响而发生转变。现有的化学提取法难以有效区分 Fe-P 与 Al-P,以及磷酸铁类化合物与铁氧化物,而大部分仪器分析技术与平衡模拟方法只能定性分析,无法给出定量结果。本书作者课题组对现有的化学连续提取法进行优化改进,并利用改进后的化学连续提取法,结合仪器分析技术及化学平衡模拟软件分析不同污泥含 FePs 情况,研究建立了一种能对污泥中 FePs 进行定性定量分析的方法[22],本节主要对该方法进行详细介绍。

5.5.1　污泥样品

对五种含 FePs 的污泥样品进行测试。其中两种化学除磷污泥(chemical phosphorus removal sludge, CPRS)在实验室制备,通过将一定量 $FeCl_3$ 储备液分别投加到 KH_2PO_4 溶液和 A/A/O 工艺二沉池出水中获得污泥样品,所得污泥分别称为 CPRS1 和 CPRS2。另外三种样品为污水处理厂实际污泥,分别取自污水处理厂 A 的 RS、污水处理厂 B 的浓缩污泥(concentrated sludge, CS)以及某污泥处理厂厌氧消化前的混合污泥(mixed sludge before anaerobic digestion,MSBD)。这三种实际污水厂污泥初始性质如表 5-5 所示,主要包括 pH 值和 TSS、VSS、TP、总铁(total iron, TFe)、Al、Ca 的含量等指标。

表 5-5　污水处理厂实际污泥的初始性质

指　标	RS	CS	MSBD
pH 值	6.96	6.83	7.65
TSS 含量/(g/L)	13.10±0.41	16.08±0.16	83.07±18.79
VSS 含量/(g/L)	9.80±0.30	6.98±0.21	46.52±16.57
TP 含量/(g/kg)	23.12±0.24	21.39±0.40	22.07±0.00
TFe 含量/(g/kg)	48.32±1.39	149.34±10.78	133.32±1.45
Al 含量/(g/kg)	6.70±3.20	20.05±0.22	28.01±0.44
Ca 含量/(g/kg)	13.95±2.65	17.24±0.28	23.06±0.21

5.5.2　污泥中 FePs 的分析方法

1) 污泥磷组分连续提取法

污泥磷组分连续提取法进行了优化和改进,如表 5-6 所示。具体操作步骤如下:称取 0.01 g 左右的干污泥样品放入 50 mL 离心管中,先加入 10 mL 去离子水以提取水溶性/弱吸附态磷。将离心管放入恒温振荡培养箱中振荡 1 h(25℃,200 r/min),

取出后离心(8 000 r/min,15 min)分离上清液。用 10 mL 去离子水洗涤剩余污泥两次,离心(8 000 r/min,15 min)分离上清液,将提取上清液与水洗上清液过滤(0.45 μm)、混合后用 HCl 酸化并定容至 50 mL,混合酸化后溶液称为 H_2O 提取液。向剩余污泥中加入 15 mL 0.027 mol/L 的 Na_2S 溶液(pH 值调至 7.5)以提取 Fe-P,振荡 24 h(25℃,200 r/min),其余步骤同上,混合酸化后溶液称为 Na_2S 提取液。继续向剩余污泥中加入 15 mL 0.1 mol/L 的 NaOH 溶液以提取 Al-P、Mn-P、Mg-P 及易降解 OP,振荡 1 h(25℃,200 r/min),其余步骤同上,混合酸化后溶液称为 NaOH 提取液。然后,向剩余污泥中加入 15 mL 0.5 mol/L 的 HCl 溶液以提取 Ca-P,振荡 1 h(25℃,200 r/min),其余步骤同上,混合后溶液称为 HCl 提取液。最后,向剩余污泥中加入 3 mL 浓 HNO_3、1 mL 浓 HCl 及 1 mL HF,在 250℃ 条件下消解 6 h 以提取难降解 OP,消解液加去离子水定容至 50 mL,所得溶液称为 Res 提取液。

表 5-6　污泥磷组分连续提取法

试　剂	浓度/(mol/L)	用量/mL	时间/h	磷组分
H_2O	—	10	1	水溶性/弱吸附态磷
Na_2S	0.027	15	24	Fe-P
NaOH	0.1	15	1	Al-P、Mg-P、Mn-P OP
HCl	0.5	15	1	Ca-P
浓 HNO_3 + 浓 HCl+HF	—	15	6	难降解 OP

溶液中溶解性总磷(total dissolved phosphorus,TDP)包括溶解性活性磷(dissolved reactive phosphorus,DRP,即 PO_4^{3-}-P)和溶解性非活性磷(dissolved non-reactive phosphorus,DNRP)。测定 NaOH 提取液中 PO_4^{3-}-P 浓度和 TDP 浓度,两者相减可计算得到 DNRP 浓度,其中 NaOH-DRP 代表 Al-P、Mn-P、Mg-P,NaOH-DNRP 代表易降解 OP。测定其余每步提取液中的 PO_4^{3-}-P 浓度,其中 HCl 会和 Na_2S 反应生成乳白色的单质硫,因此 Na_2S 提取液静置 24 h 后取上清液过滤(0.45 μm)再测定 PO_4^{3-}-P。通过式(5-1)和式(5-2)可以计算出每步提取的磷组分的含量。

$$w_P = \frac{0.05c_P}{m} \tag{5-1}$$

$$w_{OP} = \frac{0.05(c_{TDP} - c_{P-NaOH} + c_{P-Res})}{m} \tag{5-2}$$

式中，w_P 为除 OP 外各磷组分含量，g/kg；w_{OP} 为 OP 组分含量，g/kg；c_P 为各提取液中 $PO_4^{3-}-P$ 浓度，mg/L；c_{P-NaOH} 为 NaOH 提取液中 $PO_4^{3-}-P$ 浓度，mg/L；c_{P-Res} 为 Res 提取液中 $PO_4^{3-}-P$ 浓度，mg/L；c_{TDP} 为 NaOH 提取液中 TDP 浓度，mg/L；m 为称取的干污泥质量，g。

2）污泥铁组分连续提取法

污泥铁组分连续提取法改进了 Stover 提出的金属连续提取法，如表 5-7 所示，具体操作步骤如下：称取 0.01 g 左右的干污泥样品放入 50 mL 离心管中，先加入 15 mL 1 mol/L 的 KNO_3 溶液和 0.5 mol/L 的 KF 溶液的混合溶液以提取污泥中易被提取的铁。将离心管放入恒温振荡培养箱中振荡 16 h(25℃,200 r/min)，取出后离心(8000 r/min,15 min)分离上清液。用 10 mL 去离子水洗涤剩余污泥两次，离心(8 000 r/min,15 min)分离上清液，将提取上清液与水洗上清液过滤(0.45 μm)、混合后用 HCl 酸化并定容至 50 mL，混合酸化后溶液称为 KNO_3+KF 提取液。向剩余污泥中加入 15 mL 0.1 mol/L 的 $Na_4P_2O_7$ 溶液，振荡 16 h(25℃,200 r/min)，其余步骤同上，混合酸化后溶液称为 $Na_4P_2O_7$ 提取液。继续向剩余污泥中加入 15 mL 0.1 mol/L 的 EDTA 溶液，振荡 16 h(25℃,200 r/min)，其余步骤同上，混合酸化后溶液称为 EDTA 提取液。$Na_4P_2O_7$ 可以提取无定形 $Fe_rPO_4(OH)_{3r-3}$ 及与有机物结合的铁，而 EDTA 可以提取成熟 $Fe_rPO_4(OH)_{3r-3}$ 和 $Fe_3(PO_4)_2 \cdot 8H_2O$。然后，向剩余污泥加入 15 mL BD 试剂(0.11 mol/L $NaHCO_3+0.11$ mol/L $Na_2S_2O_4$) 以提取铁氧化物，振荡 1 h(25℃,200 r/min)，其余步骤同上，混合酸化后溶液称为 BD 提取液。最后，向剩余污泥中加入 3 mL 浓 HNO_3、1 mL 浓 HCl 及 1 mL HF，在 250℃条件下消解 6 h，消解液加去离子水定容至 50 mL，所得溶液称为 Res 提取液。

表 5-7　污泥铁组分连续提取法

试　剂	浓度/(mol/L)	用量/mL	时间/h	铁　组　分
KNO_3+KF	1+0.5	15	16	易被提取的铁
$Na_4P_2O_7$	0.1	15	16	$FePO_4$ 无定形 $Fe_rPO_4(OH)_{3r-3}$ 有机物-Fe
EDTA	0.1	15	16	$FePO_4$ 成熟 $Fe_rPO_4(OH)_{3r-3}$ $Fe_3(PO_4)_2 \cdot 8H_2O$ $FeCO_3$
BD 试剂	0.11	15	1	无定形铁氧化物
浓 HNO_3 + 浓 HCl+HF	—	15	6	铁氧化物、FeS

测定各步提取液中铁的浓度。通过式(5-3)可以计算出每步提取的铁组分的含量。

$$w_{Fe} = \frac{0.05c_{Fe}}{m} \qquad (5-3)$$

式中，w_{Fe} 为每步提取的铁组分含量，g/kg；c_{Fe} 为各提取液中 Fe 浓度，mg/L；m 为称取的干污泥质量，g。

3) 污泥 TFe 及 TP 含量分析方法

用天平称取干污泥样品 0.01 g 左右，放于 25 mL 的聚四氟乙烯坩埚中，加入 3 mL 浓 HNO_3、2 mL 浓 HCl 及 1 mL HF。采用加热板加热消解，在 250℃下消解 6 h。消解后，打开聚四氟乙烯坩埚盖子赶酸，冷却至室温后用去离子水定容至 50 mL，样品过滤(0.45 μm)后测定消解液中的 PO_4^{3-}-P 和 Fe 浓度。

4) 仪器分析与模型分析方法

利用 PHREEQC 软件模拟 KH_2PO_4 溶液和 A/A/O 二沉池出水中投加铁盐后的化学沉淀过程，并计算可能形成的 FePs 的 SI。$FePO_4$ 和 $Fe_{2.5}PO_4(OH)_{4.5}$ 的溶度积分别取 10^{-23} 和 10^{-97}[23]，其余沉淀物的溶度积取软件默认值。

采用 FTIR 光谱仪在 4 000～400 cm^{-1} 的范围内记录光谱(分辨率为 4 cm^{-1})以分析样品中的官能团；在 X 射线衍射仪中进行 XRD 测量以分析样品中的晶体物质；采用 SEM-EDX 分析样品的表面形态和元素组成；采用 X 射线光电子能谱(X-ray photoelectron spectroscopy，XPS)仪确定样品表面上的组分。

5.5.3 分析结果与讨论

1) PHREEQC 软件模拟

PHREEQC 软件化学沉淀模拟结果如表 5-8 所示，两种实验室制备污泥中可能存在的 FePs 的 SI 值均大于 0，表明这两种污泥均可能同时含有铁氧化物和磷酸铁类化合物。此外可以发现，CPRS2 中不同铁氧化物的 SI 值均高于 CPRS1，说明向二沉池出水中投加铁盐更可能形成铁氧化物，这可能与两种溶液的反应 pH 值不同有关。CPRS2 的反应 pH 值高于 6，而铁在较高 pH 值下更易与 OH^- 反应形成氧化物或氢氧化物。

表 5-8 PHREEQC 计算的实验室制备污泥中可能存在的 FePs 的 SI 值

沉淀物	SI 值	
	CPRS1	CPRS2
$FePO_4$	2.19	1.71
$Fe_{2.5}PO_4(OH)_{4.5}$	23.90	23.45

（续表）

沉 淀 物	SI 值	
	CPRS1	CPRS2
$\alpha\text{-}Fe_2O_3$	17.87	20.25
$\alpha\text{-}FeOOH$	7.92	9.16
$\gamma\text{-}FeOOH$	5.42	7.33
$am\text{-}FeOOH$	1.90	3.81

2）磷和铁组分连续提取

（1）磷组分　改进后的磷组分提取法主要将原方法中提取 Fe-P 的 BD 试剂替换成了 Na_2S 溶液。这是因为 BD 试剂主要提取的是吸附在铁氧化物上的磷，因此忽略了磷酸铁类化合物中的磷，而研究显示 Na_2S 能提取所有与 FePs 结合的磷。利用 $FePO_4 \cdot 4H_2O$ 和 $AlPO_4$ 作为标准物质，进一步验证改进后的磷组分连续提取法对污泥中 Fe-P 和 Al-P 的提取选择性。两种标准物质中不同提取磷组分含量占提取总磷（ΣP）的百分含量如图 5-2 所示。$FePO_4 \cdot 4H_2O$ 中几乎所有磷（99.7%）均被 Na_2S 溶液提取。Na_2S 溶液也能提取 $AlPO_4$ 中一小部分磷（11.8%），但大部分磷（88.2%）在 NaOH 步骤被提取。因此，改进后的磷组分连续提取法对 Fe-P 和 Al-P 具有较好的选择性。

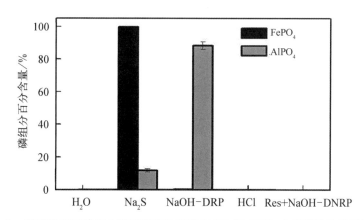

图 5-2　利用改进后磷组分连续提取法提取 FePO₄ 和 AlPO₄ 中各磷组分的百分含量

五种含 FePs 的污泥中的 TP 及各提取磷组分含量的测定结果如表 5-9 所示。实验室制备污泥与污水处理厂污泥中各种磷组分及 TP 含量差异较明显，污水处理厂污泥的 TP 含量为 $20\sim30$ g/kg，而实验室制备污泥中 TP 含量高于 100 g/kg。将每种污泥中各提取磷组分含量相加可得污泥 ΣP 含量，根据 ΣP 与 TP 含量之比，可得改进后的磷组分连续提取法对五种污泥的 TP 回收率为 82%～100%。

表5-9　试验污泥中的 TP 及各提取磷组分含量　　　　单位：g/kg

污泥	H_2O-P	Na_2S-P	NaOH-DRP	HCl-P	NaOH-DNRP+Res-P	TP
CPRS1	0.00 ± 0.00	101.97 ± 2.31	1.57 ± 0.42	0.20 ± 0.20	0.00 ± 0.00	109.58 ± 3.54
CPRS2	0.67 ± 0.51	82.64 ± 3.44	1.62 ± 0.18	0.70 ± 0.04	11.15 ± 0.65	103.21 ± 2.33
RS	1.92 ± 0.01	13.39 ± 1.41	1.28 ± 0.28	0.12 ± 0.00	2.32 ± 0.17	23.12 ± 0.24
CS	0.48 ± 0.03	16.88 ± 2.18	3.22 ± 0.22	0.56 ± 0.20	1.79 ± 0.02	21.39 ± 0.40
MSBD	0.13 ± 0.01	14.93 ± 0.66	7.00 ± 0.05	0.70 ± 0.03	2.75 ± 0.01	22.07 ± 0.00

对五种污泥中不同提取磷组分含量占 ΣP 的百分含量分析表明，Na_2S 溶液提取的 Fe-P 是所有污泥样品中最主要的磷组分，占 ΣP 的 58.5%～99.3%，这是由于在实验室及所选取污水处理厂中均采用铁盐进行除磷。而去离子水和 HCl 溶液提取的磷组分含量很小，分别占 ΣP 的 0%～10.1% 和 0.2%～2.8%，这表明这五种污泥样品中可溶性/弱吸附态 P 与 Ca-P 含量均很少。CPRS1 不含 OP(NaOH-DNRP+Res-P)，其余污泥中的 OP 来源于污水或污泥中的微生物细胞，占 ΣP 的 7.8%～12.2%，这部分磷可在厌氧消化过程中释放。在三种污水处理厂污泥中，MSBD 含有最多 Al-P(NaOH-DRP)，占 ΣP 的 27.4%，这是因为 MSBD 是多家污水处理厂污泥的混合污泥，其中一些污水处理厂可能使用了铝盐来达到除磷目的，因此 Al-P 含量较高。

（2）铁组分　利用水铁矿(am-FeOOH)、无定形 $FePO_4$(am-$FePO_4$)、Fe_2O_3 和 $FePO_4 \cdot 4H_2O$ 作为标准物质，验证改进后的铁组分连续提取法对磷酸铁类化合物和铁氧化物的选择性。Fe_2O_3 和 am-FeOOH 分别代表结晶铁氧化物和无定形铁氧化物，$FePO_4 \cdot 4H_2O$ 和 am-$FePO_4$ 分别代表结晶磷酸铁类化合物和无定形磷酸铁类化合物。标准物质中不同铁组分含量占提取总铁(ΣFe)的百分含量如图5-3所示，大部分 $FePO_4 \cdot 4H_2O$ 和 am-$FePO_4$ 中的铁在前三个步骤中被提取，分别占各自 ΣFe 的 89.2% 和 100%。而 Fe_2O_3 和 am-FeOOH 中的铁主要在后两个步骤被提取，分别占各自 ΣFe 的 99.5% 和 95.8%。因此，改进后的铁组分连续提取法对磷酸铁类化合物和铁氧化物有较好的选择性。此外，BD 试剂提取了 am-FeOOH 中接近一半的铁(45.1%)，而加酸消解提取了 Fe_2O_3 中大部分铁(79.6%)，这表明该方法在一定程度上可以区分结晶铁氧化物和无定形铁氧化物。

五种含 FePs 污泥中 TFe 及各提取铁组分含量的测定结果如表5-10所示。不同污泥中各铁组分及 TFe 含量差异较明显，实验室制备污泥 TFe 含量为 100～110 g/kg，污水处理厂污泥中 CS 和 MSBD 样品的 TFe 含量较高，而 RS 样品 TFe

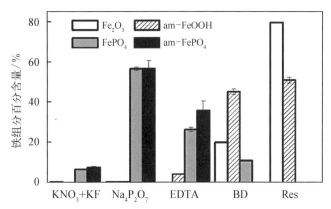

图 5-3 利用改进后铁组分连续提取法提取 Fe_2O_3、$FePO_4$、
am-FeOOH 和 am-FePO_4 中各铁组分的百分含量

含量较低,可能与不同污水处理厂投加铁盐量不同有关。将每种污泥中各提取铁组分含量相加可得污泥 ΣFe 含量,根据 ΣFe 与 TFe 含量之比,可得改进后的铁组分连续提取法对五种污泥的 TFe 回收率为 84%~100%。

表 5-10 污泥中 TFe 及各提取铁组分含量   单位:g/kg

污 泥	KNO_3+ KF-Fe	$Na_4P_2O_7$- Fe	EDTA- Fe	BD-Fe	Res-Fe	TFe
CPRS1	14.93±2.26	104.27±2.58	210.37±5.48	18.77±2.31	32.17±7.01	377.37±10.53
CPRS2	0.00±0.00	31.65±2.80	16.92±0.06	98.06±5.35	212.19±5.77	383.35±10.49
RS	0.28±0.03	9.53±2.35	2.26±0.10	0.16±0.00	28.55±1.14	40.78±1.34
CS	0.00±0.00	18.86±2.54	119.69±2.50	5.92±0.50	7.05±0.07	149.34±10.78
MSBD	0.00±0.00	5.76±0.31	83.21±7.98	13.95±0.33	11.93±0.45	133.32±1.45

$Na_4P_2O_7$-Fe 和 EDTA-Fe 主要代表与磷酸盐结合的 Fe(磷酸盐-Fe),而 BD-Fe 和 Res-Fe 主要代表与氧化物结合的 Fe(氧化物-Fe)。对五种污泥中不同提取铁组分占 ΣFe 的百分含量分析结果表明,磷酸盐-Fe 和氧化物-Fe 分别是实验室制备污泥 CPRS1 和 CPRS2 中的主要铁组分,分别占各自 ΣFe 的 82.7% 和 86.4%。其中,$Fe_rPO_4(OH)_{3r-3}$ 可能是 CPRS1 最主要的磷酸盐沉淀,因为用 NaOH 调节溶液 pH 值时会引入较多 OH^-。CPRS2 中则存在更多的铁氧化物,这也与 PHREEQC 软件模拟结果一致。对于污水处理厂污泥,RS 中氧化物-Fe 组分占 ΣFe 的 70.6%,说明向污水中投加的铁盐主要形成了铁氧化物而不是磷酸铁类化合物。RS 中氧化物-Fe 组分中的 Res-Fe 含量(70.2%)远高于 BD-Fe (0.4%),说明 RS 中的铁氧化物更可能为晶体铁氧化物。此外,Res-Fe 高说明 RS 中也可能存在一定量的黄铁矿(FeS),而黄铁矿是污泥中主要铁沉淀形式之一。

CS 和 MSBD 中的 Fe 组分均以磷酸盐-Fe 为主，分别占各自 ΣFe 的 91.4% 和 77.4%，且其中 EDTA-Fe 组分所占比重最大，分别占各自 ΣFe 的 79% 和 72.3%。由此可知，这两种污泥样品中的 FePs 主要为成熟的 $Fe_rPO_4(OH)_{3r-3}$ 和一些 $FePO_4$ 或 $Fe_3(PO_4)_2$。

3）仪器分析

（1）FTIR 对五种污泥进行 FTIR 光谱测定，结果如图 5-4 所示。污泥在 3 400 cm^{-1} 和 1 630 cm^{-1} 左右的吸收峰归属为结晶水或羟基磷酸铁中 O-H 的伸缩和弯曲振动。RS 相比于其他四种污泥中 O-H 峰强度最大，说明 RS 中结晶水或羟基磷酸铁含量较多。1 030 cm^{-1} 的吸收峰归属为磷酸铁或吸附的磷酸根中 P-O 的变形振动。污水处理厂污泥样品中 P-O 键的强度较实验室制备污泥有所减弱，说明污水处理厂污泥中含磷化合物含量较少，因为在实际污水中还存在 CO_3^{2-}、SO_4^{2-} 等其他阴离子会和 Fe、Al、Ca 等金属离子反应生成沉淀。除 CPRS1 外，其余污泥在 2 920 cm^{-1} 和 2 850 cm^{-1} 处存在吸收峰，分别属于 C-H 的不对称和对称伸展振动，来自污水或污泥中的有机物。

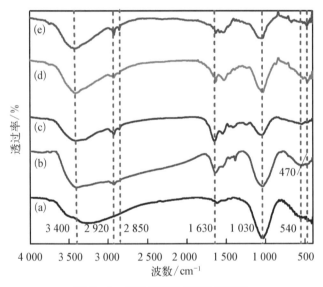

图 5-4　五种污泥的 FTIR 光谱图

(a) CPRS1；(b) CPRS2；(c) RS；(d) CS；(e) MSBD

CPRS2 和 RS 均在波数 470 cm^{-1} 和 540 cm^{-1} 处存在吸收峰，这属于赤铁矿的特征峰，这是由于制备 CPRS2 所用原始污水与 RS 取自同一个污水处理厂，因此这两种污泥样品含有相似的 FePs。当波数在 400 cm^{-1}～800 cm^{-1} 之间时，CPRS1 的 FTIR 光谱与实验室制备水铁矿（am-FeOOH）的 FTIR 光谱（见图 5-5）较为相似,说明水铁矿可能是CPRS1中主要的铁氧化物。一般认为水铁矿是铁盐水解后最可能形成的铁氧化物。

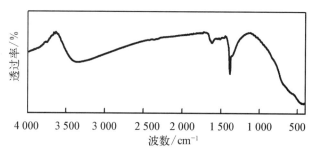

图5-5 制备水铁矿的FTIR光谱图

(2)XRD 五种污泥的XRD谱图如图5-6所示。从图中可以看出,两种实验室制备污泥CPRS1和CPRS2没有明显的衍射峰,因此属于无定形非晶态物质。三种污水处理厂污泥结晶度较高,在衍射角(2θ)为20.8°和26.7°处存在明显的石英(SiO_2)衍射峰。然而,在这些样品中均未检测到红铁矿、蓝铁矿、赤铁矿等FePs,因此XRD不适合用于分析复杂污泥样品中的FePs。

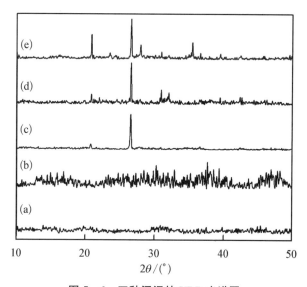

图5-6 五种污泥的XRD光谱图

(a)CPRS1;(b)CPRS2;(c)RS;(d)CS;(e)MSBD

(3)SEM-EDX 五种污泥的SEM分析结果显示在所有污泥样品中均未发现明显的结晶态物质。CPRS1和CPRS2中主要是一些无定形颗粒,在RS和CS中,出现了微生物以及一些散布的颗粒,MSBD中无定形颗粒增多而微生物减少,表明污泥中的微生物发生了衰变。

污泥 Fe/P 摩尔比的计算值与 EDX 测定值如表 5‑11 所示。计算值由干污泥消解后测定的 TFe 和 TP 含量计算而得,而 EDX 测定值则根据 EDX 测定的污泥中某一位点 Fe 和 P 元素的原子数百分含量计算而得。磷酸铁的理论 Fe/P 摩尔比为 1,而羟基磷酸铁的理论 Fe/P 摩尔比约为 2,这是因为两个 Fe 八面体和一个 PO_4 四面体是发生聚合反应的基础结构。CPRS1 的 Fe/P 摩尔比计算值在 1~2 之间,符合 CPRS1 中同时存在磷酸铁和羟基磷酸铁的特点。CPRS2 的计算值稍大于 2,结合之前铁组分化学连续提取结果可知 CPRS2 中含有较多铁氧化物。污水处理厂实际污泥的成分较复杂,Fe 和 PO_4^{3-} 除了相互反应外,还会与其他阳离子、阴离子或有机物结合,因此,这三种污泥的 Fe/P 摩尔比的 EDX 测定值随测定位点的不同而变化。

表 5‑11　污泥 Fe/P 摩尔比的计算值与 EDX 测定值

Fe/P 摩尔比/(mol/mol)		CPRS1	CPRS2	RS	CS	MSBD
计算值		1.91	2.06	1.16	3.85	3.35
EDX 测定值	位点 1	2.24	3.84	0.01	4.89	7.92
	位点 2	—	—	0.37	5.52	1.83

(4) XPS　对五种污泥进行 XPS 分析,结果如图 5‑7 所示。图 5‑7(a)为污泥中 Fe 2p3/2 的 XPS 光谱图,712.5 eV 处的单峰属于 $FePO_4$,这表明五种污泥样品中都含有磷酸铁。CPRS2 和 RS 另一个在 710.7 eV 处的单峰属于赤铁矿（α‑Fe_2O_3）,赤铁矿只存在于这两种污泥中,这与铁组分化学连续提取和 FTIR 分析的结果一致。CS 和 MSBD 在 710.3 eV 和 711.3 eV 处的两个峰对应于纤铁矿（γ‑FeOOH）,纤铁矿是一种易被还原的弱晶型铁氧化物。van der Grift 等[21]认为无论是外加的 Fe^{3+},还是由溶液中 Fe^{2+} 氧化而成的 Fe^{3+},在溶液中的 PO_4^{3-} 耗尽后会以纤铁矿的形式沉淀下来。

图 5‑7(b)为污泥中 P 2p 的 XPS 光谱图,133.2 eV 和 133.8 eV 的峰分别属于 PO_4^{3-} 和 HPO_4^{2-},说明污泥中均含有磷酸盐。结合 Fe 2p3/2 的 XPS 光谱图分析结果可知,PO_4^{3-} 主要结合在磷酸盐沉淀中,而 HPO_4^{2-} 则主要吸附在污泥上。五种污泥的 pH 值在 5~8 之间,溶液中的磷酸盐在此 pH 值范围内主要以 $H_2PO_4^-$ 和 HPO_4^{2-} 的形式存在,$H_2PO_4^-$ 和 HPO_4^{2-} 与 Fe 水解产物结合时也可能会释放一个 H^+,从而生成 HPO_4^{2-} 和 PO_4^{3-}。MSBD 在 132.6 eV 处的单峰属于$(C_6H_5)_3PO$ 或 $(C_6H_5)_3P=CH_2$ 类的 OP,这可能是由于 MSBD 中的微生物在长期储存期间发生了衰变,从而释放出部分 OP。

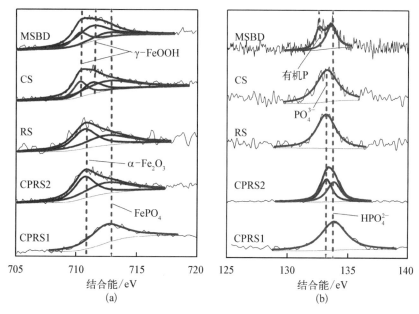

图 5-7　五种污泥的 XPS 光谱图

(a) Fe 2p3/2；(b) P 2p

4）污泥中 FePs 分析方法比较

化学平衡模拟软件 PHREEQC 可用于定性预测污泥中 FePs 种类。改进后的磷组分和铁组分连续提取法能够定性确定 FePs 形态并定量得到各磷及铁组分含量。然而，铁组分提取法中所用的化学试剂除了能提取与磷酸盐有关的含铁化合物外，还能提取其他一些含铁化合物，如碳酸铁、硫化亚铁等，因此无法精准确定 FePs 中不同铁组分含量。仪器分析技术中，FTIR 和 XRD 可以通过特征峰定性确定部分 FePs，但定量分析较为复杂。XRD 和 SEM 均适用于分析晶体物质含量较高的样品，但污水处理厂产生的污泥中 FePs 含量通常较低，且部分 FePs 为无定形物质，因此 XRD 和 SEM 不适用于分析污泥中 FePs。EDX 可以测定污泥样品的 Fe/P 摩尔比，但由于 EDX 只能确定样品某一点的元素比例，而污泥中 FePs 的分布可能并不均匀，因此用污泥加酸消解后测得的 TFe 和 TP 计算得到 Fe/P 摩尔比更为准确。XPS 可用于确定污泥样品中不同 FePs 形态及其相应含量所占比例。根据不同分析方法的优缺点，推荐采用改进后的化学提取法，并结合 FTIR 和 XPS 对污泥中 FePs 进行定性定量分析。

参 考 文 献

[1] Ruban V，López-Sánchez J F，Pardo P，et al. Harmonized protocol and certified reference

material for the determination of extractable contents of phosphorus in freshwater sediments — A synthesis of recent works [J]. Fresenius Journal of Analytical Chemistry, 2001, 370: 224 - 228.

[2] Paludan C, Jensen, H S. Sequential extraction of phosphorus in freshwater wetland and lake sediment: significance of humic acids [J]. Wetlands, 1995, 15(4): 365 - 373.

[3] Gu S, Qian Y G, Jiao Y, et al. An innovative approach for sequential extraction of phosphorus in sediments: Ferrous iron P as an independent P fraction [J]. Water Research, 2016, 103: 352 - 361.

[4] Uhlmann D, Röske I, Hupfer M, et al. A simple method to distinguish between polyphosphate and other phosphate fractions of activated sludge [J]. Water Research, 1990, 24(11): 1355 - 1360.

[5] Li R H, Wang X M, Li X Y. A membrane bioreactor with iron dosing and acidogenic co-fermentation for enhanced phosphorus removal and recovery in wastewater treatment [J]. Water Research, 2018, 129: 402 - 412.

[6] Carliell-Marquet C M, Smith J, Oikonomidis I, et al. Inorganic profiles of chemical phosphorus removal sludge [J]. Proceedings of the Institution of Civil Engineers — Water Management, 2010, 163(2): 65 - 77.

[7] de Haas D W. Significance of fractionation methods in assessing the chemical form of phosphate accumulated by activated-sludge and an acinetobacter pure culture [J]. Water SA, 1997, 17(1): 1 - 10.

[8] Chang S C, Jackson M L. Fractionation of soil phosphorus [J]. Soil Science, 1957, 84: 133 - 144.

[9] Williams J D H, Mayer T, Nriagu J O. Extractability of phosphorus from phosphate minerals common in soils and sediments [J]. Soil Science Society of America Journal, 1980, 44(3): 462 - 465.

[10] Hieltjies A H M, Lijklema L. Fractionation of inorganic Phosphates in calcareous sediments [J]. Journal of Environmental Quality, 1980, 9(3): 405 - 407.

[11] Psenner R, Bostrom B, Dinka M, et al. Fractionation of phosphorus in suspended matter and sediment [J]. Ergebnisse der Limnologie, 1988, 30: 98 - 111.

[12] Goltermann H L, Booman A. Sequential extraction of iron-phosphate and calcium-phosphate from sediments by chelating agents [J]. Verhandlungen, 1988, 23(2): 904 - 909.

[13] Ruttenberg K C. Development of a sequential extraction method for different forms of phosphorus in marine sediments [J]. Limnology and Oceangraphy, 1992, 37(7): 1460 - 1482.

[14] Stover R C, Sommers L E, Silveira D J. Evaluation of metals in wastewater sludge [J]. Journal Water Pollution Control Federation, 1976, 48(9): 2165 - 2175.

[15] Tessier A, Campbell P G C, Bisson M. Sequential extraction procedure for the speciation of particulate trace metals [J]. Analytical Chemistry, 1979, 51(7): 844 - 851.

[16] Ure A M, Quevauviller P, Muntau H, et al. Speciation of heavy metals in soils and

sediments. An account of the improvement and harmonization of extraction techniques undertaken under the auspices of the BCR of the Commission of the European Communities [J]. International Journal of Environmental Analytical Chemistry, 1993, 51(1-4): 135-151.

[17] Qiao L, Ho G. The effects of clay amendment and composting on metal speciation in digested sludge [J]. Water Research, 1997, 31(5): 951-964.

[18] Fytianos K, Voudrias E, Raikos N. Modelling of phosphorus removal from aqueous and wastewater samples using ferric iron [J]. Environmental Pollution, 1998, 101(1): 123-130.

[19] Hauduc H, Takács I, Smith S, et al. A dynamic physicochemical model for chemical phosphorus removal [J]. Water Research, 2015, 73: 157-170.

[20] Hu P, Liu J, Wu L, et al. Simultaneous release of polyphosphate and iron-phosphate from waste activated sludge by anaerobic fermentation combined with sulfate reduction [J]. Bioresource Technolodgy, 2019, 271: 182-189.

[21] van der Grift B, Behrends T, Osté L A, et al. Fe hydroxyphosphate precipitation and Fe (II) oxidation kinetics upon aeration of Fe(II) and phosphate-containing synthetic and natural solutions [J]. Geochimica et Cosmochimica Acta, 2016, 186: 71-90.

[22] Zhang B Q, Wang L, Li Y M. Fractionation and identification of iron-phosphorus compounds in sewage sludge [J]. Chemosphere, 2019, 223: 250-256.

[23] Nomeda S, Valdas P, Chen S Y, et al. Variations of metal distribution in sewage sludge composting [J]. Waste Management, 2008, 28(9): 1637-1644.

第6章　剩余污泥磷释放技术

目前城镇污水处理厂主要通过以下三种方式去除磷：① 作为微生物营养元素被微生物吸收同化；② 通过 EBPR 工艺将磷富集到聚磷菌中，进而通过剩余污泥排放；③ 投加化学药剂生成含磷沉淀物。以上三种工艺都使污水中的磷转移进入污泥相中。因此，从污水中回收磷的实质是先将污水中的磷富集到污泥中，然后再从污泥中回收磷。如何将污泥中的磷有效释放并富集是实现高效磷回收的关键。富磷剩余污泥作为磷元素是生态圈内流通的汇集点之一，对其加以处理进行磷回收具有十分重要的意义。

本章以富磷剩余污泥释磷技术为主线，根据剩余污泥中磷存在形式将其分为富磷生物污泥、含化学磷污泥、好氧颗粒污泥三大类分别论述国内外磷释放技术研究现状及发展趋势。

6.1　剩余污泥中磷的存在形式

不同的城镇人口规模、经济发展程度均有所不同，由人类生产活动产生的污水水质、水量也存在一定的差异。第 2 章已述及，城镇污水除磷工艺技术主要有化学法除磷技术和 EBPR 技术，不同污水处理厂会依据污水水质特点设计不同的污水除磷工艺。例如，在中国城镇污水处理厂中，大于 30 万立方米/天的污水处理厂占 3%，处理污水量介于 10 万～30 万立方米/天的大规模污水处理厂占 13%，这些污水处理厂主要分布在大、中型城市，以 A/A/O 工艺为主；中型规模污水处理厂（处理污水量 1 万～10 万立方米/天）占 75%，主要分布在中、小型城市，以 A/A/O、氧化沟、SBR 等工艺为主[1]。污水处理厂所采用的磷去除工艺不同，决定了其产生的剩余污泥中磷的存在形式会有所不同。

对污水处理厂中磷的流向研究表明[2]，污水中 90% 的磷通过生物或化学方法去除，其中 40% 的磷作为微生物组成部分而去除，50% 的磷通过投加化学药剂或者 EBPR 工艺去除，另外 10% 的磷通过出水排放，即污泥中的磷主要包括微生物体内的磷（简称生物磷）和化学磷沉淀（简称化学磷）两部分。

剩余污泥中磷存在形式多种多样,分类依据不同,对应不同的分类结果。按城镇污水处理厂除磷工艺的差别,将剩余污泥中磷的存在形式分为生物磷和化学磷两大类,生物磷主要为有机磷,化学磷主要为无机磷。本节从污水处理过程磷迁移、转化机理角度阐述生物磷、化学磷的存在形式。

6.1.1　生物磷

20 世纪 50 年代,Greenburg 在研究过程中意外发现特定条件下活性污泥能摄取远超过维持生物生长所需的磷量,该现象称为"过量摄磷"。20 世纪 70 年代中期,越来越多的科学家投入 EBPR 技术的研究当中,研发出 A/A/O 工艺、改进的 Bardenpho 工艺、改良的 UCT 工艺、Dephanox 工艺等 EBPR 工艺。在污水处理工艺升级、改造时不仅要满足脱氮除磷的要求,而且应尽可能降低工艺运行能源消耗量和化学药剂使用量的背景下,EBPR 工艺应运而生,如今在城镇污水处理厂中得以广泛应用。在 EBPR 工艺中发挥作用的微生物主要是聚磷菌,这类微生物可以在厌氧环境释放磷,在好氧环境过量摄取磷。工艺设计人为营造厌氧-缺氧-好氧的环境,充分发挥活性污泥中聚磷菌的特性,形成动态循环。提供聚磷菌生长的优良环境,在活性污泥中形成稳定的优势菌种,将过量摄取的磷以聚磷酸盐形式储存在细胞内,最后以富磷生物污泥形式作为剩余污泥排放。

要了解富磷生物污泥中磷的存在形式,就必须弄清以聚磷菌为代表的除磷微生物在 EBPR 工艺中新陈代谢途径。磷是细胞生长的限制性营养元素之一,参与细胞中各种物质的组成,如承载遗传基因的脱氧核糖核酸和核糖核酸、形成生物膜的磷脂双分子层、为细胞活动提供能量的 ATP 等,可见磷对细胞而言可谓至关重要。相较于碳和氮而言,细胞对磷的吸收会困难很多,因此微生物形成一种在细胞内积累磷的代谢途径,应对生存环境中磷匮乏的状况。

1)聚磷菌的厌氧代谢

聚磷菌生长主要利用挥发性脂肪酸作为碳源,乙酸盐是污水中最常见的挥发性脂肪酸之一。聚磷菌摄取乙酸盐并转化为生长物质的过程需要消耗大量的能量,而厌氧环境中呼吸作用只能产生少量的 ATP。此时,聚磷菌分解储存在细胞内的聚磷酸盐,将一分子高能磷酸基团转移至腺苷二磷酸(adenosine diphosphate, ADP)形成 ATP,水解生成的 $H_2PO_4^-$ 则释放到细胞外。在细胞内,乙酸转化成乙酰辅酶 A,两分子乙酰辅酶 A 结合生成乙酰乙酰辅酶 A,在辅酶 NADH 的作用下合成 3-羟基丁酸酰辅酶 A,最后聚合生成 PHB 和 PHV。

2)聚磷菌的有氧代谢

在有氧条件下,聚磷菌利用氧气作为电子受体。PHB 和 PHV 通过三羧酸循环加工处理生成乙酰辅酶 A。氧化过程中产生的能量一部分用于吸收环境中溶解的磷酸盐并在胞内合成聚磷酸盐,另一部分能量用于含碳有机物合成糖原。该过程中吸磷量比普通活性污泥吸磷量高出 3～7 倍,即"过量摄磷"现象。

3)聚磷菌细胞内聚磷酸盐的积累

聚磷酸盐由磷酸盐线性聚合而成,和金属阳离子结合形成离子键以中和聚合高分子的负电荷,用化学表达式 $M_{(n+2)}P_nO_{(3n+1)}$ 表示。聚磷酸盐可以和 PHB、核酸、蛋白质等大分子形成复合物。例如聚磷酸盐和 PHB、Ca^{2+} 可以形成一个双螺旋复合物,外链是 PHB,内链是聚磷酸盐,通过 Ca^{2+} 固定。在真核细胞的液泡或者核膜中含有大量的聚磷酸盐,而原核细胞没有液泡或者核膜,所以聚磷酸盐不是固定出现在特定的细胞器中,而是根据物种不同分布的位置也不一样,通常分布在细胞质、外周胞质、鞭毛端、细胞膜、细胞表面等位置。聚磷酸盐分子以直径为 0.048～1 μm 的小颗粒态存在,一个微生物细胞可以含有许多聚磷酸盐颗粒。

聚磷菌在 EBPR 工艺中充分发挥过量摄磷的特性,从而满足城镇污水处理厂脱氮除磷、降低工艺运行能耗和化学药剂使用量等需求。从宏观角度分析,原本污水中浓度较低的磷在微生物作用下迁移转化富集至污泥相中,以聚磷酸盐颗粒形式储存在微生物细胞内。普通微生物含磷量为生物基质干重的 1%～3%,而 EBPR 工艺中聚磷微生物磷含量可达 4%～8% 甚至更高。磷是参与细胞组成的重要物质之一,所以生物磷除了以聚磷酸盐形式存在之外,还有一部分磷以核酸、磷脂等形式存在于细胞结构物质中。

6.1.2 化学磷

20 世纪 50 年代,瑞士首次将化学沉淀除磷技术用于污水处理工艺,以应对当时出现的水体富营养化问题。时至今日,化学沉淀法仍是城镇污水处理厂除磷的主要方法。德国、英国、法国分别有 43%、77%、47% 的污水处理厂使用化学沉淀法除磷,而荷兰污水处理厂产生的剩余污泥中有 32% 是化学除磷污泥[3]。中国是人口大国,日常生产活动会产生大量的废水。一般而言,中国城镇污水处理厂进水氨氮浓度为 40～55 mg/L,总磷浓度为 4～9 mg/L。根据《城镇污水处理厂污染物排放标准》(GB 18918—2002)一级 A 要求出水总磷不得超过 0.5 mg/L。然而目前单纯使用生物强化除磷工艺技术难以达到国家标准,主要原因是生物强化除磷工艺中不仅含有除磷过程还存在硝化-反硝化的脱氮过程,在厌氧段反硝化菌和聚磷菌会竞争性争夺碳源,抑制聚磷菌的释磷效果导致除磷效率下降。因此,部分城镇污水处理厂直接采用化学除磷法保证出水达标排放。

化学除磷法是通过投加二价或三价金属盐类(铁盐、铝盐、钙盐等)化学药剂一方面与磷酸盐结合生成难溶的金属磷酸盐沉淀,另一方面金属离子发生水解形成聚合物吸附聚集污水中的磷,沉淀后以富含化学磷的污泥排放。

这些金属磷酸盐沉淀的溶解度和污水酸碱度有关。张亚勤[4]在实验室条件下研究 pH 值对磷酸铁、磷酸铝、磷灰石溶解度的影响,磷酸铁在 pH 值为 5.5 时溶解度最小,磷酸铝在 pH 值为 6.5 时溶解度最小,磷灰石溶解度随 pH 值升高呈下降趋势,为达到污染物排放一级 A 标准,往往投加大量石灰造成出水 pH 值大于 9,达不到污染物排放标准中 pH 值为 6~9 的要求,同时产泥量显著增加。所以在实际工程应用中,常用铁盐或铝盐除磷。

混凝沉淀过程将磷从液相转移到固相,形成以难溶性无机金属盐为主的剩余污泥。Paul 等[5]对 36 座采用化学沉淀法除磷的法国污水处理厂进行研究,发现 88% 的污水厂投加铁盐除磷,只有 12% 的污水厂投加铝盐除磷,并从药剂成本、污泥处理成本等多方面综合评估发现铁盐比铝盐成本更低,效果更好。投加铁盐不仅可以有效除磷,作为混凝剂还可以提高污泥的脱水性能,在污泥厌氧消化过程中铁和硫反应生成硫化亚铁沉淀,可抑制硫化氢的生成,提高厌氧消化气(沼气)的纯度和使用品质。实际上,污水处理厂进水中就含有一定量的铁,所以无论是否采用化学沉淀法外加铁盐,在污水除磷过程中均存在铁磷的物理化学反应。

铁是一种过渡金属,性质活泼,化学价从 -2 到 $+6$,存在形态多种多样,常见的有二价铁和三价铁。水溶液的 pH 值不同,铁水解生成的难溶性铁氧化物也不同。铁和磷的作用机理有两种:一种是两者直接发生化学反应生成磷酸铁沉淀;另一种是铁在溶液中先水解生成铁氧化物,接着铁氧化物和磷发生吸附、共沉淀等反应将磷转移至固相中。

1) 磷酸铁沉淀

铁和磷反应生成的磷酸铁是一种多元化合物,在污水体系中通常是由溶解态的铁离子和正磷酸根离子发生反应生成。两者发生反应的过程较为复杂,除了生成常见的蓝铁矿 $[Fe_3(PO_4)_2 \cdot 8H_2O]$ 和红磷铁矿 $(FePO_4 \cdot 2H_2O)$ 之外,还存在复铁天蓝石 $[FeFe_2(PO_4)_2(OH)_2]$、簇磷铁矿 $[FeFe_5(PO_4)_4(OH)_5 \cdot 6H_2O]$、绿铁矿 $[FeFe_4(PO_4)_3(OH)_5]$ 等。这些物质的稳定性和溶解性与反应体系 pH 值、氧化还原电位(ORP)有关,意味着可以从调控反应条件的角度研究铁盐除磷及回收的问题。

2) 铁氧化物和磷的反应

铁性质活泼,在水溶液中可以水解生成各种铁氧化物。常见的三价铁氧化物包括赤铁矿、水铁矿、针铁矿、纤铁矿和四方针铁矿。绿锈铁氧化物和磁铁矿中含有二价铁和三价铁。铁氧化物既可以吸附液相中的磷酸根离子,也可以吸附颗粒态的磷。不同的铁氧化物对磷的吸附能力差别很大,主要与铁氧化物的性质有关。铁氧化物具有特定的晶体结构或者是无定形,晶体结构决定物质的比表面积、表面活性位点数量、氧化还原等性质。无定形铁氧化物一般具有较大的比表面积,从而对磷的吸附能力要优于具有晶体结构的铁氧化物。磷酸根离子通过配位体交换机制和铁氧化物表面的羟基发生反应形成铁磷复合物,完成从液相到固相的转移。难溶性铁氧化物在沉降过程中除了和磷酸根离子发生配位反应之外,还可以通过压缩双电层作用、吸附架桥作用、网捕卷集作用和磷发生共沉淀反应。这部分磷被铁氧化物包裹在颗粒内部,脱附能力比配位作用结合在铁氧化物表面的磷要差。

需要注意的是,上述反应在溶液体系中是动态平衡过程,并非相互独立。铁氧化物表面会有部分铁发生溶解以铁离子的形式和磷酸根离子结合生成磷酸铁沉淀吸附在铁氧化物表面。磷酸铁和铁氧化物吸附磷的稳定性随溶液 pH 值、氧化还原电位发生变化而变化,所以不同工况条件下城镇污水处理厂产生的化学除磷污泥中 FePs 的种类和含量会有所差异。

为了保证出水磷浓度达标排放,部分城镇污水处理厂将生物强化除磷技术和化学沉淀除磷技术结合,发挥两者优势,既降低运行成本又提高除磷效率。德国和法国分别有 21% 和 36% 的污水处理厂采用两者结合的方法除磷,荷兰污水处理厂产生的剩余污泥中有 51% 是含化学磷的生物污泥[3]。中国污水处理厂为了达到严格的排放标准,大部分采用了生物与化学结合的除磷工艺。

6.1.3 剩余污泥中磷的含量和组成

污水中 90% 的磷通过化学或者生物的方法转移至污泥中以剩余污泥的形式排出达到污水除磷的目的,所以剩余污泥中均含有一定量的磷。中国经济发达地区的污水处理厂剩余污泥中磷含量普遍高于经济不发达地区污水处理厂剩余污泥中磷含量,在地理位置方面南方城镇污水处理厂剩余污泥中磷含量高于北方城镇污水处理厂剩余污泥中磷含量。城镇污水处理厂采用的除磷工艺不同,产生的剩余污泥中含磷量也会有所不同,如普通的活性污泥法产生的剩余污泥中磷含量一般是 1%~3%,而 EBPR 工艺产生的剩余污泥中磷含量约为 4%~8%,在实验室条件下培养出含化学磷的颗粒污泥,磷含量可高达 15%[6]。

已有研究表明剩余污泥中磷主要以无机磷形式存在,占总磷的 60% 以上,生物有机磷含量较低,仅占总磷的 15%~35%,无机磷中主要以非磷灰石态的磷存在,占无机磷的 60% 以上[7]。

6.2 生物污泥磷释放

从生物污泥中释放磷的主要技术如下:作为肥料直接土地利用、厌氧消化释磷、湿法化学提取、污泥焚烧-磷提取、热处理、超声处理、臭氧氧化等技术。

6.2.1　土地利用技术

将富磷生物污泥作为农作物肥料直接土地利用技术不需要设计复杂的预处理工艺,操作简单易行。污泥中微生物在适宜的土壤环境下释放生物磷,这部分游离的磷紧接着被植物所吸收,直接完成磷释放、回收、再利用的过程。该技术的优点是:技术含量低,处理成本低廉,可同时实现磷、氮、有机物等资源的再利用,改善土壤质地。但这项技术在实际应用中也出现了以下问题:

1) 污泥含有有毒有害污染物

剩余生物污泥含有丰富的磷、氮、有机质,是很好的土壤肥料,但值得注意的是,污水处理过程中有毒重金属、有毒有害有机污染物、病原体、病毒等也一并汇集至污泥中。未经处理的剩余污泥在作为肥料利用的过程中,将这些有毒有害物质转移至土壤,污染土壤环境。镉、铅、锌、铬等重金属被植物吸收,随食物链富集,最终对人类健康造成严重的危害。有研究发现在印度污泥作为肥料使用量超过20 t/hm时,水稻作物中镉含量超过印度安全标准[8]。因此一些欧洲国家明令禁止将剩余污泥用于农业生产。

2) 污泥营养盐比例问题

虽然污泥中含有丰富的氮、磷,但其比例接近 1∶1,然而大部分植物需要的氮磷比为 3~5。污泥营养盐比例与实际农作物需求的比例不同,这就限制了剩余污泥直接土地利用的范围。

3) 运输成本高

剩余污泥含水量高、体积大,从城镇污水处理厂运送至目的地将产生高额的运输费用。

6.2.2　厌氧消化释磷技术

厌氧消化释磷技术是最常用的一种污泥稳定化技术。在厌氧条件下,专性厌氧微生物或兼性厌氧微生物降解污泥中固态有机物产生二氧化碳和甲烷等气体使污泥趋于稳定。厌氧消化三阶段理论认为厌氧消化过程分为水解发酵阶段、产氢产乙酸阶段、产甲烷阶段。第一阶段,复杂的大分子有机物在专性厌氧菌和兼性厌氧菌胞外酶作用下被分解成简单的有机物,如蛋白质水解转化成简单的氨基酸;碳水化合物水解转化成简单的糖类;脂肪类水解转化成脂肪酸和甘油等。这些简单的有机物在产酸菌的作用下转化成乙酸、丙酸、丁酸等小分子脂肪酸和醇类。第二阶段,产氢产乙酸菌把第一阶段水解产物丙酸、丁酸等脂肪酸和醇类转化成乙酸、氢气和二氧化碳。第三阶段,产甲烷菌以乙酸、氢气、二氧化碳为底物合成甲烷。厌氧消化不仅能耗低,还可以回收消化气中的甲烷用于发电产能,有利于污水处理厂节能降耗可持续发展。

厌氧消化释磷技术基本原理包括两部分。当污泥为普通活性污泥时，在厌氧条件下，微生物衰亡、自溶或被其他细菌分解，大量细胞物质（包括磷）被破坏，从而溶解释出；当污泥为 EBPR 污泥时，在厌氧条件下聚磷菌细胞内储存的聚磷酸盐发生水解转化为磷酸盐释放至上清液。该过程主要发生在厌氧消化的第一、第二阶段，水解有机物产生的挥发性脂肪酸（乙酸、丙酸、丁酸等）可以作为碳源直接被聚磷菌吸收利用，促进细胞内聚磷酸盐的分解和磷释放。污泥厌氧消化过程中磷的释放与停留时间、pH 值、温度、污泥性质等许多因素有关。

1）停留时间

长时间的厌氧过程会导致细菌衰亡、自溶，大量胞内物质释出，所以只要厌氧时间足够长，污泥中的物质就可以大量释出。停留时间越长，水解程度越高，溶出的 COD 和磷也越多。但是对于一个生物处理系统来说，停留时间过长导致反应器容积增大，进而增加基建费用。实际上，常温条件下最大磷释出量可以在较短的时间（3～6 天）达到。

2）pH 值

pH 值是污泥厌氧消化最主要的影响因素。pH 值控制在 6.6～7.6 之间时，产甲烷细菌最活跃，产生的沼气量最大。当 pH 值降低到 4.0～6.0 之间或增加到 7.0～10.0 之间时，沼气的产量明显下降，可见产甲烷菌的适应范围非常狭小[9]。研究发现磷的释放受酸碱度影响较大，酸性条件和碱性条件均可以提高其释放率。

图 6-1 显示的是 EBPR 富磷污泥在不同 pH 值条件下正磷的释放情况。从图中可以看出富磷污泥在酸性或碱性条件下正磷的释放速率和释放量都要大于中性条件。其中 pH 值为 5 和 6 时，厌氧第 2 天正磷的释放量分别占总磷量的 56% 和 42%。正磷释放过程呈现明显的三个阶段，第一阶段为前 1 h，第二阶段为 1～12 h，第三阶段为 12～48 h。第一阶段正磷的释放速率远快于其他两个阶段。pH 值为 7 和 8 时，厌氧第 2 天正磷的释放量占总磷量的 40% 和 41%。pH 值为 9 时，正磷释放量在第 1 天达到最大，占总磷量的 65%；第 1 天至第 2 天内正磷量开始降低，可能是发生了磷的沉淀反应。进一步研究发现，在厌氧 2 天内，正磷的释放主要来自聚磷的分解。

3）温度

对于厌氧消化而言，提高温度可以显著缩短消化时间，使污泥在较短时间内达到稳定。水解过程是水解酸化的限速步骤，而水解速率常数受温度影响较大。与中温（35℃）发酵相比，高温（55℃）发酵时磷的释出量基本不变。污泥经过加热预处理，不仅可以实现微生物絮体解体，而且可以使微生物细胞溶解，大量胞内物质释出。Kuroda 等[10]在 70℃对污泥加热 1 h，能使生物固体中的聚磷酸盐大量分解释放，再加入氯化钙进行沉淀，能回收污泥中 75% 左右的总磷。

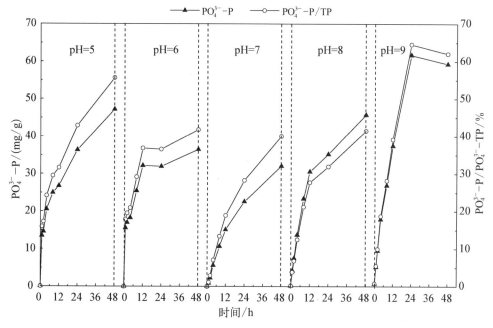

图 6-1　不同 pH 值条件下 EBPR 污泥在厌氧过程中正磷的释放情况

4) 搅拌方式

污泥的水解速率常数与搅拌程度有关,搅拌会影响到污泥中磷的释放程度,在重力浓缩池,释放的磷很少从消化污泥中转移到上清液中,而垂直搅拌会增加上清液中溶解性磷浓度。

5) 污泥性质

磷在污泥上清液中的含量取决于污泥浓度和有机质组成。污泥浓度越高,磷释出量越大。生物强化除磷工艺产生的剩余污泥的性质与普通活性污泥法产生的污泥性质不同,与化学除磷后的化学-生物混合污泥的性质也不同。生物强化除磷工艺产生的剩余污泥厌氧消化时,由于污泥含磷量过高,直接厌氧消化导致消化液中含有大量的磷,可能会影响厌氧消化效率以及产甲烷效率。

6) 厌氧消化过程中磷的固定

污泥厌氧消化过程不仅有磷的释放,同样还有磷的自发固定。一定条件下磷会与金属离子发生化学反应生成沉淀,这些金属离子主要来自污水厂的进水,在污水生化处理工艺中被污泥吸收或吸附,在厌氧消化过程被再次释放出来。消化液中金属离子的浓度影响着磷在消化液中的浓度和形态。Jardin 等[11]研究发现消化系统中一部分溶解性正磷与镁离子反应生成鸟粪石,还有一部分正磷与铝合物发生反应被固定。Barat 等[12]则指出随着消化系统中 pH 值和氨氮浓度的增加,有

50.7%的溶解性正磷形成沉淀,其中52%为鸟粪石,39.2%为HAP,还有8.8%被吸附在固体表面。

消化污泥上清液中磷酸盐浓度可达到城镇污水处理厂进水磷酸盐浓度的10~50倍。在磷发生转移的同时,重金属、新兴有机污染物被吸附固定在污泥中,实现磷和有毒有害物质的分离,提高磷回收纯度。消化污泥上清液中磷浓度很高,经过沉淀、吸附、结晶等化学处理可以将无机磷回收。例如采用强碱阴离子交换树脂可以选择性地分离回收磷;投加镁盐,形成鸟粪石;投加钙源,生成HAP沉淀。

富磷生物污泥厌氧消化技术不仅可以降低能源消耗,还能以甲烷的形式回收能源,结合化学处理工艺回收磷资源,是目前经济环保的生物污泥释磷技术之一。

6.2.3 湿法化学提取技术

湿法化学提取技术是用大量酸或碱溶液处理污泥,在酸性或碱性条件下破坏微生物细胞结构,将细胞内储存的聚磷酸盐水解成磷酸盐释放至上清液。使用强酸或强碱溶液处理污泥没有选择性,所以污泥中含有的重金属会一并释放至上清液。后处理如果采用鸟粪石方式回收上清液中的磷,铁、钙、铝等金属离子会和镁离子竞争磷酸根形成沉淀,导致鸟粪石纯度下降。因此,在回收上清液中的磷之前需要增设预处理工艺将金属离子和磷酸根分离。

PHOXNAN工艺采用pH值为1.5的硫酸溶液处理剩余污泥,污泥中有机污染物被氧化分解成小分子无机化合物,大量的聚磷酸盐发生水解,接着利用两道膜处理工艺完成固液分离以及磷提纯操作,先通过超滤膜将固液相分离,再通过纳滤膜去除溶液中的金属阳离子,磷最终以磷酸的形式存在溶液中。

强酸溶液处理剩余污泥的弊端是污泥中含有的重金属会一起转移至液相中,增设磷和重金属分离工艺会提高污水厂运行成本。采用强碱溶液处理剩余污泥可以很好地规避这个问题。大部分的重金属离子在碱性条件下会生成沉淀,所以碱性上清液可以将重金属离子的浓度限制在很低的水平。Bi等[13]研究设计两段碱性水解工艺,采用pH值为13的氢氧化钠溶液处理广州污水处理厂A/O工艺二沉池剩余污泥,有效地转移污泥中氮、磷至上清液,最后以鸟粪石的形式进行回收利用。

未经处理的剩余污泥含水量高、体积大,直接采用强酸、强碱化学处理必然会消耗大量化学试剂,提高运行成本,这显然不是经济实用的方案。在实际工程中,通常将污泥进行浓缩预处理或是采用焚烧技术富集污泥中的磷,这样可以减少药剂的使用量,节约成本。

6.2.4 污泥焚烧磷提取技术

污泥焚烧技术基本原理是热化学处理,在高温条件下焚烧污泥,使污泥中有机物完全分解生成二氧化碳。在微生物细胞内磷除了以聚磷酸盐形式存在外，还以核酸、磷脂等形式存在，高温焚烧过程直接破坏微生物细胞结构将核酸、磷脂等大分子有机物分解成无机磷，所以污泥经过焚烧处理的释磷量比厌氧消化处理的释磷量更高。此外，焚烧处理后污泥体积明显减少，病原体生物永久性失活，达到剩余污泥减量化、稳定化、无害化处理。

污泥灰烬富含重金属离子，这些离子和磷牢固地结合在一起，农作物无法直接吸收利用。如何从污泥焚烧灰中分离提取磷显得尤为重要，目前相关的研究仍处于起步阶段。污泥焚烧过程相当于完成生物污泥磷释放和浓缩，与热化学处理工艺结合可以分离回收磷资源。向污泥灰中加入氯化镁，在 1 000℃下进行焚烧，重金属离子和氯化镁反应生成挥发性的氯化物，以气态的形式从污泥灰中分离，同时释放出游离态的磷并转化成可被植物利用的矿物磷（氯磷灰石、磷镁石）。污泥焚烧灰经过热化学处理后可以有效去除各种重金属离子，处理后的磷酸盐溶解性高，在土壤中可以有效地被植物吸收利用。除热化学处理工艺外，也可以采用湿法化学提取技术对污泥焚烧灰进行磷回收处理。Petzet 等[14]采用酸碱结合法分别提取富含铁、铝污泥灰中的磷，污泥灰含磷量为 7.9%～10.9%，研究结果表明对于含铁污泥灰能有效回收 50%的磷，对于含铝污泥灰能回收其中 78%的磷，并且含铝溶液可以作为混凝沉淀剂循环使用。目前欧盟成员国主要利用污泥焚烧技术从剩余污泥中回收资源，以减少 25%的磷矿开采量。

6.2.5　污泥热处理、超声处理、臭氧氧化技术

热处理释磷是利用外部加热，致使污泥絮体结构解体，使污泥中一部分细胞物质得到溶解，从而使其中的磷更快地释放出来的一种方法。Kuroda 等[10]发现，将 EBPR 工艺的污泥在 70℃加热 60 min 后，可以释放出几乎全部的聚磷酸盐，且其释放速率与温度呈正相关，释放出的聚磷酸盐链长范围在 100～200 个磷酸盐单位，进一步添加 $CaCl_2$ 后，无须调节 pH 值即能有 75%的总磷被沉淀出来，形成的磷灰石沉淀比天然磷灰石的含磷量还高，具有很高的回收价值。热处理技术具有快速高效的特点，但在污泥加热过程中除了会释放含磷化合物之外，还会释放一些有机物（如糖类、有机酸等）、含氮化合物（以有机氮为主）以及少量金属离子，增加了后续处理的负荷。同时，污泥热处理能耗较大，运行成本高。

超声处理技术是利用超声波作用产生的物理化学反应，破坏絮体基质和细胞结构，释放磷的方法。超声时间越长，污泥中磷的释放越多。Wang 等[15]研究不同的超声强度对于不同污泥中有机物、氮磷等营养元素溶出的影响，结果表明普通的活性污泥释磷量随超声强度的变化不大，最多只能释出 40%的磷；而 EBPR 工艺的污泥释磷量随超声强度的增强而增多，最多能释出 80%的磷。超声

处理技术对生物细胞破坏效果好,释磷率高,但是能耗大,其实际应用的条件仍需进一步研究。

污泥臭氧氧化技术是通过臭氧作用破坏生物细胞,溶解细胞,强化其自身氧化,从而使细胞内物质溶解的方法。Saktaywin 等[16]研究臭氧处理 EBPR 工艺的剩余污泥,发现溶解后的磷主要以酸解磷(AHP)的形式存在,结合结晶工艺可以实现磷回收。Zhang 等[17]将污泥用 O_3(含量为 50 mg/g)处理 105 min 后,发现总磷释出量增加了 69 mg/L。臭氧氧化是集污泥减量与磷回收于一体的工艺。臭氧氧化技术对污泥中的磷释出效果好,但是成本和能耗均较高。

6.3 含化学磷沉淀的污泥释磷技术

污泥中的化学磷沉淀是指污水处理厂化学除磷后从污水转移到污泥中的磷沉淀物。由于常用的化学除磷混凝剂有铁盐和铝盐,故污泥中的化学磷常包括 Fe-P 和 Al-P 等。对污水厂污泥中磷形态调研研究表明,化学磷($FePO_4$ 和 $AlPO_4$ 等)是污泥中磷的主要存在形态,占总磷的 60% 以上。尽管污泥厌氧消化作为一种较为经济且广泛使用的污泥处理技术,能有效地释放污泥中的有机磷和胞内聚磷,但单纯的厌氧消化无法有效释放化学沉淀中的磷,且释出的磷容易与污泥本身含有的大量金属离子发生再沉淀。因此目前针对含化学磷的污泥,其释磷技术多是在厌氧消化释磷的基础上,结合异化铁还原、投加 Na_2S、酸碱调节、投加螯合剂或表面活性剂等方式来强化厌氧消化过程中化学磷的释放。

6.3.1 异化铁还原生物释磷技术

异化铁还原主要是指微生物利用外界的 Fe^{3+} 作为电子受体,氧化体内的基质(电子供体),从而使 Fe^{3+} 还原为 Fe^{2+},而 Fe^{3+} 转化为 Fe^{2+} 的过程所释放出的能量也被微生物所捕获,用于满足生长发育的需要,这种过程称为异化铁还原作用,是微生物铁代谢的一种形式,也是自然界中铁发生还原的主要形式。异化铁还原微生物即铁还原细菌(iron-reducing bacteria,IRB)是活性污泥的重要组成部分,可占活性污泥微生物总量的 3% 左右。若能在活性污泥中富集到一定量的 IRB,利用 IRB 将难溶性沉淀 Fe^{3+}-P 沉淀中的中 Fe^{3+} 还原成 Fe^{2+},则可将其结合的磷释放出来,进而提高含 Fe-P 沉淀剩余污泥的磷回收率。

1)异化铁还原的影响因素

(1)电子供体。异化铁还原微生物可以利用的电子供体种类较多,主要有 H_2、乙酸等有机酸及其盐类、糖类、芳香烃类、腐殖质类物质和 Fe^{2+} 等,其中 H_2 和有机化合物是较为常见的电子供体。异化铁还原微生物在异化铁还原过程中利用不同电子供体的机理略有不同。微生物在利用不同电子供体异化还原 Fe^{3+} 的还原潜势和还原速率不同。

（2）电子受体。异化铁还原过程中可以存在一种或者多种电子受体。在异化铁还原过程中作为电子受体的物质除了 Fe^{3+} 外还有 O_2、Mn^{4+}、U^{6+} 等其他金属、胞外琨类物质、含硫化合物、硝酸盐、延胡索酸盐、氯化物等。Fe^{3+} 形态对微生物利用 Fe^{3+} 为电子受体进行的呼吸获能过程影响很大。因为不同的 Fe^{3+} 形态具有不同的氧化还原电位,在异化铁还原过程中可产生的能量也存在着差异,微生物优先利用的是在产能过程中有优势的 Fe^{3+} 形态。通常情况,可溶性 Fe^{3+} 和络合态 Fe^{3+} 最容易被异化铁还原微生物利用,其次是弱晶体 Fe^{3+} 氧化物,最难利用的是 Fe^{3+} 氧化物晶体。因此在实验条件下,人们经常利用合成的水铁矿来富集 Fe^{3+} 还原微生物或评价它们还原 Fe^{3+} 的能力。

（3）电子穿梭物质。在许多土壤和沉积物中微生物可还原的 Fe^{3+} 主要以非溶性的氧化铁形式存在。Fe^{3+} 还原微生物对不同铁氧化物的利用能力有区别,其中比表面大的非晶体氧化物易于利用,而针铁矿及赤铁矿等晶体结构的氧化物因不易与微生物菌体外膜接触则难以利用。此外,有研究表明从微生物菌体外膜蛋白到 Fe^{3+} 氧化物的电子传递可以通过中间体来完成,这一中间体称为电子穿梭物质,它可不断地从微生物的外膜蛋白接受电子,再把电子传给 Fe^{3+} 复合物,完成对 Fe^{3+} 的还原。

（4）pH 值。异化铁还原是微生物介导的酶促还原过程,pH 值会直接影响到异化铁还原过程。一般来说异化铁还原微生物生长在近中性 pH 值条件下,合适的 pH 值范围是 5.0～8.0 左右,但不同铁还原微生物具有不同最适生长的 pH 值,也就是说不同 pH 值环境中均有异化铁还原微生物的存在。如 *Sulfolobus*、*Sulfobacillus* 和 *Acidimicrobium* 等微生物可以在 pH 值为 1.5～2.0 的范围内异化还原铁;另也有研究表明在厌氧碱性条件下,*Anaerobranca* 可以在 pH 值为 10～10.5 之间正常生长。此外,pH 值还会影响到铁的存在形态,在酸性条件下可存在大量可溶性的 Fe^{3+},可溶性 Fe^{3+}/Fe^{2+} 的氧化还原电位（+0.77 V）与 O_2/H_2O 的氧化还原电位相近（+0.82 V）,增加了微生物利用 Fe^{3+} 进行呼吸获能的优势,而且相对于不溶性的 Fe^{3+} 氧化物来说,可溶性的 Fe^{3+} 易被异化还原。

（5）温度。异化铁还原反应属于微生物参与介导的酶促氧化还原反应,温度是影响微生物生长和生存的环境因素之一,因此异化铁还原过程必然受到温度的影响。不同温度均有异化铁还原微生物的存在。根据微生物对生长温度的要求,异化铁还原微生物可分为嗜温性菌（Mesophiles）,主要生长在 20～35℃ 的环境中,如 *Geobacter* 和 *Shewanella* 属;嗜热菌（Thermophiles）,主要生长在 45～65℃ 的环境中;超嗜热菌（Hypothermophiles）,生长在温度超过 65℃ 甚至达到 100℃ 附近的海洋热流或地表深层，如 *Pyrobaculum islandicum* 属等；以及生长温度低于20℃的嗜低温菌(Psychrophiles)。

2）含磷酸铁污泥的生物还原释磷

(1) 不同碳源对 IRB 利用 FePO$_4$ 释磷的影响。不同外加碳源条件下，IRB 对含 FePO$_4$ 污泥厌氧释放 PO$_4^{3-}$－P 的影响如图 6-2 和图 6-3 所示。由于灭菌的对照组中无微生物参与，体系上清液 PO$_4^{3-}$ 和泥水混合液 Fe^{2+} 浓度基本保持不变，这说明其他体系中 PO$_4^{3-}$ 和 Fe^{2+} 的变化是由 IRB 的作用引起的，故难溶性沉淀 FePO$_4$ 具有一定的可生物还原性。从图 6-2 和图 6-3 可知，等摩尔碳量前提下，不同碳源对 IRB 异化还原 FePO$_4$ 有着不同的影响。乙酸钠为碳源时，开始迅速释磷，达到最大值 70.35 mg/L 后维持不变，释磷率为 37.8%；以葡萄糖为碳源在 2天后释磷量高于乙酸钠，最高达 96.04 mg/L，释磷率为 51.6%；以丙酸钠为碳源对释磷有一定的促进，但低于乙酸钠。

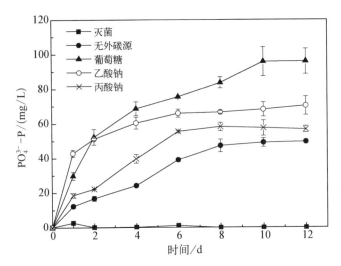

图 6-2 不同碳源对含 FePO$_4$ 污泥厌氧释放 PO$_4^{3-}$－P 的影响

进一步研究发现，乙酸钠为碳源除生成部分乙酸外还转化生成一定量的丙酸和正丁酸，并且丙酸和正丁酸不易被 IRB 利用；而以葡萄糖为碳源的发酵产物全部是乙酸，并且乙酸生成量多于以乙酸钠为碳源的量，因而以葡萄糖为碳源在 2 天后释磷量高于乙酸钠。由于丙酸不容易被利用，故丙酸钠为碳源对 IRB 利用 FePO$_4$ 释磷的促进作用最不显著。

图 6-3 中 Fe^{2+} 浓度的变化趋势与 PO$_4^{3-}$ 趋势相同，并且从数值上 Fe^{2+}：P 基本符合摩尔比为 1:1 的理论衡算值，进一步说明由于 FePO$_4$ 中 Fe^{3+} 不断被还原为 Fe^{2+} 使得体系上清液中的磷不断累积。FePO$_4$ 被还原后释放的部分磷酸盐可能

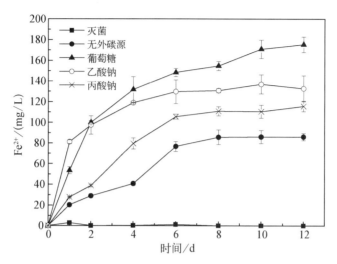

图 6-3　不同碳源对含 $FePO_4$ 污泥厌氧释放 Fe^{2+} 的影响

与还原生成的 Fe^{2+} 结合成蓝铁矿 $Fe_3(PO_4)_2 \cdot 8H_2O$,从而影响溶液中磷的累积。pH 值为 6~8 被认为是最有利于蓝铁矿生成的条件。但在本实验条件中释出的大部分磷仍然积累在体系上清液中,有利于实现对化学磷资源的回收。

(2)添加蒽醌-2,6-二磺酸盐对 IRB 利用 $FePO_4$ 释磷的影响。腐殖质是污泥中含量丰富且稳定存在的一类复杂有机物。研究发现,腐殖质可以起电子穿梭体的作用,促进 Fe^{3+} 氧化物的还原。蒽醌类磺酸盐是腐殖质的类似物,能作为电子穿梭体,使得电子在微生物与金属氧化物之间发生高效的传递,从而促进异化铁还原过程。

选择葡萄糖为碳源,并在 C/Fe 摩尔比为 5:1 的条件下,研究了蒽醌-2,6-二磺酸盐(anthraquione-2,6-disulfonate, AQDS)对 IRB 利用 $FePO_4$ 释磷的影响,结果如图 6-4 和图 6-5 所示。由图 6-4 可知,添加 AQDS 后 Fe^{2+} 的生成速率和生成量均高于未添加 AQDS 的对照组,Fe^{2+} 的累积量为 220.18 mg/L,比对照组高 11.0%。$FePO_4$ 为难溶性沉淀,腐殖质类物质则作为可溶性中间体不断地从膜外蛋白接受电子,再把电子传给 $FePO_4$,完成 Fe^{3+} 的还原。由于其具有的这种电子穿梭性能,克服了 IRB 与污泥中 $FePO_4$ 之间必须有物理性接触的限制条件,从而大大加速了铁的还原。张丽新等[18]研究 AQDS 对氧化铁微生物还原过程的影响时表明,添加 AQDS 可使 Fe^{3+} 还原的反应速率常数增加 10%~288%,显著增加微生物群落的铁还原速率。图 6-5 显示,添加 AQDS 后体系上清液中磷的累积量在第 8 天达到最大值 119.42 mg/L,释磷率为 64.2%,比对照组高 12.6%。因此在 $FePO_4$ 的生物还原过程中,添加的少量 AQDS 可以作为电子穿梭体,既能加快还原反应的速率又能大大提高磷的释放量。

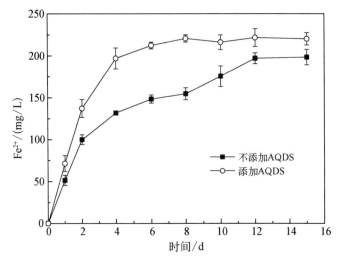

图 6-4 添加 AQDS 对含 $FePO_4$ 污泥厌氧释放 Fe^{2+} 的影响

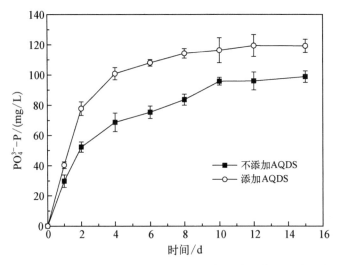

图 6-5 添加 AQDS 对含 $FePO_4$ 污泥厌氧释放 $PO_4^{3-}-P$ 的影响

6.3.2 投加 Na_2S 强化污泥厌氧释磷

硫化钠(Na_2S)是一种极易溶于水并呈强碱性的钠盐,它可与多种金属离子形成难溶的沉淀物质。硫化钠沉淀法可用于提高含 $FePO_4$ 污泥厌氧释磷效率,其原理是通过形成 FeS_x(主要为 FeS 和 FeS_2)沉淀的方法从含 $FePO_4$ 的污泥中回收磷,并且硫化钠沉淀法可以沉淀污泥中大量金属离子,减少释出的磷再沉淀。此外,Na_2S 水溶液具有强碱性和强还原性,能破坏细胞结构,使得污泥中有机颗粒变得松散,对污泥厌氧发酵有机物的溶出、污泥减量化有促进作用。

由于目前化学除磷工艺在城市污水处理厂仍被广泛应用,其中铁盐混凝剂的应用会导致 $FePO_4$ 的形成,因此采用 Na_2S 促进含 $FePO_4$ 污泥厌氧发酵过程磷释放,提高污泥发酵上清液中的磷含量,对后续进一步磷的回收利用具有重要意义。

卢霄等[19]对投加 Na_2S 强化含磷酸铁污泥厌氧释磷进行了研究,发现水溶液中 $FePO_4$ 沉淀释磷率随着 Na_2S 投加量的增多而增大。当 Na_2S 与 Fe 摩尔比为 2:1 时,最大释磷率为 77%;当 Na_2S 与 Fe 摩尔比为 5:1 和 10:1 时,$FePO_4$ 释磷率均达到 100%。投加 Na_2S 与含 $FePO_4$ 的污泥共同厌氧发酵时,不同 Na_2S 投加量下,活性污泥与含 $FePO_4$ 的混合污泥厌氧发酵上清液中 $PO_4^{3-}-P$ 浓度的变化如图 6-6 所示。由图 6-6 可知,单纯的活性污泥释磷量随着 Na_2S 投加量的增加没有明显增加,说明投加 Na_2S 对活性污泥释磷影响不大;当 S/Fe 摩尔比为 1:1、3:1 和 5:1 时,7 天后 $FePO_4$ 释磷率分别为 60%、93% 和 100%;与未投加 Na_2S 相比,混合污泥投加 Na_2S 的释磷率分别提高 26%、59%、73%,可见投加 Na_2S 促进了 $FePO_4$ 释磷。

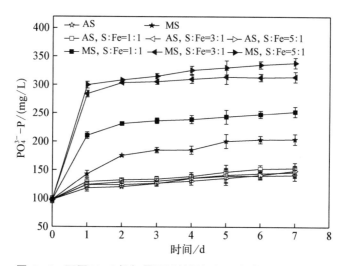

图 6-6　不同 Na_2S 投加量下活性污泥(AS)和含 $FePO_4$ 的混合污泥(MS)厌氧发酵上清液中 $PO_4^{3-}-P$ 浓度变化

投加硫化钠强化含 $FePO_4$ 污泥的磷释放,可能的反应方程式如下(下标 s 表示"固相"),生成硫化铁沉淀的形态与 pH 值密切相关。

$$2Fe^{3+} + HS^- \longrightarrow 2Fe^{2+} + S^0_{(s)} + H^+ \qquad (6-1)$$

$$Fe^{2+} + HS^- \longrightarrow FeS_{(s)} + H^+ \qquad (6-2)$$

$$FeS_{(s)} + S^-_{(s)} \longrightarrow FeS_{2(s)} \qquad (6-3)$$

但是考虑到 Na_2S 的投加可能会产生 H_2S,会对产酸菌、产甲烷菌的活性产生影响,采用投加 Na_2S 来强化污泥厌氧释磷时需注意 Na_2S 投加量的合理性,可以依据污泥中磷酸铁含量、有利于污泥厌氧发酵、避免二次污染几方面来进一步确定。卢霄等[19]的研究表明,投加 Na_2S 对厌氧发酵过程有影响,有利于有机物溶出以及产酸,但投加 Na_2S 浓度过高时不利于厌氧产酸产气。当 S/Fe 摩尔比为 3∶1 时,污泥产酸量较高,是不投加 Na_2S 时污泥产酸量的 4.3 倍,此时 $FePO_4$ 释磷率为 93%,且 S^{2-} 浓度较低,基本没有 H_2S 生成,有利于含 $FePO_4$ 污泥的资源化。

6.3.3　调节 pH 值以强化污泥厌氧释磷

酸性或者碱性条件对污泥颗粒细胞具有一定的破解作用,致使其解体或自溶,从而使胞内外含有的磷酸盐的物质水解释放出 PO_4^{3-},故强酸或强碱条件能够促进污泥生物磷的释放。

控制一定的 pH 值也能使化学磷沉淀溶解释磷。不同 pH 值下,磷酸铁、磷酸铝、磷酸钙的溶解度有差异,图 6-7 是在实验室条件下测得的 pH 值对铁、铝及钙的磷酸盐平衡浓度的影响曲线[4]。其中磷酸铝在 pH 值为 6.5 左右时溶解度最小,水溶液中残留的磷浓度为 0.031 mg/L 左右;磷酸铁在 pH 值为 5.5 左右时溶解度最小,当 pH 值为 7 时,水溶液残留的磷浓度为 3.1 mg/L;而磷酸钙类的化合物的溶解度随 pH 值的升高而降低。

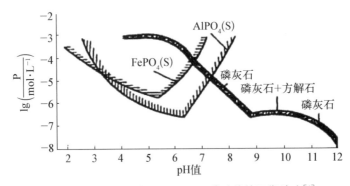

图 6-7　不同 pH 值下 Fe、Al、Ca 磷酸盐的平衡浓度[4]

对不同 pH 值条件下纯水中化学磷释出的试验表明[20],强酸或强碱条件有利于化学磷的释放(见图 6-8)。调节 pH 值为强酸(pH=2 或 pH=3)或强碱(pH=10 或 pH=11)条件,$AlPO_4$ 均能释出部分磷,当 pH=2 时能释出 66% 的磷,当 pH=3 时能释出 16% 的磷,当 pH=10 时能释出 40% 的磷,当 pH=11 时能释出 76% 的磷;对于 $FePO_4$,在酸性条件下基本不溶解释磷,而在碱性条件下,当 pH=10 和 pH=11 时能分别释出 13% 和 96% 的磷。

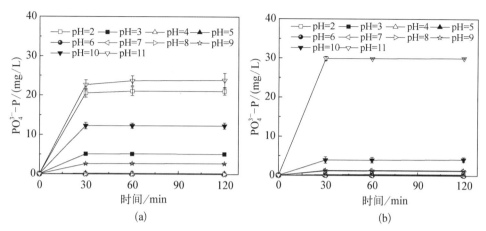

图 6-8　不同 pH 值条件下两种化学磷沉淀在纯水中的释磷情况

(a) $AlPO_4$;(b) $FePO_4$

关于铝盐污泥回用的研究表明铝盐在酸性或碱性条件下均能溶解,Panswad 等[21]研究酸化法回收铝盐时发现,当 pH=1 时,铝的回收率可达 90%,而当 pH=3 时,回收率仅有 10%。Masschelein 等[22]研究用 NaOH 从布鲁塞尔某水厂的化学污泥中回收铝盐发现,最优 pH 值为 11.4~11.8,回收率一般可达 80%。所以通过调节厌氧消化的 pH 值可以使铝盐除磷产生的污泥在厌氧消化过程中释磷。

张丽丽等[20]的研究发现对于含 $AlPO_4$ 的化学-生物混合污泥,从释磷角度,在强酸性和强碱性条件下混合污泥释出的磷均比中性条件释出的磷多,能提高化学磷的释磷率。如图 6-9 所示,维持 pH=3~4 时,有利于生物磷的释放而 $AlPO_4$ 的释出较少,能释出 65%~72% 的生物磷,中性条件约能释出 45% 的生物磷;维持 pH=2 时有利于 $AlPO_4$ 的释出,$AlPO_4$ 的释磷率能达到 60% 左右,生物磷的释磷率与中性条件相差不大;维持 pH=10~11 时生物磷的释磷率比中性条件略低,但 $AlPO_4$ 的释磷率能达到 25%~50%。

对于含 $FePO_4$ 的混合污泥的厌氧发酵释磷情况,研究发现在中性条件下 $FePO_4$ 固体的释磷率高于碱性条件。厌氧发酵 7 天,$FePO_4$ 化学磷在 pH=7 和 pH=11 的条件下的释磷率分别为 40% 和 30%。碱性条件下 PO_4^{3-} 会与污泥中的 Ca^{2+}、Mg^{2+} 等金属离子形成沉淀,导致污泥的释磷率较低。

根据以上的研究,对于铝盐除磷的污水处理厂,从磷回收而又有利于厌氧发酵的角度出发,剩余污泥碱性发酵(pH=10~11)有利于化学磷和生物磷的释放,对于铁盐除磷的混合污泥,维持中性发酵即能保证化学磷的释放,同时能减少药剂成本的投入。

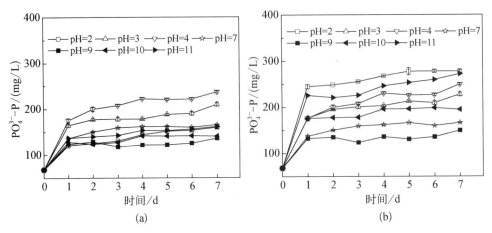

图 6-9 不同 pH 下两种污泥厌氧发酵上清液中 $PO_4^{3-}-P$ 的变化情况

(a) 生物污泥；(b) 含 $AlPO_4$ 的混合污泥

6.3.4 投加螯合剂强化污泥厌氧释磷

无论是 EBPR 工艺还是普通活性污泥法产生的剩余污泥,厌氧发酵过程中均能释出一定量的磷,然而由于污泥本身含有许多金属离子,释出的磷容易再沉淀,难以提高厌氧发酵过程中污泥的释磷率。对 EBPR 污泥直接厌氧发酵时发现,消化罐中易形成鸟粪石沉淀,会带来严重的操作问题。而投加络合剂即可有效释放磷,又可以防止其与金属离子结合再次沉淀。

EDTA 是一种重要的有机多元酸络合剂,它的强络合性可防止金属离子与磷发生沉淀。Doyle 等[23]为了减少泵叶轮上鸟粪石的沉淀,尝试用 4 种阻垢剂和 3 种螯合剂来减少鸟粪石的形成,结果表明金属螯合剂中 EDTA 的效果较好。Schmidt 等[24]的研究表明 EDTA 会和磷酸根竞争铁离子,使磷元素从底泥中释放出来进入水体。已有研究发现在含磷酸铝和磷酸铁的污泥中投加 EDTA 二钠盐进行厌氧发酵,利用 EDTA 二钠盐与化学污泥中的金属离子发生络合,可以促使磷酸铝或磷酸铁释磷,并减少释出的磷发生再沉淀,从而可以提高含磷化学-生物混合污泥厌氧发酵过程中的释磷率。

卢霄[25]研究了投加不同络合剂强化化学除磷污水厂剩余污泥厌氧释磷,同时探究投加的络合剂对厌氧消化过程的影响和投加不同络合剂厌氧消化的释磷量(见图 6-10)。发现未加入络合剂时,污泥厌氧发酵 7 天基本没有磷的释出,这是因为实际污水处理中加入了过量的化学药剂除磷,厌氧释出的磷会被过量的化学药剂再沉淀。对于污泥 S_1,投加柠檬酸盐(citrate, Cit)在两天内明显促进污泥释磷,释磷量可达 50 mg/L 左右,两天后释磷量下降至 10^{-6} 级;投加 EDTA 二钠盐促进释磷能力更强,释磷量可达 90 mg/L 左右,但是在后期释磷量下降至 60～70 mg/L 之间。对于污泥 S_2,投加不同的络合剂释磷情况不同,投加柠檬酸盐后在 2 天内明显释磷,但 2 天后明显下降;投加 EDTA 二钠盐对释磷量没有影响,7 天内基本没有磷的释出。两种污泥释磷情况不同,可能原因是两种污泥性质不同,污泥 S_2 中含有更多的有机质,而不同的络合剂对于不同的底物络合次序和能力不同。对于污泥 S_2,EDTA 二钠盐投加后首先释出了有机质结合的金属元素,而没有能释出与磷结合的金属元素,因此不能释出磷。两种污泥中投加柠檬酸盐厌氧发酵首先释出大量金属离子和磷,而 2 天后均明显下降,主要原因是柠檬酸盐为一种弱络合剂,随着厌氧消化的进行,磷与溶液中过量的金属离子结合,重新沉淀。

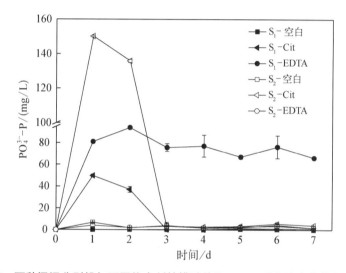

图 6‑10　两种污泥分别投加不同络合剂柠檬酸盐和 EDTA 后上清液中的释磷量变化

综合考虑不同络合剂的毒性(对微生物活性的抑制作用)及其对厌氧消化的影响,认为投加柠檬酸盐是一种可以有效促进化学磷释放,促进厌氧消化产酸产甲烷,且对微生物抑制作用较小的强化释磷技术。对含磷酸铁和磷酸铝沉淀的污泥在厌氧消化后分别进行 SMT 磷组分分析,发现投加柠檬酸盐后污泥中 IP 浓度下降了 33% 和 29%,其中 NAIP 下降更明显。这一结果证明络合剂促进释放的主要是 $FePO_4$ 和 $AlPO_4$ 沉淀等化学磷。

6.4　好氧颗粒污泥磷释放

好氧颗粒污泥作为一种新型的污水处理技术,已经逐渐应用于实际的污水处理工程中。但是,目前很少有研究关注好氧颗粒污泥作为剩余污泥后期处理处置的问题,尤其是具有强化生物除磷脱氮功能的好氧颗粒污泥。Zou 等[6,26]在序批式反应器中成功培养出了富含化学磷沉淀(主要是 Ca-P,部分含 Mg 元素)的好氧颗粒污泥,能够实现同步的短程硝化反硝化脱氮。所培养出的富含化学磷沉淀的好氧颗粒污泥的平均粒径为 2.47 mm,污泥的磷含量最高可达(150.7±28.5)mg/g,因此好氧颗粒污泥作为剩余污泥在后期处理处置时,具备巨大的磷资源化回收潜能。与絮体污泥类似,好氧颗粒污泥磷回收过程所面临的一个关键性问题就是好氧颗粒污泥的磷释放。

与富磷絮体污泥(phosphorus-accumulating flocculent sludge,PFS)相比,PGS 具有更多的 EPS、厌氧菌等,这些特点可能会有利于 PGS 的厌氧发酵,促进颗粒污泥碳源和磷资源的释放。del Rio 等[27]首次报道了采用热预处理和厌氧消化工艺处理好氧颗粒污泥,发现好氧颗粒污泥厌氧可生物降解性能与普通絮体污泥类似,而热预处理能够提高其生物可降解性能。他们的研究还发现好氧颗粒污泥的颗粒粒径对厌氧消化过程没有显著影响。Palmeiro-Sánchez 等[28]的研究指出在高盐条件下,好氧颗粒污泥厌氧可生物降解性能与絮体污泥类似。以上研究都表明好氧颗粒污泥具有生物可降解性能,可利用厌氧消化技术对其进行资源化回收,但这些研究都主要关注好氧颗粒污泥厌氧消化过程中产甲烷的性能,并没有提及厌氧消化过程中磷的回收和释放特性。另外,已有较多的预处理工艺(热处理、机械处理和化学处理等)被广泛应用,以加速污泥水解速率,提高厌氧发酵的效率。在这些预处理工艺中,热预处理不仅能够提高污泥的生物降解性能,促进有机物的释放,还能有效释放污泥中的磷资源(主要是聚磷)。Zou 等[26]比较了 PGS 和 PFS 低温热预处理(70℃,60 min)和中温厌氧发酵过程中有机物和磷的释放特性,发现 PGS 和 PFS 通过低温热预处理之后大量有机物被释放出来(见表 6-1)。PGS 中溶解性化学需氧量(soluble chemical oxygen demand,SCOD)、溶解性碳水化合物和蛋白质的释出量高于 PFS 的释出量,表明低温热预处理更有利于 PGS 有机物的释放。在低温热处理过程中,污泥的水解和 EPS 的释放是导致上清液 SCOD、溶解性碳水化合物和蛋白质浓度升高的两个主要原因。由于好氧颗粒污泥中 EPS 的含量远高于絮体污泥,因此,在低温热处理过程中 PGS 的 EPS 释放量远高于 PFS 的 EPS 释放量,导致上清液中有机物的浓度高于 PFS 中的相应值,从而表现出 PGS 在低温热处理条件下更易释放出有机物的特性。另外,低温热处理还能改变好氧颗粒污泥的粒径,有效破解好氧颗粒污泥。

对 PGS 和 PFS 直接厌氧发酵和热预处理后厌氧发酵过程中的释磷率的研究结果如图 6-11 所示。在没有热预处理时,发酵 1 天后 PGS 和 PFS 发酵液中的总磷释放率分别为 26.6% 和 34.1%,至发酵第 7 天,PGS 和 PFS 的总磷释磷率分别达到 80.0% 和 73.9%,整体而言,PGS 和 PFS 两种污泥厌氧发酵过程中的释磷能

表 6-1　低温热预处理后 PGS 和 PFS 释放的
有机物和其他主要元素含量　　　　单位：mg/g

样　　品	PGS	PFS
SCOD	403 ± 9	329 ± 26
碳水化合物	42.0 ± 3.2	39.1 ± 1.3
蛋白质	82.7 ± 1.6	63.0 ± 0.9
$NH_4^+ - N$	0.7 ± 0.1	1.8 ± 0.2
TN	39.4 ± 0.6	38.3 ± 0.6
$PO_4^{3-} - P$	9.7 ± 0.2	10.2 ± 0.3
TP	39.3 ± 0.7	26.7 ± 0.3
K	18.2 ± 0.9	17.0 ± 0.1
Mg	10.4 ± 0.2	7.6 ± 0.2

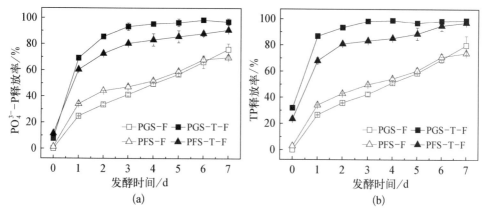

图 6-11　PGS 直接厌氧发酵(PGS-F)、热预处理后厌氧发酵(PGS-T-F)与 PFS 直接
厌氧发酵(PFS-F)、热预处理后厌氧发酵(PFS-T-F)过程中释磷率的变化
(a) $PO_4^{3-} - P$；(b) TP

力类似。发酵液中的 TP 主要是由 $PO_4^{3-} - P$ 组成。热预处理能够破碎微生物的细胞膜，使得细胞中的磷(主要是聚磷)更容易释放到水相中，因此经过热预处理后，PGS 和 PFS 在发酵第 1 天 $PO_4^{3-} - P$ 和 TP 的释放速率即大大高于未预处理的污泥，厌氧发酵第 2 天 PGS 的 $PO_4^{3-} - P$ 和 TP 释磷率分别可达 85.5% 和 93.4%，高于未预处理 PGS 发酵第 7 天的 $PO_4^{3-} - P$ 和 TP 释磷率(分别为 76.0% 和 80.0%)。同样，热预处理后厌氧发酵第 2 天 PFS 的释磷率高于其未预处理厌氧发酵第 7 天的释磷率。因此，低温热预处理结合厌氧发酵工艺可以在短时间内快速释放出污泥中的磷，利于后期的磷回收。

低温热处理不仅能够释放出污泥中的磷，同时还能释放出污泥中的钾和镁。

磷、钾和镁的同时释放表明污泥低温热处理释放出的磷主要来自聚磷菌胞内的聚磷,而好氧颗粒污泥的释磷量明显高于絮体污泥,这是由于富磷颗粒污泥中含有更多的 EPS,同时其 EPS 中含有的总磷百分比更高。文献报道,在 EBPR 工艺中,污泥中的 EPS 可以储存大量的磷。在厌氧末期,EBPR 絮体污泥 EPS 中储存的磷约占污泥总磷的 5%～13%,而 EBPR 颗粒污泥 EPS 中储存的磷约占污泥总磷的30%。在低温热处理过程中,污泥中的 EPS 能够释放到水相中,因此污泥 EPS 中储存的磷也能释放到水相中,导致低温热处理后颗粒污泥释放的磷含量高于絮体污泥。但在厌氧发酵释磷方面,两者相差不大。

参 考 文 献

[1] Jin L, Zhang G, Tian H. Current state of sewage treatment in China [J]. Water Research, 2014, 66: 85 - 98.

[2] Cornel P, Schaum C. Phosphorus recovery from wastewater: Needs, technologies and costs [J]. Water Science and Technology, 2009, 59(6): 1069 - 1076.

[3] Wilfert P, Kumar P S, Korving L, et al. The relevance of phosphorus and iron chemistry to the recovery of phosphorus from wastewater: A review [J]. Environmental Science & Technology, 2015, 49(16): 9400 - 9414.

[4] 张亚勤.污水处理厂达到一级 A 排放标准中的化学除磷[J].中国市政工程,2009(5): 40 - 41.

[5] Paul E, Laval M L, Sperandio M. Excess sludge production and costs due to phosphorus removal [J]. Environmental Technology, 2001, 22(11): 1363 - 1371.

[6] Li Y, Zou J, Zhang L, et al. Aerobic granular sludge for simultaneous accumulation of mineral phosphorus and removal of nitrogen via nitrite in wastewater [J]. Bioresource Technology, 2014, 154: 178 - 184.

[7] 王超,冯士龙,王沛芳,等.污泥中磷的形态与生物可利用磷的分布及相互关系[J].环境科学,2008,29(6): 1593 - 1597.

[8] Latare A M, Kumar O, Singh S K, et al. Direct and residual effect of sewage sludge on yield, heavy metals content and soil fertility under rice-wheat system [J]. Ecological Engineering, 2014, 69: 17 - 24.

[9] Chen Y, Jiang S, Yuan H, et al. Hydrolysis and acidification of waste activated sludge at different pHs [J]. Water Research, 2007, 41(3): 683 - 689.

[10] Kuroda A, Takiguchi N, Gotanda T, et al. A simple method to release polyphosphate from activated sludge for phosphorus reuse and recycling [J]. Biotechnology and Bioengineering, 2002, 78(3): 333 - 338.

[11] Jardin N, Pöpel H J. Behavior of waste activated sludge from enhanced biological phosphorus removal during sludge treatment [J]. Water Environment Research, 1996, 68(6): 965 - 973.

[12] Barat R，Bouzas A，Marti N，et al. Precipitation assessment in wastewater treatment plants operated for biological nutrient removal：A case study in Murcia，Spain [J]. Journal of Environmental Management，2009，90(2)：850 - 857.

[13] Li Y，Hu Y Y，Bi W. Recovery of phosphorus and nitrogen from alkaline hydrolysis supernatant of excess sludge by magnesium ammonium phosphate [J]. Bioresource Technology，2014，166：1 - 8.

[14] Petzet S，Peplinski B，Cornel P. On wet chemical phosphorus recovery from sewage sludge ash by acidic or alkaline leaching and an optimized combination of both [J]. Water Research，2012，46(12)：3769 - 3780.

[15] Wang X X，Qiu Z F，Lu S G，et al. Characteristics of organic，nitrogen and phosphorus species released from ultrasonic treatment of waste activated sludge [J]. Journal of Hazardous Materials，2010，176(1 - 3)：35 - 40.

[16] Saktaywin W，Tsuno H，Nagare H，et al. Advanced sewage treatment process with excess sludge reduction and phosphorus recovery [J]. Water Research，2005，39(5)：902 - 910.

[17] Zhang G M，Yang J，Liu H Z，et al. Sludge ozonation：Disintegration，supernatant changes and mechanisms [J]. Bioresource Technology，2009，100(3)：1505 - 1509.

[18] 张丽新，曲东，易维洁.温度及 AQDS 对氧化铁微生物还原过程的影响[J].西北农林科技大学学报，2009，37(3)：193 - 199.

[19] 卢霄，孙静，李咏梅.投加硫化钠强化含磷酸铁污泥厌氧释磷的研究[J].中国环境科学，2017，37(11)：4110 - 4116.

[20] 张丽丽，李咏梅.pH 值对化学-生物混合污泥厌氧发酵释磷的影响[J].中国环境科学，2014，34(3)：650 - 657.

[21] Panswad T J，Chamnan P. Aluminum recovery from industrial aluminum sludge [J]. Water Supply，1992，10(4)：159 - 166.

[22] Masschelein W，Devleminck R，Genot J. The feasibility of coagulant recycling by alkaline reaction of aluminium hydroxide sludges [J]. Water Research，1985，19(11)：1363 - 1368.

[23] Doyle J D，Oldring K，Churchley J，et al. Chemical control of struvite precipitation [J]. Journal of Environmental Engineering，2003，129(5)：419 - 426.

[24] Schmidt C K，Brauch H J. Impact of aminopolycarboxylates on aquatic organisms and eutrophication：Overview of available data [J]. Environmental Toxicology：An International Journal，2004，19(6)：620 - 637.

[25] 卢霄.污水厂化学除磷中磷的强化释放技术研究[D].上海：同济大学 环境科学与工程学院，2018.

[26] Zou J，Li Y M. Anaerobic fermentation combined with low-temperature thermal pretreatment for phosphorus-accumulating granular sludge：Release of carbon source and phosphorus as well as hydrogen production potential [J]. Bioresource Technology，2016，218：18 - 26.

[27] del Rio A V，Morales N，Isanta E，et al. Thermal pre-treatment of aerobic granular

sludge: Impact on anaerobic biodegradability [J]. Water Research, 2011, 45(18): 6011 - 6020.

[28] Palmeiro-Sánchez T, del Río A V, Mosquera-Corral A, et al. Comparison of the anaerobic digestion of activated and aerobic granular sludges under brackish conditions [J]. Chemical Engineering Journal, 2013, 231: 449 - 454.

第 7 章　污泥磷释放与回收的数学模型

以数学模型为基础的模拟与控制是实现污水处理厂合理工艺设计、优化运行管理、降低资源浪费、提高能源利用率的有效手段。从污水和污泥中回收磷涉及污水处理过程、污泥处理过程,因此相关的对城市污水磷回收模拟也必然涉及这些过程。目前,就 EBPR 过程和污泥消化过程的数学模型已经有较多的研究,活性污泥 2d 号模型(activated sludge model No. 2d,ASM2d)和污泥的厌氧消化 1 号数学模型(anaerobic digestion model No. 1,ADM1)分别是这两个过程的基础模型。然而现有的 ADM1 无法描述磷在消化系统中的转化规律。因此,如何对 ADM1 进行修正以包含磷组分和磷的变化过程,是实现污水厂磷回收模拟需要解决的问题。

本章旨在介绍考虑磷行为的 ADM1 修正模型,包括生化过程和物化过程的修正研究。不仅将磷元素包含在模型组分,而且添加必要的过程描述磷在液相和固相之间的变化,同时将磷浓度对厌氧消化过程的影响考虑在内。

7.1　EBPR 富磷污泥在厌氧消化条件下的磷释放模型

根据衰减试验可得 PAOs 在中温厌氧消化条件下的活性衰减速率为 $0.35~\text{d}^{-1}$[1],表明 PAOs 在进入厌氧消化系统后其活性并不会马上衰退,而是在一段时间内仍有较强的活性。众所周知,PAOs 在厌氧条件下能够吸收乙酸等短链脂肪酸并以 PHA 的形式贮存,同时分解聚磷酸盐为磷酸盐,以提供吸收底物所需要的能量。按照 PAOs 吸收短链脂肪酸释磷的机理,当底物浓度有限时,释磷速率就受底物浓度的影响,PHA 的合成速率也受到同样的影响;然而 PHA 的含量又会影响有机物质的分解速率。因此,当 EBPR 富磷污泥进入厌氧消化后,PAOs 吸收有机物释磷以及 PHA 的合成和分解等行为将影响系统内磷浓度以及有机物质的变化。但是,ADM1 未考虑 PAOs 可能对厌氧消化过程产生的影响。因此,为了模型能够实现对 EBPR 污泥厌氧消化的模拟,应对 ADM1 模型进行修正,将磷元素及 PAOs 包含在 ADM1 中。

7.1.1 ADM1 模型简介

ADM1 模型是一个由生化过程和物化过程组成的结构化模型。生化反应方程是模型的核心,物化过程主要包括了酸-碱平衡和气-液转换过程。生化过程中主要包括污泥分解和水解、产酸、产乙酸和产甲烷等程序,这些过程涉及 7 个微生物种群,方程组包括 26 个动态浓度变量、19 个生化动力学过程。另外,ADM1 还包含了 3 个气液传质过程,并且可以通过微分代数方程组或者微分方程组的方法计算酸-碱平衡。

1)生化过程

(1) ADM1 中生化反应过程与假设。模型包括 4 个生化过程: ① 复合物分解; ② 胞外水解; ③ 产酸、产乙酸; ④ 产甲烷。其中,水解、产酸、产乙酸这 3 个过程中有许多平行反应。ADM1 中的生化过程如图 7 - 1 所示。

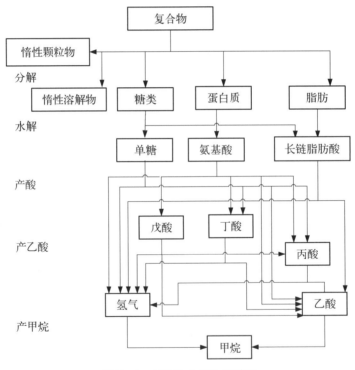

图 7 - 1 ADM1 中的生化过程

ADM1 模型包含以下几点主要假设:

a. 用经验分子式 $C_5H_7O_2N$ 表示微生物组成,且微生物及其他组分中不包含磷等元素。

b. 假定复杂的混合颗粒物是均质的,能够分解成碳水化合物、蛋白质、脂类等颗粒物。这主要是为了便于剩余活性污泥消化的模拟,因为分解步骤一般发生在更复杂的水解步骤之前。混合液中的复合颗粒物是死亡生物体在进入如图 7-1 所示所有反应过程前的贮存室。

　　c. 所有的胞外反应步骤都假定为一级反应。

　　d. 以葡萄糖作为单糖的模拟单体，未包含乳酸和乙醇。

　　e. 芳香族的氨基酸未包含在 ADM1 中。

　　f. 因为硫酸盐还原系统的复杂性，ADM1 中并未将其包含在内。

　　g. 不包括甲酸，只将氢作为电子载体进行模拟。

　　h. 同型产乙酸过程未包括在 ADM1 中。

　　i. 用三甘油酯代表脂类。

　　(2) ADM1 生化反应过程。ADM1 生化反应的过程速率和化学计量矩阵形式与活性污泥数学模型(activated sludge models，ASMs)相同，具体可参见文献[2]。

　　ADM1 中有机组分的基本单位以 COD 计，为 kg/m^3，而无机组分，如无机碳(CO_2 和 HCO_3^-)和无机氮(NH_4^+ 和 NH_3)，则用 $kmol/m^3$ 表示。这有利于物理-化学方程中的对数转换(例如 pH 值和 pKa 值)。然而，这与 ASMs 所使用的单位以 COD 计的 g/m^3 不同。因此，在将 ADM1 和 ASMs 结合使用时需要进行单位转换。

　　2) 物理-化学过程

　　这里指的物理-化学反应是厌氧反应系统中通常存在的非生物媒介反应。ADM1 中包括了液-液过程(即快速的离子结合/解离过程)和液-气过程(即快速/中速的液-气转换过程)，但没有包括液-固过程(即中速/慢速的沉淀/溶解过程)。

　　液-液过程主要讨论离子与氢和氢氧根离子的结合和解离。由于酸碱对 HCO_3^- 和 CO_3^{2-} 的 pKa 值为 10.3($T=298$ K)，CO_3^{2-} 的浓度非常低，所以模型把 CO_3^{2-} 排除在外。常温下，液相 CO_2 与 H_2CO_3 的浓度比为 631($T=298$ K)，这意味着 CO_2 在液相中的浓度远大于 H_2CO_3 的浓度，因此可把液相 CO_2 看作是有效的酸。因为结合/离解过程反应非常快，故经常被称为平衡过程。ADM1 研究组推荐使用负荷平衡的方法来表示和求解酸-碱浓度：

$$\sum S_{C^+} - \sum S_{A^-} = 0 \qquad (7-1)$$

式中，$\sum S_{C^+}$ 代表总的阳离子当量浓度；$\sum S_{A^-}$ 代表总的阴离子当量浓度。每个离子的当量浓度是其化合价与摩尔浓度的乘积。

　　液-气过程主要考虑 CO_2、H_2、CH_4 三种气体组分在气相和液相之间的变化，它们对于生物过程或输出有很大的影响。

　　ADM1 对厌氧消化过程中生物过程的综合动力学表达为模型的进一步发展提供了坚实的基础。但是，由于厌氧消化过程十分复杂，ADM1 仍存在许多不足之

处,和磷相关的不足之处主要有以下两个方面:

(1) 模型中未包含磷元素。磷是生物生长所不可或缺的元素之一,是生物体的重要组成元素。另外,EBPR 富磷污泥在进入厌氧消化系统后,磷酸盐的释放过程势必是需要考虑的因素。因此,对污泥厌氧消化过程中磷转化过程的模拟就显得尤为重要。

(2) 未考虑沉淀过程。因为磷酸盐易于与系统中的金属离子(如 Ca^{2+}、Mg^{2+} 等)形成沉淀,所以对液-固过程的描述就变得更为重要。

7.1.2 含 PAOs 的修正模型建立思路

基于以上 ADM1 的缺陷,主要在以下几个方面对 ADM1 进行修正、改进:

(1) EBPR 剩余污泥在进入污泥厌氧消化系统后在一定时间内 PAOs 仍具有活性,也即 PAOs 仍能吸收 VFAs 等底物贮存成 PHA,同时分解聚磷酸盐(polyphosphate,PP),释放磷酸盐。

(2) 模型中考虑了 PHA 含量对污泥复合物分解速率的影响。

(3) PAOs 能同时吸收乙酸、丙酸、丁酸、戊酸等各种短链脂肪酸贮存成 PHB、PHV 及 PH2MV 等 PHA;PHA 的分解也伴随合成过程。不同种类 PHA 的分解途径及其产物也不尽相同。PHB 主要先通过解聚酶分解成 3-羟基丁酰-CoA,然后经由两个途径最终分别转化成乙酸和丁酸。PHV 主要分解成乙酸、丙酸和戊酸。从总体上看,PHA 分解后的主要产物为乙酸、丙酸、丁酸和戊酸。

(4) 由于系统不能为 PAOs 提供厌氧/缺氧或者厌氧/好氧这样的交替环境,PAOs 一直处在厌氧的环境中使得其无法生长,会以一定的速度衰减。

(5) 由于 Mg 是聚磷酸盐的组成元素,当聚磷酸盐分解释放产生磷的同时也会释放出 Mg^{2+} 到液相中。在一定条件下,Mg^{2+} 会和磷酸盐形成 MAP 和磷酸钾镁等沉淀。

(6) 把磷元素作为生物体的组成元素考虑在生物体中。

7.1.3 修正模型新增组分

根据以上思路,相对于 ADM1,修正模型增加了以下和磷转化有关的组分(见表 7-1)。

表 7-1 含 PAOs 的 ADM1 修正模型中新增的组分

名　称	说　　　明	单　　位
S_{PO_4}	溶解性无机磷	kg/m^3
S_{Mg}	溶解性镁离子	$kmol/m^3$
S_K	溶解性钾离子	$kmol/m^3$

(续表)

名　称	说　明	单　位
X_{PAO}	聚磷菌	kg/m^3
X_{PP}	聚磷酸盐	kg/m^3
X_{PHA}	聚磷菌的胞内贮存物	kg/m^3
X_{Str}	磷酸氨镁沉淀	kg/m^3
X_{KStr}	磷酸钾镁沉淀	kg/m^3

7.1.4　新增或修正过程

1）生化过程

新添加或者修正过程的化学计量学关系和动力学过程速率方程分别如表7-2和表7-3所示。以下将分别详细描述各个过程。

（1）污泥复合物的分解。污泥颗粒物的分解包括胞外的生物和非生物过程，其主要分解产物有颗粒性碳水化合物、蛋白质、脂类、惰性颗粒和可溶性惰性物质。ADM1中采用一级动力学模型描述该过程，即复合颗粒物的分解速度与其浓度成正比。由于PHA的含量增加会促进有机物质的分解，本修正模型中将PHA的影响包含在复合颗粒分解的步骤中，用X_{PHA}/X_C的指数形式来体现PHA含量对污泥复合物分解速率的影响，并通过修正因子f_{dis}反映不同的系统可能存在不同的影响程度。

$$\rho_{X_C} = k_{dis} e^{(f_{dis}X_{PHA}/X_C)} X_C \qquad (7-2)$$

式中，ρ_{X_C}为污泥复合物分解速率，$kg/(m^3 \cdot d)$；k_{dis}为污泥复合物分解速率常数，d^{-1}；f_{dis}为PHA影响污泥复合物分解的相关系数；X_{PHA}为聚磷菌的胞内贮存物，kg/m^3；X_C为污泥复合物，kg/m^3。

（2）碳水化合物和脂类的水解。碳水化合物和脂类中可能包含磷元素，而其水解产物单体糖和长链脂肪酸的组成中并未包含磷，所以它们的水解过程中会产生溶解性无机磷（见表7-2的过程2和过程3）。由于并未考虑到蛋白质的组成中可能存在磷，所以修正模型中并未对蛋白质水解过程进行修正。

（3）聚磷酸盐的分解。由于在厌氧消化起始阶段PAOs仍需维持其生命活动，因此PAOs会分解聚磷酸盐以提供能量。该过程聚磷酸盐的分解不涉及PHA的贮存，其产物主要为溶解性无机磷以及钾和镁等金属离子（见表7-2的过程4）。该过程的速率用一级动力学模型表示为

$$\rho_{X_{PP}} = b_{PP} X_{PP} \qquad (7-3)$$

式中，$\rho_{X_{PP}}$为聚磷酸盐的分解速率，$kg/(m^3 \cdot d)$，b_{PP}为聚磷酸盐的分解速率常数，d^{-1}；X_{PP}为聚磷酸盐，kg/m^3。

表 7-2 包含 PAOs 及磷组分的 ADM1 修正模型的化学计量学系数

过 程	1 S_{su}	2 S_{fa}	3 S_{ac}	4 S_{pro}	5 S_{bu}	6 S_{va}	7 X_C	8 S_I	9 X_{ch}	10 X_{pr}	11 X_{li}	12 X_I	13 S_{IN}	14 S_{IC}	15 S_{PO4}	16 X_{PP}	17 X_{PHA}	18 X_{PAO}	19 S_{Mg}	20 S_K	21 X_{Str}	22 X_{KStr}	23 X_{hbem}
1 X_C分解							-1	$f_{si,xc}$	$f_{ch,xc}$	$f_{pr,xc}$	$f_{li,xc}$	$f_{xi,xc}$	$-\sum\limits_{i=7\sim12} N_i V_{i,1}$	$-\sum\limits_{i=1\sim12,17\sim23} C_i V_{i,1}$	$-\sum\limits_{i=7\sim12} P_i V_{i,1}$								
2 X_{ch}水解	1								-1					$-\sum\limits_{i=1\sim12,17\sim23} C_i V_{i,2}$	P_{Xch}								
3 X_{li}水解	$1-f_{fa,li}$	$f_{fa,li}$									-1			$-\sum\limits_{i=1\sim12,17\sim23} C_i V_{i,3}$	P_{XS}								
4 X_{PP}水解															1	-1			0.012	0.009			
5 吸收S_{ac}贮存 PHA			-1											$-\sum\limits_{i=1\sim12,17\sim23} C_i V_{i,5}$	$Y_{PO4,ac}$	$-Y_{PO4,ac}$	1		$0.012Y_{PO4,ac}$	$0.009Y_{PO4,ac}$			
6 吸收S_{pro}贮存 PHA				-1										$-\sum\limits_{i=1\sim12,17\sim23} C_i V_{i,6}$	$Y_{PO4,pro}$	$-Y_{PO4,pro}$	1		$0.012Y_{PO4,pro}$	$0.009Y_{PO4,pro}$			
7 吸收S_{bu}贮存 PHA					-1									$-\sum\limits_{i=1\sim12,17\sim23} C_i V_{i,7}$	$Y_{PO4,bu}$	$-Y_{PO4,bu}$	1		$0.012Y_{PO4,bu}$	$0.009Y_{PO4,bu}$			
8 吸收S_{va}贮存 PHA						-1								$-\sum\limits_{i=1\sim12,17\sim23} C_i V_{i,8}$	$Y_{PO4,va}$	$-Y_{PO4,va}$	1		$0.012Y_{PO4,va}$	$0.009Y_{PO4,va}$			
9 PHA 分解			$Y_{PHA,ac}$	$Y_{PHA,pro}$	$Y_{PHA,bu}$	$Y_{PHA,va}$								$-\sum\limits_{i=1\sim12,17\sim23} C_i V_{i,9}$			-1					
10 PAOs 衰减							1						$N_{Xbiom}-N_{Xc}$	$-\sum\limits_{i=1\sim12,17\sim23} C_i V_{i,10}$	$P_{Xbiom}-P_{Xc}$		-1					
11 生物生长													$-\sum\limits_{i=1\sim12} N_i V_{i,11} - Y_r N_{Xbiom}$	$-\sum\limits_{i=1\sim12,17\sim23} C_i V_{i,11}$	$-\sum\limits_{i=1\sim12} P_i V_{i,11} - Y_r P_{Xbiom}$								Y_r
12 生物衰减							1						$N_{Xbiom}-N_{Xc}$	$-\sum\limits_{i=1\sim12,17\sim23} C_i V_{i,12}$	$N_{Xbiom}-N_{Xc}$								-1
13 MgNH4 PO4 沉淀													-1		-31				-1		137		
14 MgKPO4 沉淀															-31				-1	-1		158	

表 7 - 3　包含 PAOs 及磷组分的 ADM1 修正模型的动力学过程速率方程

	过　　　程	ρ_j
1	X_C 分解	$k_{dis}\mathrm{e}^{(f_{dis}X_{PHA}/X_C)}$
4	X_{PP} 水解	$b_{PP}X_{PP}$
5	吸收 S_{ac} 贮存 PHA	$q_{PHA,ac}\dfrac{S_{ac}}{K_{S,PHA\_ac}+S_{ac}}\dfrac{S_{ac}}{S_{ac}+S_{pro}+S_{bu}+S_{va}}\dfrac{X_{PP}/X_{PAO}}{K_{PP}+X_{PP}/X_{PAO}}\left[1-\left(\dfrac{X_{PHA}/X_{PAO}}{f_{PHA}^{max}}\right)^a\right]X_{PAO}$
6	吸收 S_{pro} 贮存 PHA	$q_{PHA,pro}\dfrac{S_{pro}}{K_{S,PHA\_pro}+S_{pro}}\dfrac{S_{pro}}{S_{ac}+S_{pro}+S_{bu}+S_{va}}\dfrac{X_{PP}/X_{PAO}}{K_{PP}+X_{PP}/X_{PAO}}\left[1-\left(\dfrac{X_{PHA}/X_{PAO}}{f_{PHA}^{max}}\right)^a\right]X_{PAO}$
7	吸收 S_{bu} 贮存 PHA	$q_{PHA,bu}\dfrac{S_{bu}}{K_{S,PHA\_bu}+S_{bu}}\dfrac{S_{bu}}{S_{ac}+S_{pro}+S_{bu}+S_{va}}\dfrac{X_{PP}/X_{PAO}}{K_{PP}+X_{PP}/X_{PAO}}\left[1-\left(\dfrac{X_{PHA}/X_{PAO}}{f_{PHA}^{max}}\right)^a\right]X_{PAO}$
8	吸收 S_{va} 贮存 PHA	$q_{PHA,va}\dfrac{S_{va}}{K_{S,PHA\_va}+S_{va}}\dfrac{S_{va}}{S_{ac}+S_{pro}+S_{bu}+S_{va}}\dfrac{X_{PP}/X_{PAO}}{K_{PP}+X_{PP}/X_{PAO}}\left[1-\left(\dfrac{X_{PHA}/X_{PAO}}{f_{PHA}^{max}}\right)^a\right]X_{PAO}$
9	PHA 分解	$b_{PHA}X_{PHA}$
10	PAOs 衰减	$b_{PAO}X_{PAO}$
13	MgNH$_4$PO$_4$ 沉淀	$k_{r,MgNH_4PO_4}\left[(S_{Mg}S_{NH_4^+}S_{PO_4^{3-}})^{\frac{1}{3}}-K_{SP,MgNH_4PO_4}^{\frac{1}{3}}\right]^3$
14	MgKPO$_4$ 沉淀	$k_{r,MgKPO_4}\left[(S_{Mg}S_{K}S_{PO_4^{3-}})^{\frac{1}{3}}-K_{SP,MgKPO_4}^{\frac{1}{3}}\right]^3$

注: 过程 2,3,11,12 的速率方程和 ADM1 中的相同。

（4）PHA 的贮存。PHA 的贮存过程主要包括 4 个过程，即 PAOs 能在各过程中分别吸收乙酸、丙酸、丁酸和戊酸，以形成胞内贮存物质 PHA，同时分解聚磷酸盐释放磷酸盐（见表 7-2 的过程 5～过程 8）。此外，底物不同，合成 PHA 的途径不同，形成的 PHA 的种类也不尽相同，其速率常数和吸收单位底物所释放的磷酸盐的比例也不同。因此该 4 个过程分别有各自的动力学参数和化学计量系数。由于 PAOs 能同时吸收乙酸、丙酸、丁酸和戊酸等 4 种底物，并且在速率方程中添加了四者竞争吸收的开关函数。另外，根据文献报道高 PHA 含量会抑制 PAOs 对 PHA 的合成[3-4]，因此，本模型的 PHA 贮存过程也同样采用了该抑制函数。

$$q_{PHA,ac} \frac{S_{ac}}{K_{S,PHA\_ac}+S_{ac}} \frac{S_{ac}}{S_{ac}+S_{pro}+S_{bu}+S_{va}} \frac{X_{PP}/X_{PAO}}{K_{PP}+X_{PP}/X_{PAO}} \left[1-\left(\frac{X_{PHA}/X_{PAO}}{f_{PHA}^{max}}\right)^{\alpha}\right]X_{PAO}$$
$$(7-4)$$

$$q_{PHA,pro} \frac{S_{pro}}{K_{S,PHA\_pro}+S_{pro}} \frac{S_{pro}}{S_{ac}+S_{pro}+S_{bu}+S_{va}} \frac{X_{PP}/X_{PAO}}{K_{PP}+X_{PP}/X_{PAO}} \left[1-\left(\frac{X_{PHA}/X_{PAO}}{f_{PHA}^{max}}\right)^{\alpha}\right]X_{PAO}$$
$$(7-5)$$

$$q_{PHA,bu} \frac{S_{bu}}{K_{S,PHA\_bu}+S_{bu}} \frac{S_{bu}}{S_{ac}+S_{pro}+S_{bu}+S_{va}} \frac{X_{PP}/X_{PAO}}{K_{PP}+X_{PP}/X_{PAO}} \left[1-\left(\frac{X_{PHA}/X_{PAO}}{f_{PHA}^{max}}\right)^{\alpha}\right]X_{PAO}$$
$$(7-6)$$

$$q_{PHA,va} \frac{S_{va}}{K_{S,PHA\_va}+S_{va}} \frac{S_{va}}{S_{ac}+S_{pro}+S_{bu}+S_{va}} \frac{X_{PP}/X_{PAO}}{K_{PP}+X_{PP}/X_{PAO}} \left[1-\left(\frac{X_{PHA}/X_{PAO}}{f_{PHA}^{max}}\right)^{\alpha}\right]X_{PAO}$$
$$(7-7)$$

式中，$q_{PHA,ac}$、$q_{PHA,pro}$、$q_{PHA,bu}$、$q_{PHA,va}$ 分别为吸收乙酸、丙酸、丁酸以及戊酸贮存 PHA 的速率常数，d^{-1}；K_{S,PHA_ac}、K_{S,PHA_pro}、K_{S,PHA_bu}、K_{S,PHA_va} 分别为乙酸、丙酸、丁酸以及戊酸的饱和系数，kg/m^3；S_{ac}、S_{pro}、S_{bu}、S_{va} 分别为乙酸、丙酸、丁酸以及戊酸的浓度，kg/m^3；K_{PP} 为聚磷酸盐的饱和系数，kg/kg；X_{PAO} 为聚磷菌，kg/m^3；f_{PHA}^{max} 为活性生物含 PHA 的最大量，kg/kg；α 为 PHA 的抑制指数。

（5）PHA 的分解。PHA 的分解产物主要为乙酸、丙酸、丁酸和戊酸。不同种类 PHA 的分解产物不完全相同。以 PHB 为例，首先通过解聚酶的作用水解产生 3-羟基丁酸，然后形成 3-羟基丁酰-CoA。3-羟基丁酰-CoA 再经过两个不同的途径分别形成乙酸和丁酸。因此，对于不同的富磷污泥（尤其是培养时供给的底物不同，如乙酸、丙酸或者混合物等），其 PHA 的组成不尽相同，PHA 分解后的产物有所不同，即 $Y_{PHA,ac}$、$Y_{PHA,pro}$、$Y_{PHA,bu}$ 和 $Y_{PHA,va}$ 的数值也并不完全相同，但四者的和为 1。与 ASM2d 一致，该过程的速率用一级动力学表示

$$\rho_{X_{PHA}} = b_{PHA} X_{PHA} \tag{7-8}$$

式中，$\rho_{X_{PHA}}$ 为 PHA 的分解速率，$kg/(m^3 \cdot d)$；b_{PHA} 为 PHA 的分解速率常数，d^{-1}。

（6）PAOs 衰减。死亡、内源呼吸等生命活动过程都可导致 PAOs 的衰减。为了与 ADM1 的建模理论保持一致，PAOs 衰减后首先转化成混合颗粒物，而后混合颗粒经过分解和水解等过程形成溶解性有机物。

$$\rho_{X_{PAO}} = b_{PAO} X_{PAO} \tag{7-9}$$

式中，$\rho_{X_{PAO}}$ 为 PAOs 的分解速率，$kg/(m^3 \cdot d)$；b_{PAO} 为 PAOs 的衰减速率常数，d^{-1}。

（7）厌氧微生物的生长和衰减。ADM1 中并未包含磷元素，而在修正模型中所有微生物均包含磷组分，表示为 $C_5H_{6.9}O_2NP_{0.1}$[5]。模型中所有的微生物生长和衰减过程中均涉及磷的吸收和释放，详见表 7-2 中的过程 11 和过程 12。

2）液-固过程——磷酸盐沉淀的形成

假设系统中主要存在的金属离子为 Mg^{2+} 和 K^+，因此根据物质形成沉淀的溶度积大小，在 pH 值中性左右的情况下形成的沉淀主要为 $MgNH_4PO_4$、$MgKPO_4$、$Mg_3(PO_4)_2$ 以及 $MgHPO_4$ 等。$Mg_3(PO_4)_2$ 的形成速度很小，在 $6 < pH < 9$ 的情况下并未被观察到，而 $MgHPO_4$ 则只在低 pH 值（小于 6.0）及高 Mg/P 比的条件下生成[6]。因此，为了简化模型，主要考虑可能形成的沉淀为 $MgNH_4PO_4$ 和 $MgKPO_4$。本模型中将 Mg^{2+} 和 K^+ 作为模型的组分之一，采用动态模型的形式表示两种沉淀的形成过程，实现沉淀过程和生化过程很好地结合。沉淀过程速率与溶度积有关：

$$k_{r, MgNH_4PO_4} \left[(S_{Mg} S_{NH_4^+} S_{PO_4^{3-}})^{\frac{1}{3}} - K_{sp, MgNH_4PO_4}^{\frac{1}{3}} \right]^3 \tag{7-10}$$

$$k_{r, MgKPO_4} \left[(S_{Mg} S_K S_{PO_4^{3-}})^{\frac{1}{3}} - K_{sp, MgKPO_4}^{\frac{1}{3}} \right]^3 \tag{7-11}$$

式中，$k_{r, MgNH_4PO_4}$、$k_{r, MgKPO_4}$ 分别为 $MgNH_4PO_4$、$MgKPO_4$ 沉淀生成速率，d^{-1}；$K_{sp, MgNH_4PO_4}$、$K_{sp, MgKPO_4}$ 分别为 $MgNH_4PO_4$、$MgKPO_4$ 沉淀的溶度积；S_{Mg} 为镁离子浓度，$kmol/m^3$；S_K 为钾离子浓度，$kmol/m^3$；$S_{NH_4^+}$ 为 NH_4^+ 浓度，$kmol/m^3$；$S_{PO_4^{3-}}$ 为 PO_4^{3-} 浓度，$kmol/m^3$。

3）液-液过程——酸-碱反应

ADM1 中已经包含 CO_2/HCO_3^-、NH_4^+/NH_3、HAc/Ac^-、$HPro/Pro^-$、HBu/Bu^-、HVa/Va^-（Ac、Pro、Bu、Va 分别代表乙酸、丙酸、丁酸与戊酸）等酸碱对。在修正模型中因新添加了磷酸盐，因此需将磷酸盐包括在酸-碱体系中。主要包括以下 3 个平衡过程，三者的平衡系数[7]如表 7-4 所示。

$$H_3PO_4 \rightleftharpoons H_2PO_4^- + H^+ \tag{7-12}$$

$$H_2PO_4^- \rightleftharpoons HPO_4^{2-} + H^+ \quad\quad (7-13)$$

$$HPO_4^{2-} \rightleftharpoons PO_4^{3-} + H^+ \quad\quad (7-14)$$

表 7 - 4　磷酸盐酸-碱平衡常数

酸-碱对	平衡系数 pKa(298 K)	热值 ΔH^0 /(J/mol)
$H_3PO_4/H_2PO_4^-$	2.148	$-8\,000$
$H_2PO_4^-/HPO_4^{2-}$	7.198	$3\,600$
HPO_4^{2-}/PO_4^{3-}	12.35	$16\,000$

用 Van't Hoff 方程描述平衡系数随温度的变化情况。如果假定反应热 ΔH 不受温度影响,则对 Van't Hoff 方程进行积分可得

$$\ln\frac{K_{a2}}{K_{a1}} = \frac{\Delta H^0}{R}\left(\frac{1}{T_1} - \frac{1}{T_2}\right) \quad\quad (7-15)$$

式中,ΔH^0 为标准温度和压力下的反应热,J/mol;R 为气体定律常数,8.324 J/(mol·K);K_{a1} 为参比温度 T_1(K)时的已知平衡系数;K_{a2} 为温度 T_2(K)时的未知平衡系数。

S_{PO_4} 是 4 种磷酸盐形式的总和:

$$\frac{S_{PO_4}}{31} = S_{H_3PO_4} + S_{H_2PO_4^-} + S_{HPO_4^{2-}} + S_{PO_4^{3-}} \quad\quad (7-16)$$

模型中需要校验的参数和本文作者校验推荐的参数值如表 7-5 和表 7-6 所示。

表 7 - 5　ADM1 修正模型化学计量参数和动力学参数名称及推荐值

参　数	单　位	意　义	推　荐　值
$Y_{PO_4,\,ac}$	kg/kg	吸收乙酸贮存 PHA 所需要的 PP	0.49
$Y_{PO_4,\,pro}$	kg/kg	吸收丙酸贮存 PHA 所需要的 PP	0.36
$Y_{PO_4,\,bu}$	kg/kg	吸收丁酸贮存 PHA 所需要的 PP	0.31
$Y_{PO_4,\,va}$	kg/kg	吸收戊酸贮存 PHA 所需要的 PP	0.17
$Y_{PHA,\,ac}$	kg/kg	PHA 分解产生的乙酸	见表 7-6
$Y_{PHA,\,pro}$	kg/kg	PHA 分解产生的丙酸	见表 7-6
$Y_{PHA,\,bu}$	kg/kg	PHA 分解产生的丁酸	见表 7-6
$Y_{PHA,\,va}$	kg/kg	PHA 分解产生的戊酸	见表 7-6
k_{dis}	d^{-1}	合成物分解速率常数	0.1
f_{dis}	—	PHA 影响合成物分解相关系数	1.7
b_{PP}	d^{-1}	聚磷酸盐的分解速率常数	0.55
$q_{PHA,\,ac}$	d^{-1}	吸收乙酸贮存 PHA 的速率常数	4.3

（续表）

参　数	单　位	意　义	推 荐 值
$q_{PHA, pro}$	d^{-1}	吸收丙酸贮存 PHA 的速率常数	6.7
$q_{PHA, bu}$	d^{-1}	吸收丁酸贮存 PHA 的速率常数	1.6
$q_{PHA, va}$	d^{-1}	吸收戊酸贮存 PHA 的速率常数	1.4
K_{PP}	kg/kg	聚磷酸盐的饱和系数	0.01
K_{s, PHA_ac}	kg/m³	乙酸的饱和系数	0.004
K_{s, PHA_pro}	kg/m³	丙酸的饱和系数	0.004
K_{s, PHA_bu}	kg/m³	丁酸的饱和系数	0.004
K_{s, PHA_va}	kg/m³	戊酸的饱和系数	0.004
f_{PHA}^{max}	kg/kg	活性生物含 PHA 的最大量	0.7
α	—	PHA 抑制指数	2
b_{PHA}	d^{-1}	PHA 的分解速率常数	0.39
b_{PAO}	d^{-1}	PAOs 的衰减速率常数	0.35
$k_{r, MgNH_4PO_4}$	d^{-1}	$MgNH_4PO_4$ 沉淀生成速率常数	300
$k_{r, MgKPO_4}$	d^{-1}	$MgKPO_4$ 沉淀生成速率常数	300
$k_{sp, MgNH_4PO_4}$	—	$MgNH_4PO_4$ 溶度积	1.3×10^{-12}
$k_{sp, MgKPO_4}$	—	$MgKPO_4$ 溶度积	2.4×10^{-11}
P_{Xc}	kg/kg	合成物中的磷含量	0.006
P_{Xch}	kg/kg	碳水化合物中的磷含量	0.008
P_{Xli}	kg/kg	脂类中的磷含量	0.003
P_{Xbiom}	kg/kg	生物体中的磷含量	0.019
P_{XI}	kg/kg	惰性颗粒中的磷含量	0.011
P_{SI}	kg/kg	溶解性惰性有机物中的磷含量	0.011

表 7-6　不同初始乙酸浓度条件下 PHA 分解产生的不同 VFAs 的分配系数　　单位：kg/kg

参　数	$Y_{PHA, ac}$	$Y_{PHA, pro}$	$Y_{PHA, bu}$	$Y_{PHA, va}$
空白	0.33	0.21	0.28	0.18
100	0.33	0.20	0.30	0.17
300	0.33	0.19	0.32	0.16
500	0.34	0.18	0.34	0.14
1 000	0.35	0.14	0.39	0.12

修正后模型能够很好地模拟 EBPR 富磷污泥进入污泥厌氧消化反应器后的 PO_4-P 释放及有机物浓度等随时间的变化情况。同时,该模型也是优化 EBPR 污泥磷回收工艺、提高磷回收效率以及污泥资源化效率的有效工具。

7.2 磷酸盐浓度对污泥厌氧消化过程的影响模型

据报道 EBPR 富磷污泥在厌氧消化处理时会有大于 80% 与生物结合的磷释放到液相中,厌氧消化系统中曾检测到高达 $1\,500\ g/m^3$ 的磷酸盐浓度[8-9]。微生物对其所处的环境比较敏感,尤其是厌氧消化处理系统中的产甲烷菌对环境的要求更是严苛。磷酸盐是微生物必需的组成元素,对微生物的生长代谢起着重要的作用。因此当厌氧消化系统中溶解性磷酸盐浓度远远超出生物体所需时,有必要关注高的磷酸盐浓度是否会对厌氧消化过程产生影响以及会对哪些过程产生怎样的影响。遗憾的是,现有的厌氧消化模型中并未考虑磷酸盐浓度对厌氧消化过程的影响。如果能将磷酸盐对厌氧消化过程的影响模型化将有助于对厌氧消化过程的理解和优化。本节主要介绍溶解性磷酸盐浓度对污泥中温厌氧消化过程的影响,以及以 ADM1 为基础建立的磷酸盐影响动力学模型。

7.2.1 磷影响模型的建立

采用磷酸盐抑制的 Haldane 动力学方程 $\left[\dfrac{1}{1+K_{S,\ PO_4\_pro}/S_{PO_4}+(S_{PO_4}/K_{I,\ PO_4\_pro})^2}\right]$ 对 ADM1 进行修正,修正的过程有乙酸、丙酸、丁酸、戊酸以及长链脂肪酸(long chain fatty acids,LCFA)的吸收过程的速率方程(见表 7 - 7)。由于单糖和氨基酸的吸收速率比 LCFA 的快,所以磷酸盐浓度对酸化过程的影响主要是通过对 LCFA 的吸收过程的影响来体现。表 7 - 8 为通过试验校验的模型参数值。

表 7 - 7 考虑磷酸盐抑制的 ADM1 修正模型的速率方程

过 程	ρ_j
1 S_{ac} 吸收	$k_{m,\ ac}\dfrac{S_{ac}}{K_s+S_{ac}}\dfrac{1}{1+\dfrac{K_{S,\ PO_4\_ac}}{S_{PO_4}}+\left(\dfrac{S_{PO_4}}{K_{I,\ PO_4\_ac}}\right)^2}X_{ac}I_{pH}I_{IN,\ lim}I_{NH_3,\ Xac}$
2 S_{pro} 吸收	$k_{m,\ pro}\dfrac{S_{pro}}{K_s+S_{pro}}\dfrac{1}{1+\dfrac{K_{S,\ PO_4\_pro}}{S_{PO_4}}+\left(\dfrac{S_{PO_4}}{K_{I,\ PO_4\_pro}}\right)^2}X_{pro}I_{pH}I_{IN,\ lim}I_{h2}$
3 S_{bu} 和 S_{va} 吸收	$k_{m,\ c4}\dfrac{S_{bu\ (or\ S_{va})}}{K_s+S_{bu}\ (or\ S_{va})}\dfrac{1}{1+\dfrac{S_{va}}{S_{bu}}\left(or\ \dfrac{S_{bu}}{S_{va}}\right)}\dfrac{1}{1+\dfrac{K_{S,\ PO_4\_c4}}{S_{PO_4}}+\left(\dfrac{S_{PO_4}}{K_{I,\ PO_4\_c4}}\right)^2}X_{c4}I_{pH}I_{IN,\ lim}I_{h2}$
4 S_{fa} 吸收	$k_{m,\ fa}\dfrac{S_{fa}}{K_s+S_{fa}}\dfrac{1}{1+\dfrac{K_{S,\ PO_4\_fa}}{S_{PO_4}}+\left(\dfrac{S_{PO_4}}{K_{I,\ PO_4\_fa}}\right)^2}X_{fa}I_{pH}I_{IN,\ lim}I_{h2}$

表 7-8　ADM1 修正模型的参数名称及推荐值

参　数	单　位	意　义	推 荐 值
$k_{m, ac}$	kg/(kg·d)	乙酸吸收速率常数	9.7
$K_{S, PO4\_ac}$	kg/m³	乙酸吸收过程的磷饱和系数	0.09
$K_{I, PO4\_ac}$	kg/m³	乙酸吸收过程的磷抑制系数	1.6
$k_{m, c4}$	kg/(kg·d)	丁酸和戊酸吸收速率常数	13.5
$K_{S, PO4\_c4}$	kg/m³	丁酸和戊酸吸收过程的磷饱和系数	0.08
$K_{I, PO4\_c4}$	kg/m³	丁酸和戊酸吸收过程的磷抑制系数	1.7
$k_{m, pro}$	kg/(kg·d)	丙酸吸收速率常数	7.2
$K_{S, PO4\_pro}$	kg/m³	丙酸吸收过程的磷饱和系数	0.04
$K_{I, PO4\_pro}$	kg/m³	丙酸吸收过程的磷抑制系数	1.8
$k_{m, fa}$	kg/(kg·d)	LCFA 吸收速率常数	6.7
$K_{S, PO4\_fa}$	kg/m³	LCFA 吸收过程的磷饱和系数	0.11
$K_{I, PO4\_fa}$	kg/m³	LCFA 吸收过程的磷抑制系数	1.8

7.2.2　模拟效果

磷酸盐的 Haldane 抑制动力学修正模型能很好地拟合实测结果。对比结果表明,磷酸盐的影响(而非乙酸的抑制作用)导致了不同磷酸盐浓度条件下的不同吸收速率,仅用磷酸盐的 Haldane 抑制动力学就能很好地对试验现象进行描述,故无须在模型中再耦合乙酸的抑制作用。此外,试验结果和模拟结果均表明中温厌氧消化过程的最优磷酸盐浓度为 0.3～0.6 kg/m³,过高或过低的磷酸盐浓度均不利于产甲烷,因而需采取措施以降低或者提高厌氧消化系统的磷酸盐浓度。

7.3　EBPR 富磷污泥厌氧消化模型

结合 7.1 节和 7.2 节的结果建立包含 EBPR 富磷污泥进入厌氧消化系统后存在的磷释放及其影响的污泥厌氧消化模型,并命名为 EBPR 富磷污泥厌氧消化模型(anaerobic digestion model No. 1 - phosphorus, ADM1 - P),如图 7-2 所示。ADM1 - P 主要是对 ADM1 的生化过程进行修正。EBPR 富磷污泥进入厌氧消化系统后由于 PAOs 在短期内还存在活性,故能吸收乙酸等 VFAs 贮存成 PHA,同时分解聚磷释放磷酸盐至液相中。液相中 VFAs 等有机物浓度影响了磷的释放速率,也影响了 PHA 的合成量,而胞内 PHA 含量的多少直接影响 PAOs 细胞的分解速率。一般情况下聚磷酸盐能较快地分解释放出磷酸盐,而 OP(如细胞、糖类和脂肪等有机物中包含的磷)则需要经过有机物的分解和水解等过程较缓慢地转化成磷酸盐。

与所有的生物生长过程一样，厌氧微生物的生长也需要吸收磷酸盐。由于聚磷酸盐的分解在释放磷酸盐的同时也伴随着镁离子和钾离子的释放，而且厌氧消化系统中也可能存在较高浓度的氨氮，如果 pH 值在中性及以上将会形成 MAP 等磷酸盐沉淀。由于不同系统培养得到的富磷污泥中磷的含量不尽相同，且进入厌氧消化系统的污泥浓度也不同，因此不同厌氧消化系统中磷酸盐的浓度也存在很大差别。磷酸盐本身作为一种缓冲盐不仅影响系统中 pH 值的变化，更重要的是不同的磷酸盐浓度直接影响了厌氧消化过程中乙酸、丙酸、丁酸、戊酸以及长链脂肪酸等吸收过程的速率。

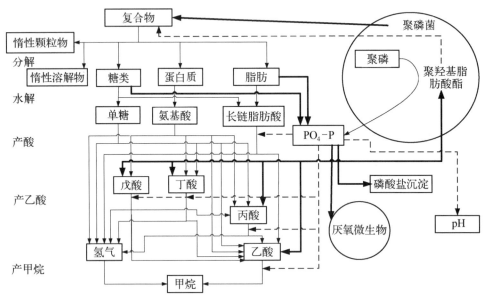

图 7-2　ADM1-P 模型的过程示意图

注：细实线为 ADM1 中原有的过程，粗实线为 ADM1-P 新引入的过程，虚线为 ADM1-P 中新增的 PO_4-P 或 PHA 对过程的影响。

ADM1-P 的模型组分及其各组分的元素质量如表 7-9 所示。ADM1-P 模型包含 32 种主要组分，ADM1-P 新增的组分有 8 种（序号 25～序号 32）。由已知分子式可以计算得到各组成元素占组分质量的比例。模型中考虑的主要元素为 C、H、O、N、P（除聚磷、镁离子、钾离子和磷酸盐沉淀外），则模型组分的组成可以表示为：

$$\left[C_{(a_{C,k}/12)} H_{(a_{H,k}/1)} O_{(a_{O,k}/16)} N_{(a_{N,k}/14)} P_{(a_{P,k}/31)} \right]^{a_{Ch,k}} \qquad (7-17)$$

$$a_{C,k} + a_{H,k} + a_{O,k} + a_{N,k} + a_{P,k} = 1 \qquad (7-18)$$

（除聚磷、镁离子、钾离子和磷酸盐沉淀外）

式中，$\alpha_{C,k}$、$\alpha_{H,k}$、$\alpha_{O,k}$、$\alpha_{N,k}$、$\alpha_{P,k}$ 分别为 C、H、O、N 和 P 元素的质量分数，$\alpha_{ch,k}$ 为电荷数与相对分子质量的比值。

由表 7-9 可以计算得到如表 7-10 所示的 ADM1-P 组分矩阵，即化学计量单位组分的 COD、C、N、O、H、P 以及电荷的量。该组分矩阵用于各反应过程中的 COD、C、N、P、电荷的平衡计算。

表 7-11 为 ADM1-P 生化反应过程的化学计量系数及过程速率方程。ADM1-P 与 ADM1 相比，新增了过程 14~过程 19，即吸收乙酸、丙酸、丁酸、戊酸贮存 PHA 和分解聚磷酸盐成磷酸盐的过程，以及过程 27 和过程 28，即 MAP 和磷酸钾镁沉淀形成的过程。磷酸盐、无机氮和无机碳的浓度通过连续性方程计算。对反应过程 j 和所有与连续性有关的物质 c 都有效的连续性方程，可写为

$$\sum v_{k,j} i_{c,k} = 0 （对组分 k 而言） \tag{7-19}$$

式中，$v_{k,j}$ 为过程 j 中组分 k 的化学计量系数；$i_{c,k}$ 为表 7-9 所示的组分 k 的连续性所应有的物质 c 的组成量。

以磷酸盐为例，由式(7-20)可以计算得到各过程的磷酸盐化学计量系数：

$$z_j = -\sum_{\substack{k=1\sim24 \\ 26\sim32}} i_{c,k} v_{k,j} \tag{7-20}$$

过程速率方程的修正同样综合考虑了 7.1 节和 7.2 节的研究结果。用 $e^{(f_{dis}X_{PHA}/X_C)}$ 体现 PHA 含量对颗粒性有机物分解速率的影响；同时用 Haldane 动力学方程描述磷酸盐浓度对乙酸、丙酸、丁酸、戊酸和长链脂肪酸吸收速率的影响。过程速率方程中的抑制因子的表达式如表 7-11 所示。抑制形式和吸收公式如表 7-12 所示。

ADM1-P 中的化学计量系数和动力学参数的意义及其推荐值可参见 ADM1[2]，以及表 7-5 和表 7-8。

7.4　描述厌氧消化过程中磷的物理-化学行为的 ADM1 模型扩展

随着污水处理厂出水指标越来越严格，为了降低出水中的磷，大量的化学除磷药剂在污水处理过程中被使用，污水中的磷形成矿物沉淀转移到污泥中。在厌氧消化过程中，磷的变化包含生物过程和物理化学过程，但是 ADM1 并未包含对磷的物理化学行为描述。近年来有些研究从液-固过程以及针对 Fe、S 和 P 之间的关系对 ADM1 模型进行了扩展。

表 7 - 9 ADM1 - P 的模型组分及其元素质量

序号	组分	组分说明	化 学 式	相对分子质量	COD当量/相对分子质量	$\alpha_{C,k}$	$\alpha_{N,k}$	$\alpha_{O,k}$	$\alpha_{H,k}$	$\alpha_{P,k}$	$\alpha_{ch,k}$	参考文献及备注
1	S_{su}	单糖	$C_6H_{12}O_6$	180	1.07	0.40	0	0.53	0.07	0	0	ADM1
2	S_{aa}	氨基酸	$C_4H_{6.1}O_{1.2}N$	87.3	1.53	0.55	0.16	0.22	0.07	0	0	[5,10]
3	S_{fa}	总 LCFA	$C_{16}H_{32}O_2$	256	2.88	0.75	0	0.12	0.13	0	0	ADM1
4	S_{va}	总戊酸盐	$C_5H_9O_2^-$	101	2.06	0.56	0	0.32	0.09	0	−0.01	ADM1[①]
5	S_{bu}	总丁酸盐	$C_4H_7O_2^-$	87	1.84	0.55	0	0.37	0.08	0	−0.01	ADM1[①]
6	S_{pro}	总丙酸盐	$C_3H_5O_2^-$	73	1.53	0.49	0	0.44	0.07	0	−0.01	ADM1[①]
7	S_{ac}	总乙酸盐	$C_2H_3O_2^-$	59	1.08	0.41	0	0.54	0.05	0	−0.02	ADM1[①]
8	S_{h2}	溶解性氢	H_2	2	8	0	0	0	1	0	0	ADM1
9	S_{ch4}	溶解性甲烷	CH_4	16	4	0.75	0	0	0.25	0	0	ADM1
10	S_{IC}	无机碳	HCO_3^-	61	0	0.20	0	0.79	0.01	0	−0.02	ADM1[①]
11	S_{IN}	无机氮	NH_4^+	18	0	0	0.78	0	0.22	0	0.06	ADM1[①]
12	S_I	可溶性惰性物质	—	—	1.77	0.58	0.05	0.28	0.07	0.02	0	同 X_I
13	X_C	合成物	—	—	1.88	0.59	0.05	0.27	0.08	0.01	0	由其组成成分计算得到
14	X_{ch}	碳水化合物	$C_6H_{9.95}O_5P_{0.05}$	163.5	1.18	0.44	0	0.49	0.06	0.01	0	[5,10]
15	X_{pr}	蛋白质	$C_4H_{6.1}O_{1.2}N$	87.3	1.53	0.55	0.16	0.22	0.07	0	0	[5,10]

（续表）

序号	组分	组分说明	化学式	相对分子质量	COD当量/相对分子质量	$\alpha_{C,k}$	$\alpha_{N,k}$	$\alpha_{O,k}$	$\alpha_{H,k}$	$\alpha_{P,k}$	$\alpha_{ch,k}$	参考文献及备注
16	X_{li}	脂类	$C_{51}H_{97.9}O_6P_{0.26}$	814.0	2.86	0.75	0	0.12	0.12	0.01	0	[5,10]
17~23	X_{biom}	生物	$C_5H_{6.9}O_2NP_{0.1}$	116	1.41	0.51	0.12	0.28	0.06	0.03	0	[5]
24	X_I	颗粒状惰性物质	—	—	1.77	0.58②	0.05③	0.28④	0.07④	0.02③	0	
25	S_{PO_4}	总溶解性磷酸盐	50% $H_2PO_4^-$ + 50% HPO_4^{2-}	96.5	0	0	0.66	0.16	0.32	−0.02	同ASM2(d)
26	X_{pp}	聚磷酸盐	$K_{0.33}Mg_{0.33}PO_3$	99.8	0	0	0	0.48	0	0.31	0	同ASM2(d)
27	X_{PHA}	聚磷菌的胞内贮存物	$C_4H_6O_2$	86	1.67	0.56	0	0.37	0.07	0	0	同ASM2(d)
28	X_{PAO}	聚磷菌	$C_5H_{6.9}O_2NP_{0.1}$	116	1.41	0.51	0.12	0.28	0.06	0.03	0	同 X_{biom}
29	S_{Mg}	镁离子	Mg^{2+}	24	0	0	0	0	0	0	0.08	
30	S_K	钾离子	K^+	39	0	0	0	0	0	0	0.08	
31	X_{Str}	磷酸氨镁沉淀	$MgNH_4PO_4$	137	0	0	0.10	0	0	0.23	0	
32	X_{KStr}	磷酸钾镁沉淀	$MgKPO_4$	158	0	0	0	0	0	0.20	0	

注：① 由于在 pH 中性左右时大部分以离子态存在，所以假设全部为离子态计。
② 由质量平衡计算得到（1−其他元素质量组成）。
③ 组成类似 ASM2d。
④ 参考河流水质 1 号模型（River water quality model No.1，RWQM1）中 X_I 的组成[11]。

表 7 - 10　ADM1 - P 的组分矩阵

组　分	1 CODi (g/计量单位)	2 Ci (g/计量单位)	3 Ni (g/计量单位)	4 Oi (g/计量单位)	5 Hi (g/计量单位)	6 Pi (g/计量单位)	7 Charge, i (mol e⁺/COD)
1　S_{su}/(kg/m³)	1 000	375.00	0	500.00	62.50	0	0
2　S_{aa}/(kg/m³)	1 000	359.28	104.79	143.71	45.66	0	0
3　S_{fa}/(kg/m³)	1 000	260.87	0	43.48	43.48	0	0
4　S_{va}/(kg/m³)	1 000	288.46	0	153.85	43.27	0	−4.81
5　S_{bu}/(kg/m³)	1 000	300.00	0	200.00	43.75	0	−6.25
6　S_{pro}/(kg/m³)	1 000	321.43	0	285.71	44.64	0	−8.93
7　S_{ac}/(kg/m³)	1 000	375.00	0	500.00	46.88	0	−15.63
8　S_{h2}/(kg/m³)	1 000	0	0	0	125.00	0	0
9　S_{ch4}/(kg/m³)	1 000	187.50	0	0	62.50	0	0
10　S_{IC}/(kmol/m³)	0	12 000	0	48 000	1 000	0	−1 000
11　S_{IN}/(kmol/m³)	0	0	14 000	0	4 000	0	1 000
12　S_I/(kg/m³)	1 000	328.28	28.30	158.48	39.62	11.32	0
13　X_C/(kg/m³)	1 000	313.84	26.41	143.51	43.01	6.06	0
14　X_{ch}/(kg/m³)	1 000	371.90	0	413.22	51.39	8.01	0
15　X_{pr}/(kg/m³)	1 000	359.28	104.79	143.71	45.66	0	0
16　X_{li}/(kg/m³)	1 000	262.71	0	41.21	42.02	3.46	0
17—23　X_{biom}/(kg/m³)	1 000	367.65	85.78	196.08	42.28	19.00	0
24　X_I/(kg/m³)	1 000	328.28	28.30	158.48	39.62	11.32	0
25　S_{PO_4}/(kg/m³)	0	0	0	2 064.52	48.39	1 000	−48.39
26　X_{PP}/(kg/m³)	0	0	0	1 548.39	0	1 000	0
27　X_{PHA}/(kg/m³)	1 000	333.33	0	222.22	41.67	0	0
28　X_{PAO}/(kg/m³)	1 000	367.65	85.78	196.08	42.28	19.00	0
29　S_{Mg}/(kmol/m³)	0	0	0	0	0	0	2 000
30　S_K/(kmol/m³)	0	0	0	0	0	0	1 000
31　X_{Str}/(kg/m³)	0	0	102.19	0	0	226.28	0
32　X_{KStr}/(kg/m³)	0	0	0	0	0	196.20	0
33　S_{A-}①/(kmol/m³)	0	0	0	0	0	0	1 000
34　S_{C+}②/(kmol/m³)	0	0	0	0	0	0	1 000

注：组分 1—9,12—24、27、28 的单位为 kg COD/m³。
① S_{A-} 为阴离子;② S_{C+} 为阳离子。

表 7-11 ADMI-P 的化学计量系数与过程速率方程

组分（列）说明（单位除特别标注外均为 kg/m³，第 10、11 列为 kmol/m³）：

序号	组分	序号	组分	序号	组分	序号	组分
1	S_{su}	9	S_{CH_4}	17	X_I	25	S_{TOM}
2	S_{aa}	10	S_{IC} (kmol/m³)	18	X_{su}	26	X_{PP}
3	S_{fa}	11	S_{IN} (kmol/m³)	19	X_{aa}	27	X_{PHA}
4	S_{va}	12	S_I	20	X_{fa}	28	X_{PAO}
5	S_{bu}	13	X_C	21	X_{c4}	29	S_{Mg}
6	S_{pro}	14	X_{ch}	22	X_{pro}	30	S_K
7	S_{ac}	15	X_{pr}	23	X_{ac}	31	X_{Str}
8	S_{H_2}	16	X_{li}	24	X_{h2}	32	X_{KStr}

化学计量系数矩阵（按过程列出非零项）

过程	非零化学计量系数
1　X_C 分解	10: x_1；11: y_1；12: $f_{si,xc}$；13: -1；14: $f_{ch,xc}$；15: $f_{pr,xc}$；16: $f_{li,xc}$；17: $f_{xi,xc}$；25: z_1
2　X_{ch} 分解	1: 1；10: x_2；14: -1；25: z_2
3　X_{pr} 分解	2: 1；15: -1；25: z_3
4　X_{li} 分解	1: $1-f_{fa,li}$；3: $f_{fa,li}$；10: x_4；11: y_4；16: -1；25: z_4
5　糖的吸收	1: -1；5: $(1-Y_{su})f_{bu,su}$；6: $(1-Y_{su})f_{pro,su}$；7: $(1-Y_{su})f_{ac,su}$；8: $(1-Y_{su})f_{h2,su}$；10: x_5；11: y_5；18: Y_{su}；25: z_5
6　氨基酸的吸收	2: -1；4: $(1-Y_{aa})f_{va,aa}$；5: $(1-Y_{aa})f_{bu,aa}$；6: $(1-Y_{aa})f_{pro,aa}$；7: $(1-Y_{aa})f_{ac,aa}$；8: $(1-Y_{aa})f_{h2,aa}$；10: x_6；11: y_6；19: Y_{aa}
7　LCFA 的吸收	3: -1；7: $0.7(1-Y_{fa})$；8: $0.3(1-Y_{fa})$；10: x_7；11: y_7；20: Y_{fa}
8　戊酸盐的吸收	4: -1；6: $0.54(1-Y_{c4})$；7: $0.31(1-Y_{c4})$；8: $0.15(1-Y_{c4})$；10: x_8；11: y_8；21: Y_{c4}
9　丁酸盐的吸收	5: -1；7: $0.8(1-Y_{c4})$；8: $0.2(1-Y_{c4})$；10: x_9；11: y_9；21: Y_{c4}
10　丙酸盐的吸收	6: -1；7: $0.57(1-Y_{pro})$；8: $0.43(1-Y_{pro})$；10: x_{10}；11: y_{10}；22: Y_{pro}
11　乙酸盐的吸收	7: -1；9: $1-Y_{ac}$；10: x_{11}；11: y_{11}；23: Y_{ac}
12　氢的吸收	8: -1；9: $1-Y_{h2}$；10: x_{12}；11: y_{12}；24: Y_{h2}
14　吸收 S_{va} 贮存 PHA	4: -1；10: x_{14}
15　吸收 S_{bu} 贮存 PHA	5: -1；10: x_{15}
16　吸收 S_{pro} 贮存 PHA	6: -1；10: x_{16}
17　吸收 S_{ac} 贮存 PHA	7: -1；10: x_{17}
18　PHA 分解	4: $Y_{PHA,va}$；5: $Y_{PHA,bu}$；6: $Y_{PHA,pro}$；7: $Y_{PHA,ac}$；10: x_{18}；27: -1
19　PAOs 分解	10: x_{19}；11: y_{19}；13: 1
20　X_{su} 的衰减	10: x_{20}；11: y_{20}；13: 1；18: -1
21　X_{aa} 的衰减	10: x_{21}；11: y_{21}；13: 1；19: -1
22　X_{fa} 的衰减	10: x_{22}；11: y_{22}；13: 1；20: -1
23　X_{c4} 的衰减	10: x_{23}；11: y_{23}；13: 1；21: -1
24　X_{pro} 的衰减	10: x_{24}；11: y_{24}；13: 1；22: -1
25　X_{ac} 的衰减	10: x_{25}；11: y_{25}；13: 1；23: -1
26　X_{h2} 的衰减	10: x_{26}；11: y_{26}；13: 1；24: -1
27　$MgNH_4PO_4$ 沉淀	11: -1
28　$MgKPO_4$ 沉淀	

速率方程

过程	速率方程
1　X_C 分解	$k_{dis}\,\mathrm{e}^{(f_a\,x_{ms}\,X_c)}X_c$
2　X_{ch} 分解	$k_{hyd,ch}\,X_{ch}$
3　X_{pr} 分解	$k_{hyd,pr}\,X_{pr}$
4　X_{li} 分解	$k_{hyd,li}\,X_{li}$
5　糖的吸收	$k_{m,su}\,\dfrac{S_{su}}{K_s+S_{su}}\,X_{su}\,I_1$

(续表)

过程	23 X_{ac} kg/m³	24 X_{h2} kg/m³	25 S_{PA} kg/m³	26 X_{PP} kg/m³	27 X_{PHA} kg/m³	28 X_{PAO} kg/m³	29 S_{Mg} kmol/m³	30 S_K kmol/m³	31 S_{Str} kg/m³	32 X_{KStr} kg/m³	速率方程
6 氨基酸的吸收			z_6								$k_{m,aa}\dfrac{S_{aa}}{K_s+S_{aa}}X_{aa}I_1$
7 LCFA 的吸收			z_7								$k_{m,fa}\dfrac{S_{fa}}{K_s+S_{fa}}\dfrac{1}{1+\left(\dfrac{K_{S,PA\_fa}}{S_{PA}}\right)^2}X_{fa}I_2$
8 戊酸盐的吸收			z_8								$k_{m,c4}\dfrac{S_{va}}{K_s+S_{va}}\dfrac{1}{1+\dfrac{S_{bu}}{S_{va}}}\dfrac{1}{1+\left(\dfrac{K_{S,PA\_c4}}{S_{PA}}\right)^2}X_{c4}I_2$
9 丁酸盐的吸收			z_9								$k_{m,c4}\dfrac{S_{bu}}{K_s+S_{bu}}\dfrac{1}{1+\dfrac{S_{va}}{S_{bu}}}\dfrac{1}{1+\left(\dfrac{K_{S,PA\_c4}}{S_{PA}}\right)^2}X_{c4}I_2$
10 丙酸盐的吸收			z_{10}								$k_{m,pro}\dfrac{S_{pro}}{K_s+S_{pro}}\dfrac{1}{1+\left(\dfrac{K_{S,PA\_pro}}{S_{PA}}\right)^2}X_{pro}I_2$
11 乙酸盐的吸收	Y_{ac}		z_{11}								$k_{m,ac}\dfrac{S_{ac}}{K_s+S_{ac}}\dfrac{1}{1+\left(\dfrac{K_{S,PA\_ac}}{S_{PA}}\right)^2}X_{ac}I_3$
12 氢的吸收		Y_{h2}	z_{12}								$k_{m,h2}\dfrac{S_{h2}}{K_s+S_{h2}}X_{h2}I_1$
13 X_{PP} 分解			1	-1			0.011	0.011			$b_{PP}X_{PP}$
14 吸收 S_{ac} 贮存 PHA			$-Y_{PO4,ac}$	$-Y_{PO4,ac}$	1		$0.011Y_{PO4,ac}$	$0.011Y_{PO4,ac}$			$q_{PHA,ac}\dfrac{S_{ac}}{K_{S,PHA\_ac}+S_{ac}+S_{pro}+S_{bu}+S_{va}}\dfrac{X_{PP}/X_{PAO}}{K_{PP}+X_{PP}/X_{PAO}}\left[1-\left(\dfrac{X_{PHA}/X_{PAO}}{f_{PHA}^{max}}\right)^a\right]X_{PAO}$
15 吸收 S_{pro} 贮存 PHA			$-Y_{PO4,pro}$	$-Y_{PO4,pro}$	1		$0.011Y_{PO4,pro}$	$0.011Y_{PO4,pro}$			$q_{PHA,pro}\dfrac{S_{pro}}{K_{S,PHA\_pro}+S_{ac}+S_{pro}+S_{bu}+S_{va}}\dfrac{X_{PP}/X_{PAO}}{K_{PP}+X_{PP}/X_{PAO}}\left[1-\left(\dfrac{X_{PHA}/X_{PAO}}{f_{PHA}^{max}}\right)^a\right]X_{PAO}$
16 吸收 S_{bu} 贮存 PHA			$-Y_{PO4,bu}$	$-Y_{PO4,bu}$	1		$0.011Y_{PO4,bu}$	$0.011Y_{PO4,bu}$			$q_{PHA,bu}\dfrac{S_{bu}}{K_{S,PHA\_bu}+S_{ac}+S_{pro}+S_{bu}+S_{va}}\dfrac{X_{PP}/X_{PAO}}{K_{PP}+X_{PP}/X_{PAO}}\left[1-\left(\dfrac{X_{PHA}/X_{PAO}}{f_{PHA}^{max}}\right)^a\right]X_{PAO}$
17 吸收 S_{va} 贮存 PHA			$-Y_{PO4,va}$	$-Y_{PO4,va}$	1		$0.011Y_{PO4,va}$	$0.011Y_{PO4,va}$			$q_{PHA,va}\dfrac{S_{va}}{K_{S,PHA\_va}+S_{ac}+S_{pro}+S_{bu}+S_{va}}\dfrac{X_{PP}/X_{PAO}}{K_{PP}+X_{PP}/X_{PAO}}\left[1-\left(\dfrac{X_{PHA}/X_{PAO}}{f_{PHA}^{max}}\right)^a\right]X_{PAO}$
18 PHA 分解					-1						$b_{PHA}X_{PHA}$
19 PAOs 分解			z_{19}			-1					$b_{PAO}X_{PAO}$
20 X_{su} 的衰减			z_{20}								$k_{dec,X_{su}}X_{su}$
21 X_{aa} 的衰减			z_{21}								$k_{dec,X_{aa}}X_{aa}$
22 X_{fa} 的衰减			z_{22}								$k_{dec,X_{fa}}X_{fa}$
23 X_{c4} 的衰减			z_{23}								$k_{dec,X_{c4}}X_{c4}$
24 X_{pro} 的衰减			z_{24}								$k_{dec,X_{pro}}X_{pro}$
25 X_{ac} 的衰减			z_{25}								$k_{dec,X_{ac}}X_{ac}$
26 X_{h2} 的衰减			z_{26}								$k_{dec,X_{h2}}X_{h2}$
27 $MgNH_4PO_4$ 沉淀			-31				-1		137		$k_{r,MgNH_4PO_4}\left[(S_{Mg}S_{NH}S_{PO})^{+}-K_{SP,MgNH4}^{+}\right]^3$
28 $MgKPO_4$ 沉淀			-31					-1	158		$k_{r,MgKPO_4}\left[(S_{Mg}S_{K}S_{PO})^{+}-K_{SP,MgKPO4}^{+}\right]^3$

速率方程中的抑制因子：$I_1=I_{pH}I_{IN,lim}I_{h2}$；$I_2=I_{pH}I_{IN,lim}$；$I_3=I_{pH}I_{IN,lim}I_{NH3,Xac}$；式中，$I_{pH}$、$I_{IN,lim}$、$I_{h2}$、$I_{NH3,Xac}$ 分别为 pH、无机氮、氢及氨的抑制函数

注：空格表示其值为 0。

表 7 - 12　抑制形式和吸收公式

序号	说　明	抑制和吸收公式	适用场合	过程 j	表述形式
1	非竞争性抑制	$I = \dfrac{1}{1 + S_{NH_3}/K_{I,\,NH_3}}$	游离氨	11	$I_{NH_3,\,Xac}$
2	非竞争性抑制	$I = \dfrac{1}{1 + S_{h2}/K_{I,\,h2}}$	溶解性氢	7～11	I_{h2}
3	Hill 抑制函数	$I_{pH} = \dfrac{K_{pH}^{n}}{S_{H^+}^{n} + K_{pH}^{n}},$ $K_{pH} = 10^{-\frac{pH_{LL}+pH_{UL}}{2}}$ ①	pH	5～12	I_{pH}
4	次级底物	$I = \dfrac{1}{1 + K_{S\_NH_3}/S_{IN}}$	用于所有吸收。当无机氮浓度 S_{IN} 趋于 0 时,将抑制吸收	5～12	$I_{IN,\,lim}$

注：1. K_I 为抑制参数；S_{NH_3} 为游离氨浓度。
　　2. 序号 3 中,pH_{UL} 和 pH_{LL} 分别是生物不受或受到抑制的临界点。

7.4.1　磷酸盐沉淀的液-固过程

沉淀过程是重要的液-固过程,但是却没有被包含进 ADM1 中。沉淀的存在不但会对其他的物理-化学过程产生影响,甚至还会影响生化过程。与磷有关的沉淀过程主要包括 $Ca_3(PO_4)_2$、$Ca_5(PO_4)_3(OH)$、$CaHPO_4$、$Ca_8H_2(PO_4)_6$、$MgNH_4PO_4$、$MgHPO_4$、$KMgPO_4$ 等矿物沉淀的形成过程。若采用化学除磷,还应包括铁磷或铝磷沉淀反应。针对沉淀过程的描述,有两类方程：一级反应速率方程和以沉淀过程中离子间的基本关系为基础的微分方程。

1) 以一级反应速率方程表示沉淀过程

在这个方法中,沉淀过程被表示为一个可逆过程,用半经验动力学速率方程(7 - 21)表示沉淀速率[12]。σ 的计算[式(7 - 22)]以 $Ca_3(PO_4)_2$ 为例。

$$R_{cryst} = k_{cryst} X_{cryst} \sigma^{n} \qquad (7 - 21)$$

$$\sigma = \left(\frac{(Z_{Ca^{2+}})^3 (Z_{PO_4^{3-}})^2}{K_{sp,\,Ca_3(PO_4)_2}} \right)^{\frac{1}{5}} - 1 \qquad (7 - 22)$$

式中,R_{cryst} 为沉淀速率,$kmol/(m^3 \cdot d)$；k_{cryst} 为经验动力学速率系数,d^{-1}；X_{cryst} 为任意时刻沉淀的浓度(动态变量),$kmol/m^3$；n 为沉淀反应级数；$Z_{Ca^{2+}}$ 和 $Z_{PO_4^{3-}}$ 为 Ca^{2+} 以及 PO_4^{3-} 的活度,$kmol/m^3$；$K_{sp,\,Ca_3(PO_4)_2}$ 为 $Ca_3(PO_4)_2$ 的溶度积。

2) 以沉淀过程中离子间的基本关系为基础的微分方程

与半经验动力学速率方程不同,微分方程所描述的沉淀过程是不可逆的,因此

只有当 $[M^{m+}]^{v^+}[A^{a-}]^{v^-}$ 大于 $k'_{sp, M_{v^+}A_{v^-}}$ 时,等式才有意义[13-14]。

$$\frac{d}{dt}M_{v^+}A_{v^-} = -k's\left[\left(\left[M^{m+}\right]^{v^+}\left[A^{a-}\right]^{v^-}\right)^{\frac{1}{v}} - k'_{sp, M_{v^+}A_{v^-}}{}^{\frac{1}{v}}\right]^n \qquad (7-23)$$

式中,$\frac{d}{dt}M_{v^+}A_{v^-}$ 为沉淀速率,$kmol/(m^3 \cdot d)$;$[M^{m+}]$、$[A^{a-}]$ 为 t 时刻离子浓度,$kmol/m^3$;$k'_{sp, M_{v^+}A_{v^-}}$ 为溶度积;k' 为沉淀速率常数,d^{-1};s 为接种晶核可利用的增长位点比例;v^+ 为所有阳离子的数量;v^- 为所有阴离子的数量;$v = v^+ + v^-$;n 为沉淀反应级数。

在污水中难溶性沉淀形成的过程中,晶核的成长为限速步骤,这个过程的动力学为表面控制,因此用微分方程可以很好地描述晶核成长随时间的变化关系。此外,其不能描述沉淀的溶解过程,所以其描述的过程是不可逆的。

Zhang 等[13]通过使用微分方程描述沉淀过程的 ADM1 扩展模型进行模拟发现,模拟的结果可以准确地预测反应器内无机组分和 pH 值的变化趋势,并与实验结果很好地吻合,包括鸟粪石、镁磷石和无定形磷酸钙等含磷沉淀的形成以及碳酸盐矿物沉淀的形成。此外,模拟的结果表明,Ca^{2+} 和 Mg^{2+} 比 K^+ 和 Na^+ 更容易和 IP 结合。随着进料中金属离子的比例发生改变,IP 存在形态的比例也随之改变,并且当体系内的磷酸盐浓度升高后,$Ca_3(PO_4)_2$ 和 $Mg_3(PO_4)_2$ 沉淀生成量也会增加。Feldman 等[15]使用一级反应速率方程描述沉淀过程的 ADM1 扩展模型可以很好地拟合反应器进水和出水的多项指标,包括对 $H_XPO_4^{3-X}$ 行为的描述,模拟和实测值的平均误差为 10%。此外,模拟结果发现在较高的 pH 值和较低的 $H_XPO_4^{3-X}$ 浓度下,含磷沉淀将会减少。

7.4.2 基于模拟 Fe、S 和 P 变化关系的 ADM1 扩展模型

当污水处理设施采用铁盐除磷,并且体系中存在着硫酸盐的时候,模拟厌氧消化过程中 Fe、S 与 P 之间的关系就变得非常重要。这是因为 Fe、S 与 P 之间紧密的关系不仅包括了水、气、固三相的物理化学过程,还包含了生化过程之间的转换。Fe^{3+} 和磷酸根在污水生化处理过程中形成沉淀,到了厌氧消化段,Fe^{3+} 可以利用 H_2、VFAs、H_2S 作为电子供体从而被还原为 Fe^{2+}。自养型硫酸盐还原菌利用 H_2 作为电子供体,CO_2 作为碳源将硫酸盐还原为 H_2S;当 S:COD 大于 0.06 g/g 时,异养型硫酸盐还原菌会利用有机物作为电子供体和碳源,参与到硫酸盐的还原过程中。还原生成的 Fe^{2+} 和 S^{2-} 进一步形成 FeS 沉淀,从而释放出磷[16-17]。

为了模拟 Fe、S 和 P 在这个过程中的变化情况,已有研究对 ADM1 的生化过程以及物理-化学过程进行了修改与扩展。这主要包括以下 5 个过程。

（1）硫酸盐还原菌利用氢和有机物还原硫酸盐的过程[16,18]。包含了氢营养型硫酸盐还原菌利用 H_2 厌氧生长及其厌氧衰减；乙酸、丙酸、丁酸和戊酸营养型硫酸盐还原菌利用相应的有机酸进行厌氧生长及其厌氧衰减。

（2）还原产生的硫化氢对微生物生命活动的抑制作用。H_2S 的抑制作用与游离氨和氢一样满足非竞争性抑制，因此其抑制函数[16,18]为

$$I_{H2S,i} = \cfrac{1}{1 + \cfrac{S_{H_2S}}{K_{I,H_2S,i}}} \tag{7-24}$$

式中，$I_{H2S,i}$ 为 H_2S 对生物 i 的抑制作用；S_{H_2S} 为 H_2S 浓度，$kmol/m^3$；$K_{I,H_2S,i}$ 为 H_2S 对生物 i 的抑制参数，$kmol/m^3$。

（3）Fe^{3+} 利用氢（H_2）和硫（S^{2-}）被还原为 Fe^{2+}。Fe^{3+} 的还原过程被假定为没有生物参与的化学过程，H_2 和 S^{2-} 作为电子供体。若 H_2 作为电子供体，则其动力学速率方程为式（7-25）；若 S^{2-} 作为电子供体，则动力学速率方程为式（7-26）[16,18]。

$$\rho_{Fe^{3+},Fe^{2+},H_2} = \frac{K_{Fe^{3+},Fe^{2+}} S_{Fe^{3+}} S_{H_2}}{16} \tag{7-25}$$

$$\rho_{Fe^{3+},Fe^{2+},S^{2-}} = \frac{K_{Fe^{3+},Fe^{2+}} S_{Fe^{3+}} S_{S^{2-}}}{64} \tag{7-26}$$

式中，$\rho_{Fe^{3+},Fe^{2+},H_2}$ 为利用 H_2 将 Fe^{3+} 还原为 Fe^{2+} 的速率，$kmol/(m^3 \cdot d)$；$\rho_{Fe^{3+},Fe^{2+},S^{2-}}$ 为利用 S^{2-} 将 Fe^{3+} 还原为 Fe^{2+} 的速率，$kmol/(m^3 \cdot d)$；$K_{Fe^{3+},Fe^{2+}}$ 为 Fe^{3+} 转化为 Fe^{2+} 的速率，$m^3/(kmol \cdot d)$；$S_{Fe^{3+}}$ 为 Fe^{3+} 浓度，$kmol/m^3$；S_{H_2} 为 H_2 浓度，$kmol/m^3$；S_{S2-} 为 S^{2-} 浓度，$kmol/m^3$。

（4）铁磷沉淀与硫化铁沉淀形成过程。还原生成的 Fe^{2+} 会和 S^{2-} 以及 PO_4^{3-} 生成 FeS 和 $Fe_3(PO_4)_2$ 沉淀，沉淀速率采用式（7-21）进行计算。

（5）H_2S 气体的传质过程。H_2S 在液-气相之间的传质过程满足气体转移速率方程[16,18]。扩展了 Fe、S 和 P 相关生化和物理-化学过程的模型被多个研究校准和验证，可以很好地反映厌氧消化过程中 Fe、S 和 P 的变化趋势。同时发现投加铁盐使污泥中 P 的含量由 51% 增加到了 67%[18]，并且随着 Fe/P 比增大，形成的铁磷沉淀也会变多，而磷的其他矿物沉淀，如鸟粪石的生成量会减少，因此投加铁盐可以作为控制厌氧消化过程中鸟粪石沉积的一种手段。此外，厌氧消化过程中还原产生的 Fe^{2+} 和 H_2S 会反应生成 FeS 沉淀，从而释放出铁磷沉淀中的 P。

参 考 文 献

[1] Wang R Y, Li Y M, Chen W L, et al. Phosphate release involving PAOs activity during

anaerobic fermentation of EBPR sludge and the extension of ADM1 [J]. Chemical Engineering Journal, 2016, 287: 436 - 447.

[2] Batstone D J, Keller J, Angelidaki I, et al. The IWA anaerobic digestion Model No. 1 (ADM1) [J]. Water Science and Technology, 2002, 45(10): 65 - 73.

[3] van Aalst-van Leeuwen M A, Pot M A, van Loosdrecht M C M, et al. Kinetic modeling of poly (β-hydroxybutyrate) prodution and consumption by paracoccus pantotrophus under dynamic substrate supply [J]. Biotechnology Bioeng ineering, 1997, 55(5): 773 - 782.

[4] Jiang Y, Hebly M, Kleerebezem R, et al. Metabolic modeling of mixed substrate uptake for polyhydroxyalkanoate (PHA) production [J]. Water Research, 2011, 45: 1309 - 1321.

[5] Grau P, de Gracia M, Vanrolleghem P A, et al. A new plant-wide modelling methodology for WWTPs [J]. Water Research, 2007, 41(19): 4357 - 4372.

[6] Musvoto E V, Wentzel M C, Ekama G A. Integrated chemical - physical processes modelling — II. Simulating aeration treatment of anaerobic digester supernatants [J]. Water Research, 2000, 34(6): 1868 - 1880.

[7] Lide D R. CRC Handbook of Chemistry and Physics [M]. 90th ed. Boca Raton, American: CRC Press, 2010.

[8] Jardin N, Pöpel H J. Phosphate release of sludges from enhanced biological P-removal during digestion [J]. Water Sci. Technol., 1994, 30(6): 281 - 292.

[9] Mavinic D S, Koch F A, Hall E R, et al. Anaerobic co-digestion of combined sludges from a BNR wastewater treatment plant [J]. Environmental Technology 1998, 19(1): 35 - 44.

[10] Huete E, de Gracia M, Ayesa E, et al. ADM1-based methodology for the characterization of the influent sludge in anaerobic reactors [J]. Water Science Technology 2006, 54 (4): 157 - 166.

[11] Reichert P, Borchardt D, Henze M, et al. River water quality model no.1 (RWQM1): II. Biochemical process equations [J]. Water Sci. Technol., 2001, 43(5): 11 - 30.

[12] Kazadi M C, Batstone D J, Flores-Alsina X, et al. A generalised chemical precipitation modelling approach in wastewater treatment applied to calcite [J]. Water Research, 2015, 68: 342 - 353.

[13] Zhang Y, Piccard S, Zhou W. Improved ADM1 model for anaerobic digestion process considering physico-chemical reactions [J]. Bioresource Technology, 2015, 196: 279 - 289.

[14] Musvoto E V, Wentzel M C, Loewenthal R E, et al. Integrated chemical-physical processes modelling — I. Development of a kinetic-based model for mixed weak acid/base systems [J]. Water Research, 2000, 34(6): 1857 - 1867.

[15] Feldman H, Flores-Alsina X, Ramin P, et al. Modelling an industrial anaerobic granular reactor using a multi-scale approach [J]. Water Research, 2017, 126: 488 - 500.

[16] Flores-Alsina X, Solon K, Kazadi M C, et al. Modelling phosphorus (P), sulfur (S) and iron (Fe) interactions for dynamic simulations of anaerobic digestion processes [J]. Water Research, 2016, 95: 370 - 382.

[17] Puyol D, Flores-Alsina X, Segura Y, et al. Exploring the effects of ZVI addition on resource recovery in the anaerobic digestion process [J]. Chemical Engineering Journal,

2018，335：703 - 711.

[18] Solon K，Flores-Alsina X，Kazadi M C，et al. Plant-wide modelling of phosphorus transformations in wastewater treatment systems：Impacts of control and operational strategies [J]. Water Research，2017，113：97 - 110.

第 8 章　磷回收的政策、经济与环境评价

从污水和污泥等废物流中回收磷可以有效地解决磷危机,实现磷资源的可持续利用。目前为止,国内外科研机构已经研究开发了数十种磷回收工艺,包括化学沉淀法、生物强化除磷/回收、吸附/解吸附法、结晶法等传统工艺及纳米技术、生物铁工艺、膜生物反应器工艺、生物浸取/富集等新型技术,这些工艺都取得了较好的磷回收效果。从技术层面来看,磷回收已经不再是难题。但这些技术在工业规模的应用却受到很大的限制。现阶段,磷回收与再利用的阻力其实是缺乏有效的政策支持、法律规定以及磷回收技术的经济可行性,这使得诸多磷回收研发工艺往往没有得到实际应用。因此,为实现磷回收产业化,有必要对磷回收技术的经济、环境和社会影响进行评价,制定有关磷回收计划的政策、法律法规,鼓励磷回收工业的发展。

8.1　磷回收政策

磷回收政策支持是实现磷资源循环利用的重要基础。目前经济压力严重地限制了磷的回收。一方面,磷回收技术的成本高,从废水中回收磷的成本是市场磷矿石价格的几倍[1];另一方面,由于较为单一的磷回收产品价格比磷矿石价格高,市场更倾向于使用磷矿石。这两方面问题可以通过政府决策者制定相关支持政策予以解决。政府决策者在污水磷回收方面起着决定性的作用。一方面,可以加大对从废物流中回收的投入,合理公平地分担磷回收的成本,同时实行磷回收技术创新发展的资助政策;另一方面,可以积极运用政府补贴、税收抵免等优惠政策,提高磷回收产品的市场竞争力[2]。此外,磷回收相关政策、法律法规还能推动磷回收技术的发展和创新。

目前磷相关的法律法规大多数为限制排入受纳水体的磷浓度,以保护水环境,减轻水体富营养化问题。大部分磷相关的法律法规将磷排放浓度限值设置为$1\,\mathrm{mg/L}$[3]。为降低富营养化风险,一些对磷敏感的水环境的磷排放浓度甚至为

5～10 μg/L[4]。在中国,大部分污水厂出水执行《城镇污水处理厂污染物排放标准》(GB 18918—2002)一级 A 标准,出水磷浓度限值为 0.5 mg/L。严格的标准促进了各种除磷技术的蓬勃发展,这也为磷资源的回收及再利用提供了可能性,但同时污水处理厂的运行成本也大幅度增加。

相对而言,磷回收的政策较为缺乏。在此方面,欧盟及其成员国率先颁布了各种政策、法规,有效地推动了磷资源的回收与再利用。在政策、法规引导下,欧盟许多国家已开始实施各类磷回收项目,推动了磷回收产业的大力发展。欧盟颁布的磷回收与再利用政策、法规和其实施的相关磷回收计划,对国内有关管理部门有很好的参考、借鉴作用。

早在 1991 年,欧盟就制定了城市污水处理厂污水排放标准(91/271/EEC 指令),对磷的排放有了限制,并出台了《硝酸盐指南》重点控制硝酸盐污染,以防止水体发生富营养化。2003 年,欧盟出台了《化肥管理条例》,该条例主要针对以磷矿石为原料的无机化肥,规定了氮、磷等营养元素在化肥中的含量,但未提及从污水、污泥等废物流回收的磷用于生产化肥。2014 年,欧盟列出了一个紧缺原料的清单,磷(磷矿石)位列其中。对于磷矿石,几乎所有欧盟国家均依赖进口,因此从污水、污泥等废物流中回收磷日益得到重视。2016 年,欧盟提出了新版《化肥管理条例》草案,正式提出了从污水厂中回收磷作为制取磷肥的原材料,并对磷回收产品制定了相应的标准规范,符合标准的磷回收产品允许在欧盟成员国间贸易,不符合标准的磷回收产品禁止流通。新版《化肥管理条例》的实施,使 30% 的用于传统磷肥生产的原料磷矿石可以被回收磷替代。欧盟从不重视磷排放到重点控制磷的排放,再到把磷作为资源予以回收利用,足以说明磷回收的重要性、必要性,同时也说明了磷回收政策在促进磷资源可持续化利用方面的重要性。

欧盟政策出台的同时,欧盟成员国也围绕磷回收与再利用制定了相关的政策。以德国为例,作为磷矿资源匮乏的国家,德国每年需要磷肥约 24 万吨,其中 12 万吨的磷肥主要依赖进口。为了减少对磷肥进口的依赖,德国投入了大量的资金用于研发磷回收技术,从城市废水和污泥中回收磷。德国还制定了相应的法律框架和技术规范来推动国内磷资源的回收与再利用,其是在欧盟内第一个通过法规促进磷回收的国家。

2012 年,德国循环经济法开始生效,并实施了德国资源利用项目。德国资源利用项目是对自然资源进行可持续利用与保护的项目,其目的是促进自然资源的可持续性开采利用,降低环境污染带来的负面影响。该项目具体计划[5]包括如下几个方面:加强对不存在污染问题的剩余污泥农用和土地利用的力度,循环利用污泥中磷元素;加强对从污泥中进行磷回收的研究,促进磷回收的工业开发利用;加强对回收后磷产品的应用;升级改造污水处理厂除磷工艺,将其转变为从污水、污泥中回收磷源作为化肥工业生产原料的工艺;污泥采用热处理时,尽可能对污泥采用单独焚烧工艺,以充分利用污泥中的磷,焚烧后的灰烬单独填埋,以便于今后取出后进行回收利用;在 2020 年前,德国将磷的回收量提高至进口磷资源的 50%[6]。

土地利用被认为是最经济、最有益的污泥处理方法,许多地区都鼓励污泥土地利用。西欧大约有 45% 的污泥,东欧大约有 23%～62% 的污泥直接土地利用[7]。然而由于污泥中含有大量重金属、病原菌和残留药物及个人护理品(PPCPs)等物质,关于市政污泥农用的争论从未停止过。2015 年,德国出台肥料法,规定污泥土壤利用时,必须严格按照肥料法中有害物质的规定浓度执行,对污泥农用和土地利用做出了更严格的规定。虽然市政污泥中的一些有害物质(如镉、汞等重金属)的含量在最近几十年内大幅下降,但市政污泥作为农业肥料的接受程度不断下降。针对污泥农用问题,2017 年,德国内阁通过了新的污泥条例。根据这一条例,所有大于 10 万人口当量[德国人口当量为 60 克/(人·天);德国人均耗水为 150～200升/(人·天);污水 BOD 的平均浓度为 300～350 mg/L]的污水处理厂最晚必须在规范生效之后的 12 年内,所有大于 5 万人口当量的污水处理厂最晚必须在规范生效之后的 15 年内完成磷回收装置,从污泥或污泥灰烬内进行磷回收,同时禁止污泥土地利用[8]。当市政污泥磷含量始终很低时(小于 20 g/kg),可不必回收磷。此外,条例没有规定所必须采用的具体磷回收工艺技术,污水处理厂既可以建造单独污泥焚烧装置,然后从污泥灰烬内进行磷回收,也可以采用化学结晶沉淀工艺进行磷回收。当采用化学结晶沉淀工艺(一般可产生鸟粪石)时,必须保证被处理的市政污泥磷含量小于 20 g/kg 或者至少降低污泥内磷含量的 50%。该条例还规定当市政污泥在单独污泥焚烧装置或者在等价的混烧装置内热处置时,必须至少将污泥中 80% 的磷回收利用。该项法律条例的颁布促进了德国大规模磷回收装置投资以及磷回收技术的发展。

德国的资源利用项目及法律法规对我国磷回收计划实施有很好的借鉴作用,如提高回收磷在传统磷肥生产中的应用比例,加强从污泥中回收磷和积极开发磷回收工艺、制定法律法规强制实施磷回收等措施值得参考。我国污水处理厂蕴含大量的磷资源,然而在未来几年中,大量的资金仍会投入用于污水除磷而非回收磷。对于政府决策者来说,应从长远考虑,在新污水厂投资建设时将除磷与磷回收工艺相结合;同时,对老污水厂实施磷回收工艺改造。但需要考虑的是,由于城市管理水平、管网收集系统、生活习俗的不同,国内外的污水、污泥性质有较大的差别,需结合我国的实际情况来制定磷回收政策。例如,我国污泥有机质含量低,国外污泥中挥发性有机物的含量(VSS/SS)为 60%～70%,而国内仅为 30%～50%[9]。若单独污泥焚烧的热值太低,污泥需混合其他物质进行焚烧,成本高,实现起来难度较大。同时,我国是一个发展中国家,各地区发展不均衡,在制定磷回收政策时,需要考虑地区差异和经济水平。如果出台强制回收磷的相关法令,也应该同时考虑制定融资补助(为磷回收项目提供经济来源)、税收抵免、市场激励(提高磷回收产品的市场竞争力)等配套政策。

除了德国之外,荷兰、瑞士、英国、法国等国家也出台了相关的磷回收政策。荷兰于 2008 年制定了未来污水厂的 NEWs 框架,未来污水厂将是营养物、能源、再生水的制造工厂[10]。之后荷兰又提出了"2018 营养物计划"和"2050 荷兰循环计划",极大地促进了营养物和能源的回收利用,荷兰许多污水厂开始大规模应用磷回收工艺。瑞士于 2016 年开始强制实施从污水、污泥、动物尿液粪便等废物流中回收磷资源,从而建立一个封闭的磷元素循环系统。苏黎世政府还对各类磷回收方法开展了一系列可行性研究,确定了最适合该州的磷回收方法是对污水厂的污泥进行焚烧,然后从污泥灰中回收磷。英国是一个依赖进口磷矿石生产化肥的国家,为降低对进口磷矿石的依赖,其采取了从污水中回收磷和堆肥等一系列磷回收措施。在 2012 年,英国环境部门就制定了相关条例来控制化肥使用和管理氮、磷化合物的排放。同时英国还提出了"零废物苏格兰"(Zero Waste Scotland)计划。"零废物苏格兰"计划旨在推动废物的循环利用,其中磷的回收利用是计划的重点。通过借鉴欧盟与荷兰、英国等的经验,结合本国已有的环境管理系统,法国在 2014 年召开的"磷大会"上提出要建立一个磷回收网络系统,以促进磷资源的可持续利用[5]。

欧盟国家的经验表明,磷回收应用技术的大规模实施离不开政府相应政策的引导和法律条文的保驾护航。从污水/污泥、动物粪尿等废物流中回收磷已成为欧洲各国的共识。中国磷回收市场尚处于起步阶段,需要结合中国的实际情况,借鉴欧盟国家的磷回收政策,制定符合中国国情的磷回收政策。同时,需要因地制宜,结合中国不同地区污水、污泥的特点,对各类磷回收技术进行可行性研究,确定适合当地的最佳磷回收方法。

总之,磷回收涉及复杂的社会、经济、环境问题,而不单单是磷回收技术问题,需要在综合评价磷回收的社会、经济、环境效益的基础上,制定合理的政策、法律法规,以获得社会的认可和公众的配合,调动技术人员的积极性,促进磷在社会和自然界的良性循环。

8.2 环境与社会效益

磷回收从长远角度来看具有重要的战略意义以及巨大的环境和社会效益。一方面,随着城市化的进展和人口的急剧增加,环境污染和资源短缺问题日益突出,高能耗、低资源回收、高碳排放的传统污水处理模式急需得到改进。未来的污水厂将会由"从污水中去除各种污染物"转变为"从污水中回收各种资源与能源"的资源型工厂。首先,从污水、污泥中回收磷,可以减轻磷矿石开采带来的环境问题,同时可以减轻水体富营养化来改善水质。其次,回收磷还能改善污水处理设施的运行效果,延长污水厂相关设备的使用寿命。再次,磷是农业肥料重要组成元素,在粮食生产过程中有着无法替代的作用,回收磷可以解决国家粮食安全问题,有助于缓解世界范围内的贫困问题。最后,由于磷资源具有地域集中性,随着磷矿石价格的日益上涨,"磷危机"甚至可能引起政治问题,回收磷可以解决磷矿石匮乏造成的地缘政治问题。

从污水或动物粪尿等废物流中回收磷可以有效解决磷匮乏危机,实施污水中磷回收具有巨大的环境和社会效益,主要表现在以下几个方面。

1) 改善水质

自然界开采的磷矿石大部分用于化肥的生产,然而,化肥中的磷只有 16% 进入人类食物当中[11]。由于水土流失,农作物残渣等原因,大部分磷流失进入地表水。食物中的磷并没有被人类完全吸收,大量磷残留在粪尿当中,进入污水处理厂,处理后排放至地表水。随着氮磷的大量排入,水体中氮磷含量过高,造成水体富营养化。水体富营养化对水生态系统、居民生活和社会发展有着严重的危害。目前,水体富营养化已成为我国湖泊、水库、江河等水体最突出的环境问题之一,如太湖、滇池、巢湖等主要湖泊富营养化问题相当严重。

为控制水体富营养化的问题,国内外从技术上已开发出一系列除磷脱氮工艺,如 A/A/O、倒置 A/A/O、UCT、化学除磷等工艺。同时,氮磷的排放标准也越来越严格,严格的氮磷排放标准要求位于受损水体上游的污水处理厂应采用先进的除磷技术。虽然目前这些法规主要限制了磷的排放,但同时也促进了对磷的回收。通过磷回收降低污水厂出水磷浓度,从而可以控制水体富营养化的问题。

2) 提升污水厂运行效果

目前,污水处理厂多采用生物除磷与添加化学药剂(一般为铁盐、铝盐)除磷相结合的方式除去污水中的磷,以达到排放标准。污水处理厂通过添加铁盐等化学药剂虽除磷效果好,但产生的污泥量较大,增加了污水厂污泥处理设施的负荷和污泥处理处置成本。回收磷不仅可以减少污泥处理设施需要处理的污泥量,降低污泥处理、处置成本[12],还可以降低污水厂对铁盐等化学药剂的依赖程度。

污泥厌氧消化过程中会产生自发性鸟粪石,形成的鸟粪石导致设备结垢,从而影响了设备的正常运行,增大设备清洗需求,缩短使用寿命[12]。早在 1993 年,Rawn 等发现污水厂消化污泥上清液的管道存在堵塞问题,经研究发现其原因为管道中形成了鸟粪石[13],形成的鸟粪石不利于污水厂的运行与维护。由于污泥消化液中含有氨、镁离子和磷酸根,而且 pH 值处于弱碱性条件,因此在污泥浓缩、污泥消化、污泥脱水等工艺段均有鸟粪石反应发生。生成的鸟粪石易在管道阀门、弯头等管道流速小的地方沉积,从而堵塞管道,不仅影响管道使用寿命,还损坏污泥泵[14]。回收磷可以有效解决上述鸟粪石结晶引发的问题。从污水厂运行的角度出发,从污水处理工艺厌氧段中回收磷可以减轻后续处理工序的磷负荷,从而能提高污水厂出水水质;从污泥处理系统中回收磷可以避免鸟粪石沉积造成的管道堵塞问题。

3) 减轻磷矿石开采与加工带来的环境问题

磷矿是一种非常重要的工业、农业原料,对粮食安全与工业发展具有重要的战略价值。人类活动需要的磷,几乎都来自磷矿石。截至 2011 年,全世界可供开采的磷矿石储量约为 710 亿吨,其中约 70% 集中在摩洛哥王国。磷矿石的开采方法有露天开采和地下开采。而目前最主要的开采方法为露天开采埋藏较浅的磷矿石。随着磷矿资源的不断开发,矿区周围的生态环境遭到严重破坏。主要表现在:① 土地的占用和土地品质的退化。生产 1 t 过磷酸盐会产生 3.7 t 矿石废物[15],露天开采加上矿区固体废弃物(如磷石膏)的随意堆积,占用原有的森林资源、耕地,造成矿区土壤磷酸含量过高,土地品质严重退化。② 对水环境的影响。由于雨水冲刷和开采工艺(水洗工艺)原因,开采产生的污染物(磷酸盐、重金属等污染物)随地表径流进入河道或地下水,易导致水体富营养化。③ 对空气的影响。由于露天开采和表面植被的破坏,磷矿区易形成粉尘污染,对周边存在的居民造成严重影响。④ 生态环境的破坏。磷矿石开采面上植被破坏和废弃物的堆积导致开采区生态环境的恶化,破坏了自然景观和野生动物赖以生存的环境,破坏了生物多样性[15-16]。

污水中含有大量的磷,从"第二磷矿"污水中回收磷,可以减少对磷矿石的依赖,同时减轻磷矿石开采、加工带来的环境问题。以欧洲为例,实施新版《化肥管理条例》后,从废水、污泥中回收的磷替代了 30% 的传统磷肥原料(磷矿石),每年可以减少 6×10^6 t 磷矿石进口量。这些减少的磷矿石开采量可以极大地缓解磷矿石开采造成的环境问题。此外,如果回收产品为鸟粪石,作为一种缓释肥,具有易于运输和储存,易于施肥、减少臭气和病原菌污染的优势。鸟粪石对多种 pH 值水平的土壤都有效,和矿石磷肥相比较,从废水回收的磷重金属和辐射元素较少,可保证肥料的安全性。

虽然磷回收能带来巨大的环境效益,但若对磷回收技术的应用、管理不当,同样会对环境造成危害,如污泥农用可能造成的重金属和有机物污染问题,以及鸟粪石回收共沉淀的重金属污染问题,因此需选择合理的磷回收技术,并加强对技术应用的管理。

8.3 经济评价

目前,氮磷回收产品的销售价格仍高于磷矿石的价格。但从长远来看,随着磷矿石稀缺性日益彰显且品质降低以及磷回收技术的日益成熟,开采加工磷矿石与污水处理厂回收磷之间的成本差距将逐步缩小,从废水、污泥中回收磷具有广阔的市场前景,且回收磷将兼顾经济效益和社会效益。

鸟粪石结晶法是目前最常用的磷回收方法。以鸟粪石法回收磷为例,Shu等[12]对鸟粪石沉淀法回收磷的经济评价结果表明,每 1 000 m^3 污水中大约可以回收 1 kg 的鸟粪石。若各国都进行污水鸟粪石回收,则每年可得 63 千吨的磷(以 P_2O_5 计),可减少开采 1.6% 的磷矿,有效缓解磷危机。而且,每回收 1 kg 的鸟粪石,可降低污泥处理处置费用,减少 1.33 美元的运行费用。根据国外应用实例计算,在英国污水处理厂处理每吨厌氧消化上清液,药剂投入费用为 0.36 欧元,鸟粪石产量为 0.29~0.63 kg,收益约为 0.06~0.14 欧元(按 $MgCl_2$ 90 欧元/吨,NaOH 59 欧元/吨,鸟粪石 200 欧元/吨计算),补偿了部分处理费用[17]。在澳大利亚,污水处理厂鸟粪石的生产成本约为 140 美元/吨,售价约为 261 美元/吨。在日本,污水处理厂中鸟粪石的生产成本约为 460 美元/吨,售价约为 276 美元/吨[18]。如果采用废盐卤作为镁源时,可进一步降低运行成本。

参 考 文 献

[1] Cornel P, Schaum C. Phosphorus recovery from wastewater: needs, technologies and costs [J]. Water Science and Technology, 2009, 59(6): 1069 - 1076.

[2] Mayer B K, Baker L A, Boyer T H, et al. Total value of phosphorus recovery [J]. Environmental Science & Technology, 2016, 50(13), 6606 - 6620.

[3] Hammer M J, Hammer M J J. Water and Wastewater Technology [M]. 4th ed. Prentice Hall: Saddle River, NJ, 2012.

[4] Mayer B K, Gerrity D, Rittmann B E, et al. Innovative strategies to achieve low total phosphorus concentrations in high water flows [J]. Critical Reviews in Environmental Science and Technology, 2013, 43(4): 409 - 411.

[5] 郝晓地,宋鑫,van Loosdrecht M C M,等.政策驱动欧洲磷回收与再利用[J].中国给水排水,2017,33(8): 35 - 42.

[6] 高颖.德国实施磷回收的经济、法律等框架条件[EB/OL]. http://www.water8848.com/news/201502/02/24014.html, [2015 - 02 - 02].

[7] Spinosa L. Wastewater Sludge: A Global Overview of Current Status and Future Prospects [M]. 2nd ed. London: IWA Publishing, 2011.

［8］高颖.德国 2017 年最新污泥处理处置法规、技术动向［EB/OL］. http://www.water8848. com/news/201708/11/98797.html,［2017－08－11］.

［9］戴晓虎.国内外污泥处理处置技术比较［J］.水工业市场,2012,04:15－17.

［10］郝晓地,金铭,胡沅胜.荷兰未来污水处理新框架——NEWs 及其实践［J］.中国给水排水, 2014,30(20):7－15.

［11］Cordell D, Drangert J O, White S. The story of phosphorus:Global food security and food for thought［J］. Global Environmental Change,2009,19(2):292－305.

［12］Shu L, Schneider P, Jegatheesan V, et al. An economic evaluation of phosphorus recovery as struvite from digester supernatant［J］. Bioresource Technology,2006,97(17):2211－ 2216.

［13］Rawn A M, Banta A P, Pomeroy R. Multiple-stage sewage sludge digestion［J］. Transaction of the American Society of Civil Engineering,1939,104(1):93－119.

［14］陈利德,王偲.浅议污水厂的磷回收［J］.环境工程,2004,22(4):26－27.

［15］Anderi Silva G, Alexandre Kulay L. Application of life cycle assessment to the LCA case studies single superphosphate production［J］. The International Journal of Life Cycle Assessment,2003,8:209－214.

［16］Hakkou R, Benzaazoua M, Bussière B. Valorization of phosphate waste rocks and sludge from the moroccan phosphate mines:challenges and perspectives［J］. Procedia Engineering,2016,138:110－118.

［17］Jaffer Y, Clark T A, Pearce P, et al. Potential phosphorus recovery by struvite formation［J］. Water Research,2002,36(7):1834－1842.

［18］Doyle J D. Parsons S A. Struvite formation control and recovery［J］. Water Research, 2002,36:3925－3940.

索　引